现代铁路客站"站城融合"
设计与发展探索

靳聪毅　著

延边大学出版社

图书在版编目（CIP）数据

现代铁路客站"站城融合"设计与发展探索 / 靳聪
毅著. -- 延吉 ：延边大学出版社, 2023.9
　　ISBN 978-7-230-05504-8

　　Ⅰ. ①现… Ⅱ. ①靳… Ⅲ. ①铁路车站－客运站－建
筑设计－研究 Ⅳ. ①TU248.1

中国国家版本馆CIP数据核字(2023)第186485号

现代铁路客站"站城融合"设计与发展探索

著　　者：靳聪毅
责任编辑：董　强
封面设计：文合文化
出版发行：延边大学出版社
社　　址：吉林省延吉市公园路977号　　　　邮　　编：133002
网　　址：http://www.ydcbs.com　　　　　E-mail：ydcbs@ydcbs.com
电　　话：0433-2732435　　　　　　　　 传　　真：0433-2732434
印　　刷：三河市嵩川印刷有限公司
开　　本：710×1000　1/16
印　　张：21.75
字　　数：200 千字
版　　次：2023 年 9 月 第 1 版
印　　次：2024 年 1 月 第 1 次印刷
书　　号：ISBN 978-7-230-05504-8

定价：65.00元

著 者 信 息

著　　者：靳聪毅

著者单位：郑州轻工业大学

前　　言

　　随着《中华人民共和国国民经济和社会发展第十三个五年规划纲要》《铁路"十三五"发展规划》等重要文件的出台，我国铁路交通实现快速发展。铁路客站作为城市交通节点与活动中心，与城市、民众的联系日益紧密，铁路客站的规划设计直接影响城市的建设发展与民众的出行活动；同时，伴随城市化发展而来的是交通出行、环境治理、资源开发等问题，因此积极推动城市紧凑化建设并提高交通参与量成为助力城市可持续发展的重要举措，而铁路客站作为城市交通网络的关键节点，与城市的协同关系仍较为薄弱，"站城协同"的效率有待提高。

　　第一章简述了新时期铁路客站建设的现状。第二章则分析了推动站城融合发展的现实背景与相关要素；明确了城市紧凑化发展对交通的迫切需求及铁路交通参与其中的重要意义；提出了紧凑城市建设下的城区多元化发展、土地集约化利用、交通综合化建设、产业协调化布局是推动站城融合的现实背景。交通技术的进步与铁路客站的更新，迎合了紧凑城市的发展策略，成为推动站城融合的基础要素。第二章围绕铁路交通与城市发展、民众生活的紧密关系，系统论述了持续推进站城融合的重要性，为后续章节的展开打下了基础。

　　第三章围绕站城融合引导下铁路客站的规划建设与协同方式展开研究，系统研究了铁路客站的设计定位、选址规划、建设布局及站城协同方式等内容，明确了铁路客站应以何种角色、通过何种方式融入城市并与之构建良好的协同关系。首先，铁路客站的设计定位应考虑地区、城市及站域发展的综合需求，通过城市中心与城市边缘的不同选址来带动城市发展、改善交通环境、推动区域更新；其次，铁路客站的建设布局应结合环境、交通等要素，以立体化或半立体化形态完善铁路客站的功能体系，提高站城协调能力；最后，推动站城融合亦要求二者在交通、社会、环境等层面建立多元化协同关系，通过构建铁路客站枢纽协同城市交通建设、引导铁路客站枢纽与民众生活良好协同、确保铁路客站枢纽与城市环境整体协同等方式，形成铁路客站与城市、民众的整体协同关系，构建站城融合引导下铁路客站规划设计的研究框架，为后续工作的开展指明方向。

第四章在明确站城融合引导下铁路客站的角色定位及与城市协同方式的基础上，重点围绕影响铁路客站规划设计的关键要素展开研究。首先，对内外交通资源的吸纳与整合是巩固铁路客站交通优势、强化站城交通协同的重要基础，通过站城道路衔接、全面引入综合交通并与铁路客站形态良好结合，形成有序的铁路客站交通组织，并利用换乘大厅与换乘单元的构建提高内外交通的衔接、换乘能力；其次，在站内空间的开发建设中应注重对纵向空间的高效利用，以协调站内各功能空间的构成关系，迎合铁路客站空间的立体化、复合化趋势；再次，在站外空间设计上应通过"强—弱"协调方式处理站前广场与铁路客站建筑的规划设计，通过立体开发与功能整合使广场融入周边环境并提高站房建筑的主体地位，形成主次有序、和谐统一的站外环境；最后，还要结合使用者需求指导铁路客站空间设计，从环境营造、服务提升、设施改善等方面推动铁路客站空间的"人性化"设计。

第五选取了国内外具有代表性的铁路客站案例展开研究，对比分析了不同国家铁路客站的发展模式及站城关系的差异性。围绕我国的交通节点型、日本的区域中心型、欧美国家的城市触媒型等铁路客站发展模式，重点对其设计理念、规划布局及站城协同方式展开研究，总结了不同国家铁路客站发展模式的成功经验与可借鉴之处，形成了对我国铁路客站发展现状及站城关系的清晰认识。在此基础上，第六章结合上面的研究，总结了站城融合引导下铁路客站规划设计的理念、原则、流程及构建形态，对新时代我国铁路客站的规划设计策略及发展方向进行了思考与探索。

第七章对全书内容进行了总结，对现代铁路站城融合发展的创新点进行了阐述，并对现代铁路客站站城融合的研究进行了展望。

综上所述，目前站城融合理念在我国铁路客站规划设计中的运用较为分散，缺乏整体认识与协调组织，但随着我国城市化推进与高铁快速发展，其实施条件已日渐成熟，具有良好的发展前景。通过站城融合理念引导铁路客站规划设计，是满足当下中国城市紧凑化发展、构建完善的城市交通体系、迎合高铁建设需求的重要举措。

本书为河南省哲学社会科学规划项目（项目编号：2020CYS045）、郑州轻工业大学博士科研基金资助项目（项目编号：2020BSJJ020）、郑州轻工业大学第十三批教学改革与研究项目研究成果。

靳聪毅

2023 年 7 月

目　　录

第一章 新时期铁路客站建设的现状

第一节 当前我国城市化发展

改革开放后，我国城市化发展迅速，随着城市扩张与人口增加，如何科学指导城市发展、合理控制城市规模、有效缓解城市压力，成为实现城市可持续发展的重要问题。交通犹如城市的血管，良好的城市交通能够满足人们的出行需要。随着《中长期铁路网规划》《铁路"十三五"发展规划》的陆续出台，我国铁路事业实现快速发展。在《国务院关于加强城市基础设施建设的意见》及《国务院关于城市优先发展公共交通的指导意见》的支持下，铁路客站已成为城市重要的交通节点与活动中心，在承担城市对外客运重任的同时，与城市发展、人们生活的联系也日益紧密，铁路客站已经从单一的交通建筑向综合的城市功能体转变。因此，引导铁路客站与城市在交通功能、社会功能、环境功能等方面的协调，以实现系统融合、协同发展，有助于推动新时代铁路客站的设计优化与更新发展，为民众提供舒适、便捷的综合服务，有效协同当代城市的可持续发展策略，助力城市健康发展。

一、我国城市化问题日益严峻

20 世纪 90 年代以来，我国城市化进程逐步加快。一方面，城市经济水平与发展活力的提高导致人口急剧增长，引发诸多城市问题，如交通问题、就业问题、治安问题、环境问题、居住问题、教育问题等。其中，城市的交通问题尤为严重，出行人口与机动车辆的增加使部分城市道路拥堵严重，严重干扰了城市交通系统的正常运作，加大了城区交通治理难度。因而，构建高效、便捷、绿色的城市交通体系，成为缓解城市道路压力、改善城市交通环境的重要举措。

另一方面，随着城市框架的不断扩大，城郊地区持续过度开发、城市形态无序蔓延扩张，导致城市规模过大、结构发展失衡、资源分配不均、内部空间狭小、人口拥挤且流动受阻等问题；同时，随着交通技术的发展，城市交通呈现多样化、复杂化趋势，民众对高效出行、便捷换乘、环境舒适的交通需求正逐步提高。因此，构建满足人口、资源、环境、社会需求的城市交通体系，是推动当代城市可持续发展的有效手段。

二、我国铁路交通步入快速发展期

铁路交通与国家发展、社会建设、人民生活联系紧密，是我国现代交通运输体系的重要组成部分，在促进国家经济建设、支撑国家重大战略实施、增强我国综合实力和国际影响力等方面发挥了重大作用。随着高铁时代的到来，我国的新建铁路里程不断增加，铁路客站规模也在逐步扩大。"十二五"期间，我国"四纵四横"高速铁路网基本建成，铁路发展基本适应社会发展需求。但是，铁路发展亦面临不少困难和问题，从城市发展需求来看，主要表现在铁路综合交通枢纽发展不足、铁路与城市交通衔接能力不强等方面，铁路客站与城市潜在的合作空间有待进一步发掘。

《铁路"十三五"发展规划》提出，到 2020 年，实现高速铁路扩展成网、干线路网优化完善、城际和市域（郊）铁路有序推进、综合枢纽配套衔接，铁路与其他运输方式一体衔接效率明显提升，基本实现客运"零距离"换乘和货运"无缝化"衔接……高速铁路网覆盖 80%以上的大城市，实现北京至大部分省会城市之间 2～8 小时通达，相邻大中城市 1～4 小时快速联系，主要城市群内 0.5～2 小时快速通勤。由此可见，"十三五"期间，我国铁路建设进入规模化、高速化发展期，高铁网络覆盖进一步扩大，以铁路交通为主导的综合交通体系更加成熟，铁路客站与城市的合作持续深入，民众出行更加便捷。

三、铁路客站与城市发展的协同效率不高

高铁时代的到来推动了我国铁路交通跨越式发展，铁路客站在规模上不断扩大，站城之间的联系日益紧密；同时，二者在发展中的问题、矛盾也愈发明显。首先，部分铁路客站及线路建成时间早，已深入城市内部，对城市空间造成分割，严重影响城市的整体发展；其次，铁路客站作为城市重要的交通节点，通常是城市交通的聚集中心，复杂的铁路客站环境与繁忙的交通活动，易造成道路拥堵和交通事故，严重影响铁路客站的交通环境；再次，铁路客站作为城市活动中心，其周边环境复杂、楼宇林立、商贾汇集、人来车往，若缺乏有效管理，则容易产生不良的社会影响；最后，从城市环境的角度来看，铁路客站周边及沿线地区的开发建设与使用群体都较为复杂，分布着住宅、学校、工厂、商铺、棚户区、菜畦、畜牧点等，混乱的功能开发既相互冲突又造成安全隐患，同时还破坏了铁路客站及沿线地区的城市景观。

随着高铁时代的到来，我国铁路交通进入全新的发展期。从城市发展的角度来看，高铁过境势必为城市带来新的发展机遇，有助于带动城市建设，加强城际交通联系，促进与周边城市的经济合作。而从目前国内高铁客站的发展现状来看，站城融合的目标尚未实现，其中的原因是复杂的：一方面，我国的高铁建设仍处于起步阶段，站城之间的协同运作存在磨合期，需要充足的时间进行协调；另一方面，高铁客站规模与城市需求脱节，部分高铁客站占地广、规模大、建筑宏伟、装饰典雅，但高铁客站周边开发不足、环境荒凉、交通不便、人烟稀少，未能与繁华的主城区形成有效对接，造成高铁客站的交通可达性不强、服务体系不完善、民众的认可度不高、难以吸引开发投资等问题，使站点地区陷入孤立、封闭的发展困境。

随着近年来城市群交通一体化的发展，我国城际铁路发展步入正轨，在城市交通体系中扮演着重要角色。因建设目标和发展需求的不同，城际铁路的客站形态也各不相同，其共性特征为站点数量多、站点规模小、客站空间一体化程度高、客流峰值差异大等。城际铁路的客站采取"公交化""通勤化"的运营模式，列车班次密集、运行时间短，且旅客换乘便捷、停留短暂。随着我国城市交通需求的不断提高，城际铁路的客站在发展中面临以下问题：客站空间在客流高峰期的容纳力不足、旅客拥挤、秩序混乱、环境较差；综合交通衔接不畅、换乘不便，使客站成为城市中的"交通孤岛"；而在客流低峰期，站内客流较少，站点空间及设施闲置率较高，产生资源浪费问题，这在新旧城区的沿线站点中表现明显。

因此，要想实现城市的可持续发展，就要从我国实际国情出发，立足城市的整体环境，以铁路客站为立足点，通过站城融合的发展方式，对现代铁路客站的规划设计进行引导，强化铁路客站与城市、民众在发展中的协同关系，以满足交通建设、城市发展、民众生活等方面的需求。

交通优势：铁路客站不仅是城市客运中心，更是内外交通的换乘中心，人们可以在此方便、快捷地搭乘各类交通工具，现代铁路客站已逐步成为城市综合交通枢纽。

环境优势：铁路客站作为城市的交通门户，建筑体量大、形象突出、标识性良好，通常是城市道路系统的交会处，具有较好的知名度和可达性，相比其他城市建筑，更为人们熟悉和了解。

资源优势：实现铁路客站与城市的相互融合、协同发展，需要合理开发、利用铁路客站资源，构建立体化、一体化、开放化的铁路客站空间，尤其注重地上地下空间整体开发、铁路客站与周边城区的协同开发，引导铁路客站空间与城市环境系统相融。这样既合理利用了既有的铁路客站资源，又有助于保护城市环境，避免拆建施工造成资源消耗与环境破坏。

经济优势：基于铁路客站优越的地理位置和便捷的交通条件，铁路客站及周边地区具有巨大的开发潜力与发展空间，以站点为核心所构成的辐射范围沿交通线逐级扩散，并通过沿途站点形成持续的影响力。因而，实施以站城融合为导向的综合开发具有明显的经济优势，有助于形成新的城市中心，增强城市的经济活力。

人口优势：作为城市的交通门户，铁路客站往往是人们到访的第一站，多数人会在铁路客站空间停留，使站点成为高密度的人口聚集区，而站城融合推动了铁路客站业态功能的综合开发，吸引了大量活动人口，为铁路客站的商业空间带来了充足客源，提高了铁路客站的经济收益，并通过铁路客站交通系统有效疏导人群，及时调控铁路客站地区的人口密度。

人文优势：推动站城融合，需要将铁路客站纳入城市整体环境进行思考，通过对铁路客站内外空间的综合开发与利用，使铁路客站空间与城市环境融为一体，在维持其交通建筑内涵的基础上，运用设计手段体现所在城市的地域特色、民俗风情及时代风貌，并与城市景观协调，构建铁路客站景观空间，将铁路客站及沿线的景观空间系统纳入城市景观体系，成为城市景观轴线的重要节点，以修复城市空间，改善站域环境，构建绿色化、人文化的铁路客站形象。

第二节　铁路客站"站城融合"相关分析

一、紧凑城市

紧凑城市最早由丹齐克（G. Dantzig）与萨蒂（T. Satty）于 1973 年在他们的合著《紧凑城市——适于居住的城市环境计划》中提出，作为应对城市无序蔓延、抑制城区盲目扩张的解决途径，紧凑城市在其形态构建中与欧洲中世纪所建成的规模小、空间封闭、人口密集、街道狭窄、城墙围合的紧密城镇空间有着本质区别①，所主张的紧凑形态并非对城市空间的压缩与限制，其主要针对无序蔓延的城市发展形态，通过优化城市空间结构，合理调整、利用城市形态及资源，以缓解各类城市化问题。相关的研究主要集中在可持续发展、城市交通、城市密度与生活质量等四个方面。

在可持续发展方面，紧凑城市主张科学界定城市空间、合理控制城市扩张、集约利用城市土地，通过高效、便捷的城市交通强化城市不同区域间的紧密联系。

在城市交通方面，通过发展综合交通网络及交通枢纽以满足民众的交通需求，通过提升公共交通服务水平提高民众对公共交通出行的认可度，以减少私家车的使用，有效治理城市交通、环境等问题。

在城市密度方面，基于多种城市要素的相互关系，以交通为主要疏导方式，平衡城市空间布局，合理疏导市域人口，灵活协调产业分布，推动单一建筑多用途开发，以改善高密度的城市环境。

在生活质量方面，紧凑城市主张规范城市空间、开发城市功能、提升城市品质，打造交通便捷、生活便利、环境良好、平安和睦的城市空间，以提高民众的生活质量，引导城市自身的高品质建设与有机生长。

因此，在我国城市化问题日益严峻的今天，紧凑城市建设要点的引入、推广不仅符合我国城市可持续发展与民生改善需求，其在土地、交通、建筑等方面的建设主张也为站城融合发展提供了重要支持（见图 1-2-1）。

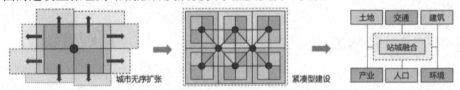

图 1-2-1　紧凑城市的相关建设推动站城融合发展
（图片来源：笔者绘制）

---

① 韩刚、袁家冬、王兆博：《国外城市紧凑性研究历程及对我国的启示》，《世界地理研究》2017 年第 1 期。

二、站城融合

站城融合是基于铁路客站与城市空间的协同化发展而产生的，其源于 20 世纪初日本大力发展轨道交通建设，即站城一体化开发的开端——铁路客站及周边地区的一体化建设，表现为以轨道交通为中心带动城市的综合开发（见图 1-2-2），主要分为以站点为中心实施的聚集型开发和以线路为导向实施的沿线型开发两种模式。其中，汇集了大量交通客流的轨道交通客站，具备交通综合化、服务商业化、功能社会化的先天优势，结合周边城市基础设施的更新变化，共同推动客站的多功能复合化建设。①

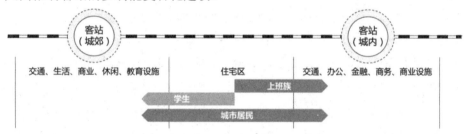

图 1-2-2　轨道交通客站的综合开发模式
（图片来源：笔者绘制）

站城融合是对站点聚集开发模式的深度解析，其基于城市紧凑化发展在交通、社会、环境等方面的迫切需求，以铁路客站等站点为中心，通过客站空间的合理构建与功能设施的协调布局，将交通功能（综合交通系统的衔接与换乘）与城市功能（如商业、办公、金融、娱乐、休闲等）进行有机整合，以满足城市的发展需要②，并结合土地的合理开发与集约使用，提高客站空间的综合利用率，以降低资源消耗、修复站域空间、治理城市环境，从而改善客站内外空

---

① 日建设计站城一体开发研究会：《站城一体开发——新一代公共交通指向型城市建设》，中国建筑工业出版社，2014，第 14-15 页。

② 彭其渊、姚迪、陶思宇、李岸隽、王翔、颜旭：《基于站城融合的重庆沙坪坝铁路综合客运枢纽功能布局规划研究》，《综合运输》2017 年第 11 期。

间的环境品质与整体形象，引导客站成为绿色高效、智能便捷、人文休闲一体化的新型城市枢纽综合体。①站城融合既是高铁时代下铁路客站发展的新方向、新趋势，又是推动当代城市紧凑化建设及可持续发展的重要方式（见图1-2-3）。

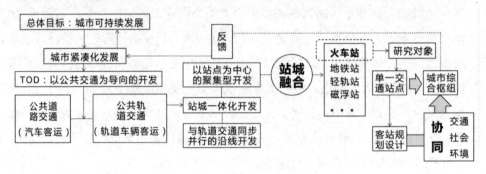

图 1-2-3　推动站城融合的相关要素及与客站规划设计的相互关系
（图片来源：笔者绘制）

　　铁路客站作为站城融合的主体要素，其规划设计是实现站城融合的关键环节，结合站城在交通、社会、环境等方面的协同需求（见图1-2-4），推动铁路客站的站城融合规划设计应涵盖以下几个方面：①客站设计定位、选址规划、开发建设需要良好协调城市的整体环境与发展策略；②对内外交通的全面引入与高效整合，实现各交通方式无缝衔接与良好换乘；③客站内外空间的一体化开发与功能体系的复合化构建；④营造安全、高效、便捷、舒适的客站空间环境，以满足使用者的活动需求；⑤合理发挥客站枢纽的触媒效应，以激活区域经济活力，推动城市更新发展。

---

① 陶思宇、冯涛：《"站城融合"背景下新型铁路综合交通枢纽交通需求预测研究》，《铁道运输与经济》2018 年第 7 期。

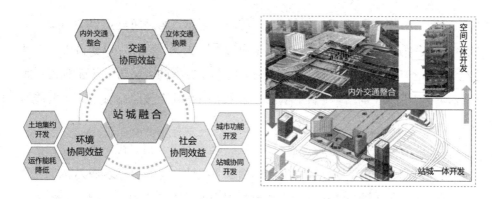

图 1-2-4　涵盖交通、社会、环境需求的站城协同关系

（图片来源：笔者绘制）

三、铁路客站

铁路客站，又称铁路客运车站，是由政府出资建设，办理客运业务以满足民众出行需求的基础性交通类公共建筑①。随着我国经济社会的发展与人民生活水平的提高，民众的交通需求增长显著，铁路客站已成为国内城市中繁忙、活跃的中心之一，站城关系日益紧密。因此，本书在研究对象的范围限定上选择城市空间内的铁路客站，按照铁路客站的建设规模、应用范围、使用频率、新建与改造数量以及推广力度等条件，结合高铁发展的时代背景，主要围绕综合铁路客站（以既有铁路客站为主）和专用铁路客站（高铁客站、城际铁路客站）进行讨论，并从交通、社会、环境等方面展开研究。

在规模的定义上，铁路客站的规模通常按照旅客最高聚集人数和高峰小时发送量作为标准，前者适用于客货共线的铁路客站，后者适用于客运专线的铁路客站②，应依照铁路客站的顶峰人数规划候车厅规模，并按照候车厅规模确

---

① 谭立峰：《铁路客站建筑课程设计》，江苏人民出版社，2013，第1-2页。

② 同上书，第8-9页。

定铁路客站的整体规模。随着站城关系的日益紧密，客站将承担更多的城市功能，其形态规模也会发生改变，客站空间的界限正变得模糊，以获得更多的弹性空间来适应城市发展需求。因此，站城融合发展下的客站规模不应刻板对照传统客站规模的限定，应在满足正常客运需求的基础上按照站城之间的发展需求进行合理规划。

在功能的定位上，传统客站以满足铁路客运为出发点，在功能定位上存在一定的局限性。而在交通一体化发展的需求下，铁路客站已逐步成为城市综合交通枢纽和现代化的城市中心，在城市发展中的地位、作用、影响力发生了根本性变化。①客站的功能定位要结合城市发展需求，从"单一功能"向"复合功能"转变，即综合化的交通系统和复合化的服务体系：前者主要为综合交通枢纽，承载了多元化交通方式并实现其全面对接与高效换乘；后者通过合理利用客站空间，将更多城市功能引入客站，以满足旅客及城市居民的各类需求，发展以客站为主体的现代化城市综合体。

在空间的定义上，传统铁路客站在空间上存在明确限定，与周边街区保持一定间隔。而站城融合发展下的客站空间则全面对接城市空间，客站不仅提供必要的交通功能，还要配置一定的城市功能，以满足城市、民众的综合需求。继而客站空间要在原有基础上扩展、延伸，从孤立、封闭走向开放、融合，以弱化站城对立形态，全面对接城市环境，适应新时代站城融合发展的需求。

四、协同方式

协同方式是运用协同学理论引导系统内各子系统相互协调、有序运作的科学方法。协同学由德国物理学家哈肯（Hemarm Hakend）教授于 20 世纪 70 年代创立，在自然科学与社会科学领域得到广泛运用，其源于希腊语，本意为"合

---

① 谭立峰：《铁路客站建筑课程设计》，江苏人民出版社，2013，前言。

作的科学"。所谓"协同"是指复杂系统内各子系统之间的相互合作。城市作为复杂、多元的构成系统，其运作、发展是由诸多子系统共同作用来实现的，围绕站城融合即以铁路客站作为城市重要的子系统，根据城市可持续发展的总体目标及其在交通、社会、环境等方面的运作需求，引导客站的规划设计更为科学、合理，更符合现代城市的可持续发展策略，结合高铁的建设背景；通过交通整合、功能优化、环境协调等方式与城市形成全新的关系，实现社会效益、经济效益、生态效益最大化。同时，客站自身也由复杂的功能系统构成，推动站城融合的前提在于客站系统的优化完善，以构建高效、舒适、绿色的枢纽综合体，在推动客站功能系统更新的同时积极回应城市需求。因此，探讨站城协同方式应包含两方面内容，即作为城市子系统的客站与城市之间的协同方式、客站系统内部各功能要素之间的协同方式，前者对后者具有引导作用，后者对前者产生回馈作用。

第三节　国内外铁路交通建设研究

一、关于紧凑城市国内外研究现状

改善城市交通作为实现城市可持续发展的重要途径，在城市化问题日益严峻的今天，与同样作为可持续发展策略的紧凑城市建设联系紧密，并在国内外学术界引起广泛讨论。紧凑城市倡导合理提高城市密度以囊括更多的城市活动，提出城市规模应与其交通建设相关联，通过改善城市交通系统及其运作方式，以构建良好的城市交通服务体系，改善城市居民的交通出行条件及生活环境，从而促进城市紧凑化建设并使其保持健康的发展形态。

（一）国外对紧凑城市的理论研究

关于紧凑城市理念引导下的城市开发、交通建设及其可持续性研究，国外学者对其给予了高度关注，通过在城市规划、环境保护、交通运输等多个领域开展综合研究并取得了丰富成果。在城市形态研究的重要时期（1898—1935），以勒·柯布西耶（Le Corbusier）为代表的"城市集中主义"学派提出通过提高城市密度以解决城市拥挤问题，并强调建立现代快速交通网络及节点枢纽的重要性，指出引导城市高密度发展必然需要多元、高效、立体的城市交通体系予以支撑，强调效率和速度就是城市的生命力[1]，并在其著作《光明城市》及"光明城"规划方案中进行了深入解析。20世纪50年代，随着学术界有关都市复兴与城市未来的争论出现，拓展了紧凑城市与城市交通的关联性研究，简·雅各布斯（Jane Jacobs）认为改善城市密度的必要条件之一即要实现城市功能区的混合开发与高效使用，而交通问题的治理是其重要保障[2]，通过辩证看待交通与城市的依存关系，她提出优化公共交通系统有助于改善城市密度并缓解各类交通问题。凯文·林奇（Kevin Lynch）对现代大都市的环境印象与发展形势提出见解，指明城市的区域空间内要具备通畅、便捷的交通环境和交通方式，要拥有鲜明的可识别性并体现民主理念下的社会公平，通过连续性的城市交通体系确保城市运作的统一性与完整性。[3]20世纪90年代，随着世界格局的重大变革与科技时代的到来，为轨道交通技术进步、现代城市紧凑化发展及其交通系统协同性研究提供了重要支撑，英国学者迈克·詹克斯（Mike Jenks）进一步探讨了紧凑城市与轨道交通、生活环境及可持续发展的内在关联性与交互影响[4]，他提出良好的轨道交通体系是引导紧凑城市迈向成功的重要保障。英

---

[1] 孙贺、陈沈：《城市设计概论》，化学工业出版社，2012。
[2] 简·雅各布斯：《美国大城市的死与生》，译林出版社，2005。
[3] 凯文·林奇：《城市意象》，中国建筑工业出版社，1990。
[4] 迈克·詹克斯：《紧缩城市：一种可持续发展的城市形态》，中国建筑工业出版社，2004。

国瑞丁大学迈克尔·布雷赫尼（Michael Breheny）教授提出，通过落实紧凑城市的建设构想，整治和更新已有城区，以提高公共轨道交通的优先权，并在其重要节点地段进行集中开发。美国加州大学罗伯特·赛维罗（Robert Cervero）教授针对紧凑城市所面临的郊区化、孤岛化问题，认为完善的城市轨道交通系统是缓解问题的有效策略。[①]日本学者海道清则围绕亚洲紧凑城市的解决方案，提出借助轨道交通建设推动沿线土地开发与城市功能整合。[②]与此同时，发达国家围绕紧凑城市理念开展了大量实践研究并形成诸多发展模式，论证了紧凑城市理论的功能性与价值性，探索了其在改善城市环境、减少交通量与交通能耗及社会发展等方面的重要意义。国外学者围绕紧凑城市所开展的相关研究，为中国等发展中国家在探索紧凑城市建设、促进城市可持续发展等方面的研究提供了重要指导。

（二）国外对紧凑城市的实践研究

实现城市可持续发展已成为共识，而推动城市紧凑化建设作为其重要途径，已在部分国家开展实践研究，并形成日本、英国、美国等不同国家的紧凑城市发展模式。

日本的紧凑城市建设，主要是应对金融危机后的房地产泡沫与老龄化社会结构所引发的无序化城市扩张，通过紧凑城市理念完善城市的总体开发策略，规范城郊居住区的建设规模，依托城市中心的集约化发展吸纳外溢人口，并通过完善公共交通系统予以支持，尤其强调轨道交通及车站周边的复合功能开发在紧凑城市建设中的重要性。比如，2008 年，日本北海道札幌市通过践行紧凑化的城市发展理念，结合完善的公共轨道交通系统，有效改善了城市功能区划、合理控制了城市外溢人口并引导其回流市区，借此完善了城市公共交通体系。

---

① Robert Cervero、Jennifer Day：《中国城市的郊区化与公交导向开发》，《上海城市规划》2010 年第 4 期。

② 海道清：《紧凑型城市的规划与设计》，中国建筑工业出版社，2011。

英国的紧凑城市建设，主要是应对城市化扩张及城郊地区的无节制蔓延，通过设置绿带约束城市扩张、实施高密度的住宅区开发与混合化的用地功能定位等方式，以提高土地资源的综合利用率、规范城市发展形态；此外，通过发展便捷、经济、现代的城市轨道交通，以强化城郊地区的交通连接，并注重车站周边的综合开发，以抑制汽车的过度使用，改善城市拥堵的交通环境。比如，牛津市开展的"雪花计划"，通过构建高效、快捷的轨道交通网络，有效连接城市及周边区域，并依托土地混合开发方式，以增加 10 km 绿带范围内的城市人口，改善无序蔓延的城市形态。

美国的紧凑城市建设，主要是应对因城市快速扩张带来的土地消耗、人口流失以及城市中心退化等问题。1998 年，美国政府出台"精明增长"计划①，其目的在于构建可持续化的现代都市圈，通过明确市域界线以规范城市开发，并在建设区域内实施高密度、填充式的开发策略；在城市的街区设计中提高轨道交通与步行系统的参与量，注重私家车与轨道交通的和谐共存，以此提高城市环境及日常生活的舒适度。比如，在得克萨斯州奥斯汀市的总体规划中，通过灵活运用公交导向型发展（Transit Oriented Development, TOD）模式，带动城市中心内各功能区的协同发展，并对城市周边的自然区域实施有效保护。

总体来看，日本、英国、美国开展的紧凑城市实践研究，对紧凑城市理论的发展具有重要意义。从相关规划的实施内容来看，三者均有共同的应对问题，如遏制城市无序扩张、提高城市中心人口、改善城市居住环境等，且根本目的都在于实现城市可持续发展。虽然各国的应对策略有所不同，但在构建以轨道交通为主的城市公共交通体系方面具有高度一致性，即大力发展城市轨道交通、优化和完善城市轨道交通服务体系，以加强市域交通联系、改善城市道路环境，其已成为推动紧凑城市建设及可持续发展的重要方式（见图 1-3-1）。上述的实践成果与发展策略为我国紧凑城市研究提供了重要参考。

---

① 张雯：《美国的"精明增长"发展计划》，《现代城市研究》2001 年第 5 期。

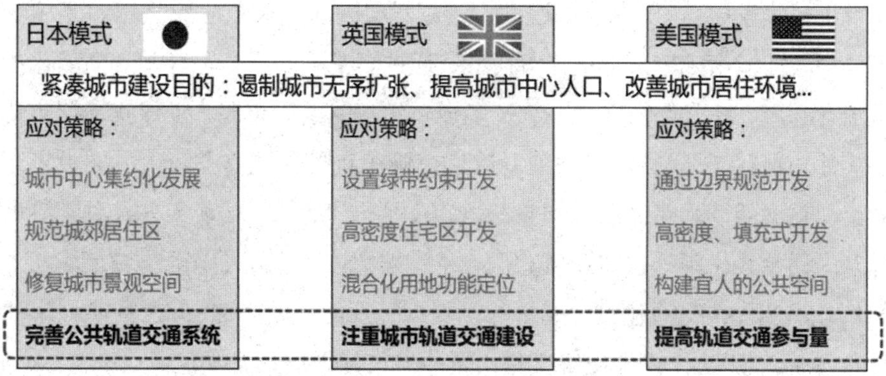

图 1-3-1　发展和完善城市公共交通体系已成为国外紧凑城市建设
及可持续发展的重要方式
（图片来源：笔者绘制）

（三）国内对紧凑城市的相关研究

相较于国外有关紧凑城市所开展的广泛研究与深入实践，紧凑城市研究在我国仍处于探索阶段。随着改革开放后城市化的快速推进，我国面临与发达国家相似的城市问题，作为应对城市化问题的创新性发展方式，紧凑城市理念及相关研究引起了我国政府及学术界的广泛关注。

《中国 21 世纪人口、资源、环境与发展白皮书》首次把可持续发展战略纳入国家长远的发展规划，并在社会建设、经济发展、城市改造等方面深入落实。《中华人民共和国国民经济和社会发展第十三个五年规划纲要》明确提出加强我国城市空间的合理开发与利用，建设密度适宜、功能融合及公交导向的紧凑城市。《关于实施 2018 年推进新型城镇化建设重点任务的通知》强调优化城市空间布局、优先发展轨道交通等城市公共交通并推动城市功能区融合发展。上述政策的出台为我国紧凑城市的理论研究与实践开展给予了重要支持。

而在学术界，国内学者对紧凑城市研究主要分为理论研究与设计策略两方面，以探索其内在的合理特质并与我国新城镇建设相结合，其总体目标是实现城市可持续发展。①对此，中国城市规划学会副秘书长耿宏兵提出，紧凑城市可作为我国城市未来发展的指导思想，通过高密度的人口与建筑、高效化的土地混合利用、综合化的交通系统及多样化的功能紧凑布局，引导我国城市化可持续性拓展②；李琳指出，发展紧凑城市可在有限的城市空间中吸纳更多交通内容与社会活动，带来更高质量的城市生活③；韩刚、袁家冬等人对紧凑城市理念内涵及其在国外的实践研究进行了详细解读，指出我国紧凑城市应从土地增长方式、公共交通建设、邻里社区规划等方面开展研究④；在紧凑城市建筑研究方面，高喜红、刘淑虎等人指出紧凑城市建筑应具备功能复合、边界模糊、社会维度显著等特征⑤；围绕紧凑城市与轨道交通协同关系研究，牛韶斐、沈中伟等人基于我国城市轨道交通建设背景，结合紧凑城市对土地、交通、产业资源的现实需求，论证了城市紧凑化发展中轨道交通及站点综合体具有的重要价值与科学内涵。⑥

通过总结相关政策及学术研究，可以看出实现紧凑城市的良好建设，完善的公共交通及服务体系是其重要保障，结合集约化土地开发、混合化功能区布局与建筑多用途开发等措施，可有效推动城市空间的优化完善。同时，应注意紧凑城市在国内仍存在一定的争议，如吴成鹏、黄亚平等人认为过高的城市密度带来的环境增压、混合用地开发产生的高昂地租及建设成本、控制私人汽车使用率对城市产业经济的影响、收缩城市发展空间有悖城市化扩张需求等问

---

① 方创琳、祁巍锋：《紧凑城市理念与测度研究进展及思考》，《城市规划学刊》2007年第4期。
② 耿宏兵：《紧凑但不拥挤——对紧凑城市理论在我国应用的思考》，《城市规划》2008年第6期。
③ 李琳：《紧凑城市中"紧凑"概念释义》，《城市规划学刊》2008年第3期。
④ 韩刚、袁家冬、王兆博：《国外城市紧凑性研究历程及对我国的启示》，《世界地理研究》2017年第1期。
⑤ 高喜红、刘淑虎、罗涛：《紧凑城市建筑浅析》，《华中建筑》2019年第4期。
⑥ 牛韶斐、沈中伟、刘少瑜：《紧凑城市理念下轨道交通综合体内涵解读》，《南方建筑》2017年第2期。

题。①因此，落实紧凑城市的建设方针，需要我国学术界与政府相关部门通力合作，基于我国城市的现实环境与基础条件，辩证运用紧凑城市理念指导新时代我国城市的科学规划与健康发展。

基于当前国内外有关紧凑城市的研究探索，总体上，就城市可持续发展需求而言，紧凑城市应作为未来城市发展的方向，而紧凑城市建设的成功与否与城市轨道交通等公共交通体系的发达程度息息相关，良好的公共交通体系是建设紧凑城市的必要保障，高效的交通枢纽是构建公共交通体系的重要支点，三者之间联系紧密。因此，紧凑城市理论所强调的"土地资源集约开发、功能区混合布局、公共交通全面完善、建筑多用途开发"等建设要点，也为铁路客站枢纽化建设及其与城市一体开发奠定了坚实基础。

二、关于站城一体开发国内外研究现状

（一）国外对站城一体开发的理论研究

发展紧凑城市需要以完善的城市交通体系为支撑，而包括铁路客站在内的轨道交通站点作为城市交通网络的重要节点，是构建城市交通体系、推动站城一体开发的关键支点。作为紧凑城市理论的延伸探索，彼得·卡尔索普（Peter Calthorpe）在《未来美国大都市：生态·社区·美国梦》一书中提出 TOD 模式，通过公共交通主导发展模式对沿线区域实施混合开发，协调布局住宅、商业、学校、市政等城市功能，并以交通站点为核心，对周边社区产生持久而广泛的影响；②而站城一体开发作为其具体措施，倡导以促进站城之间共同发展为目

---

① 吴成鹏、黄亚平：《"紧凑城市"引导下的中国城市建设辩证刍议》，《华中建筑》2013年 12 期。

② 彼得·卡尔索普：《未来美国大都市：生态·社区·美国梦》，中国建筑工业出版社，2009。

标，通过轨道交通站点及站域综合开发带动社会经济活动，而城市化发展下日益紧密的站城关系是站城一体开发的重要基础。

对此，日本、美国等发达国家提出发展以车站为中心的紧凑城市，以解决新时代的社会问题，实现紧凑城市形态下的可持续发展。20 世纪 70 年代，美国交通部开展了"交通发展与土地发展"的研究，对包括站点在内的城市交通系统与城市土地开发的协调关系展开研究。①英国布莱恩·理查兹（Brian Richards）对城市铁路客站周边地区的改造利用，以及构建综合交通枢纽的可行性进行了研究。② 2013 年，奥森清喜通过对东京、横滨、大阪等站城一体开发案例的深入解析，提出了城市核心性、步行环游性、功能聚集性、城市特色性、生态节能性五项规划要点，并将其视为顺利实施站城一体开发的关键所在。③2014 年，日建设计站城一体开发研究会解析了以枢纽站为中心的聚集型开发模式和以轨道交通建设并行的沿线型开发模式，结合新横滨站等 7 处车站项目展开深入探讨，系统分析了站城一体开发在改善城市交通、降低环境负荷、助力经济繁荣、激发城市活力等方面的积极作用，并对中国等其他国家导入"站城一体开发模式"提出了建设性指导。④此外，有学者基于轨道交通与城市发展的关联性，提出轨道交通建设对站点及沿途的经济发展具有隐性助力，建设以铁路客站为主体的城市副中心能够吸引、集聚城市经济活动。长期以来，日本通过大力发展轨道交通及相关产业，与紧凑化的城市发展策略相互协同，在站城一体开发的理论研究及实践活动中积累了很多经验，以铁路客站为中心所构建的集约化城市已成为日本现代城市结构的特色。

---

① 邱盼：《城市公共交通枢纽与建筑综合体一体化设计研究》，硕士学位论文，西南交通大学建筑学系，2011。

② 布莱恩·理查兹：《未来的城市交通》，潘海啸译，同济大学出版社，2006。

③ 奥森清喜：《实现亚洲城市的站城一体化开发——展望城市开发联合轨道建设的未来》，《西部人居环境学刊》2013 年第 5 期。

④ 日建设计站城一体开发研究会：《站城一体开发——新一代公共交通指向型城市建设》，中国建筑工业出版社，2014。

（二）国外对站城一体开发的实践研究

站城一体开发理念最早产生于日本，相关实践活动早在 20 世纪初的日本轨道交通建设热潮中就已展开。1905 年，阪神电气铁道公司在大阪至神户的铁路沿线以增设站点及班次的方式吸引客流，并在站点及沿线地区开发住宅、百货大楼、游园、浴场、球场，在获得可观收益的同时成功带动站域地区的开发建设，开创了日本站城一体开发的先河。1908 年，阪急电铁创始人小林一三通过铁路建设与沿线开发同步并行的方式，在宝塚本线修建的同时于沿线地区开发了大量住宅区，并在线路运营后相继建设了百货大楼、宾馆、歌剧院，利用交通、服务、环境等优势吸引了大量人口入驻，基于其经营模式所形成的"小林一三商法"在日本产生重大影响。[①]东京急行电铁在 20 世纪 20 年代通过电气铁路建设、沿线住宅开发、站点旅社及百货经营、休闲娱乐产业等方式，将"小林一三商法"引入东京圈，并在此基础上通过优惠的地价吸引如庆应大学、东京都立大学、东京工业大学等高等学府在铁路沿线设立新校区，以提升站点及沿线地区的人气与活力，扩展了日本站城一体开发的产业范畴。西武铁道集团亦通过多元的轨道交通建设及综合产业开发，在运输、休闲、旅游、不动产等产业中获得不菲收益。二战后，由于日本主要城市及轨道交通产业受到战争破坏，为缓解资金紧缺造成的修复难题，日本尝试以"官民协动"的方式重建车站，各类商业设施及服务产业被引入车站建筑，形成功能复合化的"民众车站"[②]，并在其后的建设中不断拓展车站建筑的副业功能，以 1973 年建成的平塚车站为起点，"车站大楼"开始在日本普及，推动日本车站从特定功能转向复合功能，为其长远发展提供了更多可能性。20 世纪 60 年代，随着日本车站、广场及地铁的相继重建，推动了站域地下空间的开发建设，开启了日

---

① 杨栋梁、孙志毅：《日本民营铁路公司经营模式及其借鉴性思考》，《南开学报（哲学社会科学版）》2010 年第 3 期。

② 日建设计站城一体开发研究会：《站城一体开发——新一代公共交通指向型城市建设》，中国建筑工业出版社，2014，第 55 页。

本站城立体化开发的序幕，明确了地下空间在轨道交通站点中的作用，即确保站点交通良好运作、构筑完善的步行系统、实现站域地区的高利用率。从1970年起，在《城市再开发法》的支持下，日本多数客站的站前区域成为城市更新开发的重点，如在柏站东口项目中，通过对客站广场及周边建筑一体化改造，以强化客站与周边城区的关联性，并依托完整的步行系统串联客站及周边街区，提高民众在客站地区的通达度与洄游性。而从20世纪90年代至今，随着多数客站设施进入更新期，加之20世纪80年代末日本国铁实行民营化分割以及相关法律的不断完善，共同推动了日本站城一体开发的多样化发展，表现为客站建筑的复合化程度不断提高，成为集交通节点、商业中心、市政机关等于一体的城市枢纽，与周边街区一体化建设，使站城之间的依存度与协调性不断提高。

通过梳理日本站城一体开发的发展脉络，可以看出不同时期的站城一体开发模式各有其特点，从早期的业务扩展到中期的集中开发再到后期的精细管理，其整体呈现"放—收"的发展形态（见图1-3-2），并具有共性特征，即以轨道交通站点为中心充分依托交通优势引导城市产业聚集，以推动站城功能协同开发、共同发展。日本作为紧凑城市建设及站城一体开发的先行者，其成功经验与实践成果都将为我国的站城一体开发、紧凑城市建设及可持续发展产生积极影响。

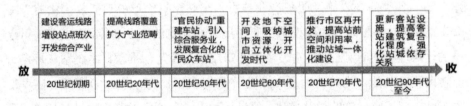

图 1-3-2　日本站城一体开发的发展脉络

（图片来源：笔者绘制）

（三）国内对站城一体开发的相关研究

随着我国新型城镇化推进及高铁交通的蓬勃发展，我国当代城市已步入转型发展期，作为推动城市可持续发展的重要方式，我国学术界立足基本国情，广泛探讨和研究了交通建设与城市发展的协同关系并取得了丰富的理论成果。清华大学交通研究所开展的"城市群交通一体化研究"课题，针对我国城市群交通一体化面临的任务，提出了保障城市群健康发展的城市交通结构以及推进交通建设与土地开发协同化发展的 TOD 战略方案[1]，并解析了推动城市群交通一体化的相关政策与机制保证。同济大学庄宇教授对客站地区多样化交通可达性与空间使用的关联性展开研究，并基于站城协同关系建立空间使用绩效综合指标与协同评价模型[2]，其研究对客站地区的交通出行网络构建及站域空间开发具有积极意义。北京交通大学于晓萍博士提出要以一体化形式对城市结构与城市轨道交通进行有机结合，用以解决我国城市化问题、改善城市交通环境。[3]罗飞对城市高铁综合枢纽及其所处地区的形态、构成、尺度、要素等进行了深入分析，剖析了客站枢纽与城市空间的交互关系。[4]此外，孙志毅等人基于日本铁路交通产业发展模式，对我国铁路建设与城市化发展的协同性问题展开研究，认为新型城镇化建设及都市圈区域经济发展需要铁路交通产业综合开发予以支持，有效降低铁路运营成本、提高其整体运作效率。[5]

综上所述，国内外学者围绕站城一体开发所进行的研究探索，获得了较为

---

① 傅志寰、陆化普：《城市群交通一体化理论研究与案例分析》，人民交通出版社，2016。

② 庄宇、张灵珠：《站城协同：轨道车站地区的交通可达与空间使用》，人民交通出版社，2016。

③ 于晓萍：《城市轨道交通系统与多中心大都市区协同发展研究》，博士学位论文，北京交通大学经济学系，2016。

④ 罗飞：《高速铁路综合交通枢纽地区城市空间形态设计研究：以保定高铁站为例》，硕士学位论文，天津大学城乡规划系，2010。

⑤ 孙志毅、荣轶：《基于日本模式的我国大城市圈铁路建设与区域开发路径创新研究》，经济科学出版社，2014。

扎实的理论成果与实践经验，随着近年来我国城市公共交通体系的逐步完善以及高铁交通的快速发展，为我国站城一体开发提供了更为广阔的发展空间。然而我们应注意到，当前围绕站城一体开发所展开的相关研究，国内学术界多集中在片区级、广域性的站域空间开发及宏观的站城交互关系等方面，其研究视角较为宽泛、目标体量较为宏大、研究焦点较为分散。相较于日本从宏观的站城协同发展到中观的站域综合开发再到微观的客站规划设计所形成完整的站城一体开发研究体系，当前我国学术界所开展的研究多分散在各研究节点内，整体之间的关联度不高，尚未形成具有中国特色的站城一体开发研究体系与发展模式，与日本等发达国家相比仍有一定差距。

三、关于铁路客站规划设计国内外研究现状

（一）国外对铁路客站规划设计的相关研究

日本及欧美国家的铁路事业经历了漫长的发展过程，这些国家的铁路系统已趋于成熟，其配套设施日渐完善。随着城市化发展以及交通技术的不断进步，结合当代城市可持续发展需求，作为交通节点的铁路客站与城市空间的联系日益紧密，随着各国站城一体开发的不断深入，也推动了各国学术界对铁路客站规划设计的研究探索。

在学术研究方面，英国朱利安·罗斯（Julian Rose）深入研究了铁路客站的发展历史，结合实例分析，对不同类型车站的规划、设计、运营、管理、维护等进行全方位解读，探讨了在坚持以人为本的理念下，车站建筑与社会、交通、服务、文化等方面的相互关系。[①]英国休·科利斯（Hugh Collis）探讨了铁路客站等现代交通建筑与建造技术、工程管理之间的相互关系并配合相关经典

---

① 朱利安·罗斯：《火车站——规划、设计和管理》，中国建筑工业出版社，2007。

案例进行了详细讲解。①在站城空间协同开发与利用方面，美国的吉迪恩·S.格兰尼（Gideon S. Golang）与日本的尾岛俊雄通过宏观的设计构想来规划城市交通建筑及广场空间，提出充分开发交通建筑地下空间，用以扩充紧张的城市空间及居民活动场所，改善城市生活环境。②洛林·L.施瓦茨（Loring L. Schwarz）、查尔斯·A.弗林克（Charles A. Flink）和罗伯特·M.西恩斯（Robert M. Searns）介绍了美国将铁路资源及沿线土地用于改善生态景观等方面的实践，为站域景观的开发改造提供了宝贵经验。③在客站与人的互动关系方面，国外学者主要以旅客为研究对象，结合客站内外环境与旅客活动综合分析了客站空间的安全性、人性化设计策略。美国的《特殊活动交通管理报告》与《大型活动意外事故规划》，提出大型客站空间安全的应对策略和管理措施。英国编制了《铁路安全案例》，分析了客站空间中环境心理因素对旅客产生的影响并提出相应的管控、预防及应对措施。

在铁路客站规划设计的理论研究方面，日本结合站城一体开发提出了"客站节点"理论，主张以客站为核心聚集城市功能，以引导客站多功能体系的形成与空间利用，推动多核化城市形态的发展；欧洲国家依托完善的铁路基础设施，在客站规划建设中形成"支点更新"理论，通过引入高铁等现代交通方式带动既有客站的改造更新，使站域地区重获发展活力。④

与此同时，发达国家在铁路客站的建设发展中也积累了丰富的经验、取得了丰富的成果。由于发达国家的铁路事业起步早、发展完善，客站系统与城市系统的契合程度较高，通过构建客站综合枢纽，在推动站城交通一体化发展的同时，积极引导城市功能与客站枢纽协同开发，一方面合理利用了客站空间，

① 休·科利斯：《现代交通建筑规划与设计》，大连理工大学出版社，2004。
② 吉迪恩·S.格兰尼、尾岛俊雄：《未来的城市交通》，中国建筑工业出版社，2005。
③ 洛林·L.施瓦茨、查尔斯·A.弗林克、罗伯特·M.西恩斯：《绿道规划·设计·开发》，中国建筑工业出版社，2009。
④ 罗湘蓉：《基于绿色交通构建低碳枢纽——高铁枢纽规划设计策略研究》，博士学位论文，天津大学建筑学系，2011。

使客站自身的功能体系得以完善,另一方面带动了客站与周边区域的共同开发,促进了城市的更新发展,如美国纽约中央车站、日本京都车站、大阪难波车站等都采用了此类发展模式,对站城融合发展进行了积极探索。

(二)国内对铁路客站规划设计的相关研究

受诸多因素影响,我国早期对客站规划设计的研究不够深入,对相关问题的认识与理解较为片面,加之相关部门缺乏协调,在管理、服务、运营等方面与城市衔接不足,造成站城之间的关联性不强。改革开放后,社会经济的发展、城市化水平的提高,推动了城市群及都市圈的形成;同时,高铁时代的到来,强化了区域及城际的时空联系,缓解了传统铁路客运的压力,为新型城镇化发展及现代综合交通运输体系的建设提供了有力支持。目前,我国高铁事业仍处于快速发展阶段,但结合交通、社会、环境等综合需求,为城市铁路客站的创新发展提供了重要机遇,这一时期有关客站规划设计的相关研究也取得了较为丰富的成果。

迎合高铁时代下铁路客运的发展需求,就需要更新相关的设计规范与建设标准,以便对新时代铁路客站的规划设计进行指导。这一方面的代表有:中华人民共和国铁道部(今国家铁路局)发布的《铁路旅客车站建筑设计规范》,对新时期客站建筑的设计施工制定了全面、系统的规范要求,以体现系统性、功能性、先进性、文化性、经济性的设计原则;国家铁路局发布的《城际铁路设计规范》,围绕城际铁路客站的功能需求和技术特点,提出了安全、实用、便捷、高效的设计原则,建立了较为完善的设计标准体系;郑健等人编著的《中国当代铁路客站设计理论探索》,对客站建筑的发展脉络进行了梳理,探索了新时期铁路客站的设计特点与发展趋势。

在学术研究方面,相关学者也提出了许多新观点和新思路。盛晖对新建武汉火车站的叠合式布局、"零候车+零换乘"组织、建筑地域性设计、站桥合一结构等进行了详细研究,提出新时代铁路客站要在功能性、经济性、文化性、生态性方面有所创新，走可持续发展之路。①随着我国城市化发展，中小城市的铁路客站规划设计成为关注焦点，对此李传成结合相关案例研究，提出中型火车站应从内外空间两方面，通过"场、站、棚"一体化组合、高效的流线组织、通透的候车大厅与站台空间以及与城市文脉相结合的建筑设计等方式，满足新时期我国中小城市铁路客站的发展需求。②此外，《建筑技艺》杂志于2018年9月刊发了"创新创意：中南院铁路客站建筑创作之路"专题，对中南建筑设计院参与的铁路客站设计案例进行了详细介绍。③

同时，围绕铁路客站内外空间的构成要素，国内学术界亦展开了广泛研究。在对客站广场的开发、改造与利用方面，邱洵从交通、功能、环境等角度切入，探讨了客站广场片区功能改造以及站城一体化开发的理念与方法，并针对客站两侧广场发展的差异问题提出应对措施。④

考虑到客站规划及周边地区的改造更新对城市发展的积极意义，我国学术界也进行了相关的课题研究。臧佳明等对城市更新的理论进行研究与解析，运用"嵌入"与"织补"设计概念，以城市老火车站及周边地区的改造复兴为切入点，从交通、功能、环境、文脉等方面对其策略性的更新措施予以解读。⑤崔叙、沈中伟等提出铁路客站规划设计的重心在于功能的良好实现，通过对客站的先导性调研及规划理论问题的剖析，构建了铁路客站规划后评价的指标体系，并结合既有的客站项目从交通功能、运输需求、城市功能等方面展开规划后评价，为新型铁路客站的规划及更新提出指导建议。⑥

---

① 盛晖：《突破与创新：武汉火车站设计》，《建筑学报》2011年第1期。

② 李传成：《中型火车站建筑设计模式探讨》，《华中建筑》2010年第5期。

③ 侯梦瑶：《创新创意：中南院铁路客站建筑创作之路》，《建筑技艺》2018年第9期。

④ 邱洵：《火车站次广场片区一体化设计探析—以沈阳北站北广场片区更新改造为例》，《南方建筑》2017年第1期。

⑤ 臧佳明、郑波、孙晖：《基于"嵌入"与"织补"策略的城市更新规划设计：以石家庄老火车站地区更新改造为例》，《华中建筑》2010年第6期。

⑥ 崔叙、沈中伟、张雪原、张凌菲：《新型铁路客站规划后评价研究—我国新型铁路客站规划后评价的实证分析与解读》，《南方建筑》2017年第1期。

我国作为四大文明古国之一，在漫漫的历史长河中孕育出璀璨的民族文化与地域风俗，不同的自然气候在广袤的国土上形成独特的地域景观。如何在城市化发展与高铁时代中保护、利用这些珍贵的自然财富，实现客站建筑与地域文化相融、与自然环境相适的设计要求，是当前铁路客站规划设计所要面对的重要议题，已成为理论界和学者们关注的焦点。程一多、鲁巍以荆州火车站项目为例，探讨了如何在满足城市发展、交通建设、功能协调、环境融合等需要的基础上，利用建筑设计彰显地域文化，其不仅围绕客站的形态设计、界面装饰、细部处理、工艺创新等进行解读，更提出客站建筑的地域性设计要考虑当地自然气候因素，利用节能技术积极引导铁路客站可持续发展。[1]此外，袁培煌等结合延安站、呼和浩特站、西宁站等客站案例，探讨了客站设计中的人文要素、地域要素、形象塑造与结构表现之间的交互关系，提出了新时期我国铁路客站地域性设计的新策略。[2]此类研究的学术成果较为丰富，反映出近年来我国铁路客站在规划设计中对与城市地域、人文环境的协调能力正逐步提高。

在满足和保障人性化需求方面，客站与人的互动关系也成为我国学术界的关注焦点，相关学者围绕客站空间的公共安全、环境体验、流线组织、导向设计、服务设施等展开广泛探讨。程泰宁教授提出新时期铁路客站要注重旅客流线的整体组织以及站城综合交通的换乘衔接，以保障旅客在客站换乘的便捷、安全。[3]中铁二院工程集团有限责任公司副总工程师金旭炜则探讨了有关客站公共安全的主要内容及设计方法，提出通过完善客站安全设计理论、安全预防体系及应急处理策略，确保站内旅客及工作人员的人身安全。[4]文强提出客站

---

① 程一多、鲁巍：《悠悠古城 荆楚之门—荆州火车站建筑设计》，《华中建筑》2014年第3期。

② 袁培煌：《现代铁路旅客站设计中的地域文化特色表达》，《铁道经济研究》2007年第6期。

③ 程泰宁：《重要的是观念—杭州铁路新客站创作后记》，《建筑学报》2002年第6期。

④ 金旭炜：《基于公共安全的铁路客站设计记》，《铁道经济研究》2012年第5期。

空间环境设计是影响旅客寻路行为的重要因素，针对我国铁路客站空间环境中的寻路导向设计不足等问题，运用行为学研究方法，围绕标识指引、结构引导、空间组合、光线引导、人流组织等方面探讨了我国铁路客站进行寻路导向的设计策略。①

与此同时，在站城关系日益紧密的背景下，铁路客站的规划设计不再局限于对交通建筑的单一性探讨，其已成为跨越多种学科的交叉型研究课题。近些年在国内召开的多次学术会议中，众多学者齐聚一堂、集思广益，对新时期铁路客站的更新发展及站城关系进行了广泛交流与深入研讨，如在中国铁路客站技术国际交流年会（2007）、中国大城市交通规划研讨会（2010）、中国风景园林学会年会（2013）、中国城市规划年会（2015）、中国建筑学会地下空间学术研讨会（2017）、国际中国规划学会年会（2019）等学术会议上，征集和收录了大量以客站规划设计及站城关系为主题的学术文章，通过理论思考与实践探索，积累了丰富的研究成果。

此外，随着我国城市化推进与铁路交通发展，客站与城市的交互关系日益紧密，二者之间形成诸多共性需求，客站已逐步从单一交通建筑转变为综合化城市枢纽，随着高铁时代的到来，有关新时期铁路客站的设计优化与更新发展已在不少客站项目中进行尝试。从城市可持续发展的总体需求来看，如上海虹桥客站以现代化城市综合枢纽的建设构想，尝试将空、路、轨等交通方式融于一体，成为沪西、长三角乃至全国的交通中心；武汉站、广州南站则通过"站桥合一"的新型建筑结构，在打造新颖的建筑形态的同时，有效节约了土地资源消耗量；深圳福田站则以地下车站的建设形式，推动了我国交通建筑的创新发展，这些客站的创新实践改变了传统客站的发展方式以及站城之间的协同关系，为我国铁路客站的建设发展积累了宝贵经验，具有重要的指导意义。

总体而言，通过收集、整理国内外有关站城融合的学术研究，其内容主要

---

① 文强：《影响寻路的空间环境因素研究—以大型铁路客站为例》，《新建筑》2013 年第 1 期。

涉及紧凑城市建设、站城一体开发及客站规划设计等领域，而交通要素作为站城融合研究的主导要素贯穿三大研究板块；同时，对客站规划设计的研究又涵盖建筑设计、站域开发、改造更新、换乘设计、流线组织、地下空间、景观设计、使用体验等方面，而研究除了集中在客站空间层面，还包括客站的运营管理及安全维护等内容，通过对相关内容进行整理，得出有关站城融合研究中紧凑城市建设、站城一体开发及客站规划设计等内容的整体逻辑关系（见图1-3-3）。此外，随着近年来有关站城融合的研究成果不断涌现，通过对相关文献进行统计，各研究内容比例及近年来的发展趋势（见图1-3-4），其中涉及客站规划设计的研究文献占统计文献的65%，且呈现持续上升趋势，体现其越来越受到学术界的重视（见图1-3-5），相关统计结果进一步论证了客站规划设计作为核心要素在站城融合研究中的重要地位。

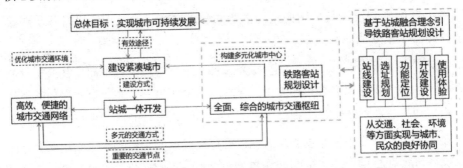

图1-3-3　有关站城融合研究中紧凑城市建设、站城一体开发
及客站规划设计等内容的整体逻辑关系
（图片来源：笔者绘制）

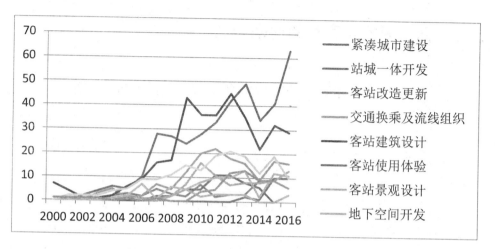

图 1-3-4　站城关系研究内容变化趋势

（图片来源：笔者根据资料绘制）

图 1-3-5　客站规划设计在站城融合研究内容中所占比重（左）

客站规划设计比重变化趋势（右）

（图片来源：笔者根据资料绘制）

四、研究中存在的问题

（一）围绕铁路客站的站城融合规划设计的研究不够全面，缺乏系统整合

借助近年来铁路事业的蓬勃发展，学术界在铁路客站及站城关系的研究中取得了一定的理论成果，但目前围绕铁路客站在站城融合规划设计方面的研究依然存在诸多局限性，很多成果都是对国外先进设计理念和建设模式的介绍，国内关于铁路客站规划设计及站城关系的研究仍较为分散，集中于小规模、局部的功能讨论与个案研究，以站城融合为主线开展的研究较少，围绕"融合"形态下的客站规划设计及其与城市、民众的协同关系的整合研究还有待进一步加强。

（二）站城融合尚未纳入当下铁路客站规划设计的研究体系，且缺乏实践论证

随着我国新型城镇化推进、铁路交通高速发展以及人民生活需求的逐步提高，客站与城市的发展关系日益紧密，在此基础上，站城融合作为铁路客站规划设计的重要指导思想，尚未引起足够重视，未纳入当下铁路客站规划设计的研究体系中。同时，作为新时期铁路客站的重要发展方向，站城融合对客站的设计引导及具体方式还缺乏足够的实践论证，其可行性研究需要进一步深入。

（三）要辩证学习、借鉴国外发展经验，探索符合我国国情的站城融合发展模式

改革开放后的一段时期内，我国交通建筑规划设计一度盛行国外的设计样式及发展方式，对自身的发展需求及现实环境缺乏足够认识。因此，引导铁路

客站的站城融合规划设计要预防照搬照抄的"拿来主义"作风，要理性、辩证地看待国外铁路客站的发展特色及成功经验，灵活运用"取＋舍"的借鉴方式。新时代我国铁路客站的规划设计要结合现实国情及实际环境，以探索具有中国特色的站城融合发展模式，切实符合我国未来城市化发展、铁路交通建设及民众生活的整体需求。

第四节　本章小结

本章解析了当前我国城市化发展、铁路交通建设及站城之间存在的矛盾，其主要表现为：通过紧凑城市建设引导城市可持续发展，与当前日益严峻的城市化问题之间的矛盾；高铁时代对新型铁路客站的急迫需求，与现有铁路客站发展落后的矛盾；人民对高标准、高品质城市生活的要求，与环境复杂、建设混乱、交通不便的城市发展现状的矛盾。这两个矛盾共同构成了当前城市发展及站城关系的真实写照。本章对国内外铁路客站建设研究现状等内容进行梳理，总结了前人的研究成果，并针对目前我国城市化发展、交通建设及民众需求之间的矛盾及其原因展开分析；同时，对现有铁路客站及相关的城市背景进行界定，探讨了站城之间的关联影响及协同关系，尝试提出以"站城融合"的发展方式来引导新时期我国铁路客站的规划设计。本章通过系统分析客站内外空间的关联要素，初步构建"客站—城市—民众"的整体协同关系，在明确了研究方向与研究思路的基础上，为后续研究工作的开展做好准备。

第二章　推动站城融合的
现实背景及相关要素分析

　　城市作为铁路客站的外部环境,其在发展策略、资源利用、设施建设及产业布局上的调整会对铁路客站的建设发展产生引导作用;同时,在外部环境的影响下,铁路客站自身的建设发展亦处于不断更新中,总体上与城市的协同关系正逐步加强。随着城市化的推进与高铁的快速发展,铁路客站与城市在交通、社会、环境等方面的联系日益紧密,这为推动铁路客站与城市融合发展创造了良好条件。本章通过对城市空间变革发展、铁路客站更新发展与铁路交通更新发展等背景要素的分析,以探索推动站城融合的重要性与积极意义,明确铁路客站在其中的重要作用,为后续工作的开展奠定研究基础。

第一节　城市空间的变革发展

　　21 世纪被认为是城市化的时代,目前全球约半数以上的人口生活在城市中。人口向城市快速集中,形成包含各类产业、生产者及使用者在内的集体共存模式,促进了经济增长和城市拓展;同时,人口增长也造成环境、交通、就业、居住等诸多问题。因此,实现当代城市的可持续发展成为全球性共识。通过树立紧凑城市的建设理念,控制无序蔓延的城市空间、优化城市功能结构、引导城市形态健康发展,被认为是推动城市可持续发展的有效途径。紧凑城市从多层面引导城市综合化、集约化、高效化发展，其具体方法之一为优先发展城市公共交通，即通过优化城市公交系统、构建综合交通枢纽、提高公交利用率等措施，降低对私人交通方式的依赖、缓解道路拥堵、降低尾气排放量，有效治理城市交通及环境问题，为优化城市交通网络、平衡城市功能结构、协调城市发展形态、助力城市可持续发展等提供重要保障。

一、城市发展理念的转变

（一）城市空间走向多元化、复杂化

从城市发展角度来看，城市是社会与经济的集中体现，与社会生产力、劳动分工联系紧密。[①]人类历史上第一批城市诞生于公元前1500—2000年的古文明阶段，分布在尼罗河、两河流域，印度河及黄河中下游地区，城市由城墙围绕，按照生产分工和社会等级的差异，不同身份、职业的人们分布在城市的不同区域，城市空间逐步形成多元区划。工业革命的到来，使交通工具和通信技术得到快速发展，火车的出现将大量人口从农村转移到城市，社会生产力得到显著提高，城市开放程度有所提高，极大地改变了人们的生活面貌。从1960年起，许多国家的交通步入高速发展期，服务业等第三产业日渐兴起，对城市结构产生了强烈冲击，推动了城市空间的复杂化发展，而城市扩张、土地开发、经济建设和人口增加带来资源、环境、交通等诸多问题，推动了城市可持续发展战略的提出。因此，不少国家通过合理控制城市规模、优化城市产业结构、构建多核心城市空间、发展公共交通等措施，以应对城市化带来的各种问题，探索城市低碳化与可持续化的发展之路。由此可以看出，随着社会生产力和科技水平的不断提高，交通进步、产业革新和经济发展推动了城市空间从单一到多元、从简单到复杂的变革发展，并在城市可持续发展战略的引导下，向着更

---

① 孙贺、陈沈：《城市设计概论》，化学工业出版社，2012，第1-2页。

加科学、合理、高效的方向前行（见图2-1-1）。

图 2-1-1   人类社会的变革发展推动了城市空间的不断演变
（图片来源：笔者绘制）

（二）土地使用转向混合化、集约化

从城市的发展历程来看，城市土地的使用方式经历了从单一、粗放到混合、集约的发展过程，而构建紧凑城市，实现其可持续发展，土地的混合化、集约化使用是其重要方式。传统的土地使用方式多从单一的功能需求出发，对土地的有效利用率不高，造成土地资源过度消耗与浪费。而采取混合化、集约化的土地使用方式，能够从城市的功能布局、动态发展、低碳建设、社会需求等方面有效应对各类难题，符合紧凑城市的发展需求（见图2-1-2）。

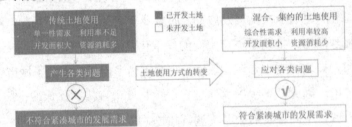

图 2-1-2   土地资源的混合化、集约化使用可有效应对城市发展的各类难题
（图片来源：笔者绘制）

在功能布局方面，对城市土地采取混合化、集约化的使用方式，可以在城市内形成"大混合、小分区"的空间形态，实现土地资源的综合利用、完善城市内部的功能布局、建立功能区之间的紧密联系，并通过递进关系辐射区域内

的次级功能区，形成功能区之间的渗透、交叉和影响。

从动态发展的选择来看，相较于传统土地使用上的单一、粗放等局限性，对土地进行混合、集约的开发具有更大的灵活性和选择性，有助于提高土地的开发强度与使用价值，推动区域之间的相互融合，更符合城市发展的长远利益。

在低碳建设方面，混合化、集约化的土地开发有助于形成均衡、多元的城市交通节点，优化城市居民的活动路线，以交通内部化的方式减少交通出行量、压缩出行距离与时间、合理控制机动性出行，从而提高民众对公共交通的利用率，有效缓解城市交通压力，降低机动车尾气排放量，改善城市生态环境。

就社会需求而言，混合、集约的土地使用方式可以推进城市综合开发，完善城市基础建设，为民众提供更多安全、舒适的居住空间，缓解普通百姓的生活压力，创建高品质的城市环境，实现百姓安康、家庭和睦、社会和谐。

（三）公共交通迈向多样化、综合化

交通是城市的命脉，城市是交通的载体，二者之间的联系紧密。在城市化产生的诸多问题中，交通问题尤为显著，哥伦比亚首都波哥大市前市长恩里克·佩纳洛萨（Enrique Penalosa）就曾提出过"在现代城市的成长阶段中，交通问题往往随经济增长而持续恶化"[①]的观点，指明了交通的重要性及其与社会发展、经济增长、城市建设之间的矛盾。而随着发展中国家的经济增长，推动了国内机动车使用量的持续上升，引发了一系列连锁问题：其一，由于道路资源有限，高峰时期车辆拥堵严重，对城市出行环境造成恶劣影响；其二，大量的机动车因拥堵长期滞留，造成尾气排放量急剧增加，严重污染城市环境；其三，严重的道路拥堵不仅产生大量能耗，还会影响正常的社会秩序，降低城市竞争力；其四，交通问题提高了工薪阶层、学生族的出行成本，加剧了民众生活开销，容易诱发各类社会问题。

---

① 日建设计站城一体开发研究会：《站城一体开发——新一代公共交通指向型城市建设》，中国建筑工业出版社，2014，第 2-3 页。

　　因此，为解决城市交通问题，发展公共交通成为共识。随着我国城市基础建设水平的不断提高，城市公共交通系统得到快速发展，从单一交通向综合交通转变，从地面交通向立体交通发展，逐步实现公共交通的一体化协同；同时，公共交通换乘已从单一交通的平面换乘发展为综合交通的立体换乘，公共交通系统与城市空间的衔接也从被动式转向主动式。现代城市公共交通的多样化、综合化发展，得益于城市化开发带来的市场空间、人口增加带来的需求空间，以及满足城市长远利益的发展空间。通过公共交通的多样化发展，建立综合化的城市交通枢纽，以应对城市严峻的交通、环境、社会问题，助力现代城市健康发展（见图 2-1-3）。

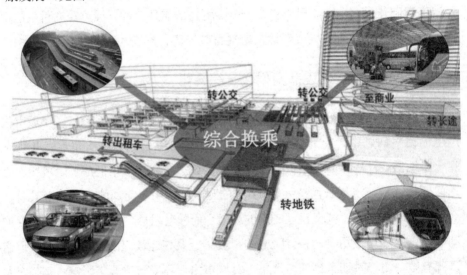

图 2-1-3　发展城市公共交通、构建综合交通枢纽

（图片来源：笔者绘制）

二、城市产业结构的布局

城市化建设一方面为城市自身拓展了发展空间，另一方面也为其产业结构的协调布局提供了更多选择，通过产业结构的优化调整回应城市化建设。随着中共十一届三中全会提出以经济建设为中心的国家新战略，迫使大批国营企业走向转型发展、探索多元化经营渠道，亦为民营企业与乡镇经济的崛起奠定了基石①，推动了我国城市的开放化、多元化发展。在此基础上，我国城市产业结构随着城市化建设发生改变，具体体现在城市内部与城市之间两方面。

在城市内部，随着城市开放建设与企业多元化经营，吸引了大量技术人才与劳动人口涌入城市，为满足城市化开发、产业资源转移与内部人口消化，不少城市通过新区开发、旧城改造等方式予以应对，而城市新区在引导产业分布变动的同时，亦会产生新的交通需求，推动城市交通中心由"单点"向"多点"发展；同时，旧城改造也对既有的城市基础建设产生影响，多元化的经济发展使更多的民营资本参与到国有企业的经营运作中，推动了包括铁路站点在内的城市基础设施的优化、更新，使其更加符合现代社会的多元化发展需求。

在城市之间，随着乡镇企业的崛起、外资企业的涌入与国营企业的转移，推动了城市间的组团发展，以合理利用各城市既有的产业优势与发展潜力，形成经济互助、产业互补机制，避免重复建设与恶性竞争带来不利影响。而城市组团发展在协调产业分布的同时，也提高了航空、铁路、公路等交通方式的参与量，使城市间的交通联系呈多元化发展，并对包括铁路客站在内的交通站点对交通资源的吸纳、整合能力提出了更高要求，为其设计优化与功能更新创造了良好的外部条件。

---

① 孙志毅、荣轶：《基于日本模式的我国大城市圈铁路建设与区域发展路径创新研究》，经济科学出版社，2014，第118页。

三、城市交通系统的完善

（一）TOD 模式的推广

基于交通对城市可持续发展的重要性，城市的交通体系、结构、组织应与城市需求相适应。因而，利用公共交通对城市发展进行引导和协调，可以为城市可持续发展提供有力支撑，其中通过在站点及沿线空间进行居住、商业、办公、公用设施等综合化诱导开发的公共交通导向型发展 TOD 模式，被认为是其有效方式之一。

1.发展城市交通网络，完善城市公交体系

TOD 模式通过全面、系统地引导城市交通网络建设，优化和改善城市交通结构，并以交通站点为中心，推动不同交通方式的相互对接，建立高效、便捷的换乘体系，提高民众对公共交通出行的认可度和使用率，降低城市在建设单元化交通方式中的开销成本。

2.发展绿色交通，改善城市生态环境

TOD 模式通过在城市中建立全面、高效的公共交通网络，提高公共交通的普及率，扩大公共交通的辐射范围，以方便民众出行；提高中长距离的公交使用率；结合在站点周边的非机动出行，提高绿色交通在日常生活中的普及率，以降低机动车使用量，减少机动车尾气排放量，改善城市生态环境。

3.构建复合化的站点服务体系，发展多用途的城市综合体

TOD 模式倡导以交通站点为中心，在站点及周边区域进行综合开发，集合交通、商业、办公、教育、医疗、市政服务等城市功能，为民众提供高效、便利的城市服务，改善城市生活环境，提高交通站点的人气与活力；在有限的城市空间内推广多用途建筑的开发与普及，减少对单一功能建筑的建造，对城市土地资源进行集约开发与高效使用，以减少资源消耗，保护城市绿地，增加植被空间。

4.线性引导结合面状开发，推进紧凑城市建设

利用 TOD 模式将各站点通过综合交通进行线性串联，并以站点为中心形成持续的辐射与影响，引导城市公用设施以面状进行开发建设，可以提高绿色节能设施的普及率，有助于增加经济效益，降低建设成本；配合完善的公共交通系统，以营造良好的城市环境，提高居民的生活质量，推动紧凑城市建设及可持续发展。

（二）构建城市综合交通枢纽

近年来，城市交通系统的综合发展为利用交通改善城市的构想奠定了良好基础。随着高铁时代的到来，高速铁路及沿线客站的大力建设为城市发展注入了新的活力，客站地区日渐成为最具活力的城区之一。随着城市道路系统的完善与公共交通系统的全面建设，铁路客站已成为城市的综合交通中心，实现内外交通的全面衔接与综合换乘，是发展城市综合交通枢纽、推进站城融合的关键所在。

1.实现城市内外交通的平行衔接

从整体角度来看，高速铁路增强了城市及区域之间的交通联系，而基于不同城市的发展需求，沿线客站也会有所不同，主要分为既有客站与新建客站两种类型。而不同的城市环境对客站的通达度亦会产生影响，因此通过综合交通强化站城联系，成为实现站城融合的重要基础。一方面，客站通道系统需要全面对接城市道路系统，保障行人、车辆能够快速出入客站，通过合理的交通组织与分流引导，确保行人、车辆有序行进、互不干扰；另一方面，客站要全面引入城市公共交通系统，并依托客站空间构建立体化的综合换乘体系，既要合理开发客站的地下空间，设置城市轨道交通（如地铁、轻轨、单轨等）、部分城市公交站点及停车场，又要高效利用客站的地面空间，规划公交站场与停车场，以对客流进行合理分流和疏导，确保其快速通行与高效换乘。

2.城市内部交通的综合换乘

从节点角度分析，客站作为城市重要的交通节点，是城市交通的集结点，构建以客站为主体的综合交通枢纽，有助于整合城市交通资源，实现全面对接与高效换乘。

在公共交通之间的换乘上，需要充分利用客站既有空间，将各交通方式分层、分区引入客站内部，形成立体化的客站交通空间，构建垂直的交通换乘系统，通过电梯、扶梯等设施，配合标牌、电子屏、广播等信息系统，引导旅客快速通行、换乘。

在公共交通与社会交通的换乘上，需要明确划分客站的交通空间，引导公交车辆与社会车辆进入不同的区域，并利用快速通道连接各区域，保障规范、有序的公交系统与灵活、多变的社会车辆相互衔接、互不干扰，确保综合交通在客站内的独立运作与良好换乘。

（三）开展公交都市建设

支持和保障城市公共交通的健康发展，是落实交通改善城市、实现紧凑城市建设的重要前提。2011 年，交通部（今交通运输部）发布《关于开展国家公交都市建设示范工程有关事项的通知》，对发展城市公共交通给予鼓励和支持。《关于开展国家公交都市建设示范工程有关事项的通知》的出台，标志着公交都市创建工程的正式启动，体现了政府部门对改善民众出行、优化城市交通、提高公交服务质量的重视；同时，作为庞大的市政工程，其涉及交通、规划、建设、管理、调度、服务等诸多领域，涉及政府、企业等多个部门与团体。因而，为全面推进公交都市建设工程，需要将优先发展公共交通纳入构建紧凑城市、落实城市低碳化建设、实现城市可持续发展等政策框架中，结合不同的城市结构和交通系统，与城市发展规划相协同、与内外交通环境相适应，以优化城市交通网络，构建综合交通枢纽，改善和加强城市公共交通的基础设施建设，建立全面、规范的服务保障体系，以确保公交都市建设目标的实现。

综合公交都市的建设方针与内涵，其重要性主要体现在以下几个方面：①有效治理城市交通问题与改善落后的公共交通系统，健全公共交通系统的保障机制与扩大公共交通系统的服务范围；②建立以公共交通为主导的城市交通体系，提高民众对公共交通出行的认可度，以减少私家车的使用，减少尾气排放对城市的污染，有效改善城市环境；③推动土地的集约开发与混合使用，利用既有的建筑资源发展现代化、综合化的城市交通枢纽，扩大交通枢纽的辐射区域，改善民众的交通出行环境。

第二节　城市铁路客站的沿革

随着城市空间的变革发展与公共交通系统的不断完善，铁路客站作为城市内外交通的衔接中心，其在设计理念、交通组织、空间规划、建筑形态等方面也发生了巨大变化，铁路客站逐步从单一的交通建筑发展为综合的城市交通枢纽，站城合作日益紧密，站城关系得到深入发展。通过梳理、研究铁路客站复杂、曲折的发展历程，有助于厘清铁路客站规划设计及站城关系的整体脉络，以获得更为清晰的认知与了解。

一、萌芽阶段：以功能需求为主

早期的铁路客站由于功能需求简单，在设计上以站台为主体，通过架设棚顶为旅客遮风挡雨；同时，台篷结合的建筑形式在单调的铁路沿线具有醒目的标识性，以便火车司机观察站点以及时控制车速，保障列车准确停靠站台。因此，这一时期的铁路客站规划设计主要为满足旅客乘降与货物装卸的需要，车站多为台篷结合的造型样式，结构简单且功能单一，尚无独特的建筑造型与丰富的装饰特色（见图2-2-1）。

图 2-2-1　早期的铁路客站
（图片来源：根据互联网资料整理）

随着社会生产力的发展，人们对铁路客、货运输的需求逐步提高，对客站的利用率逐渐提高，在客站的停留时间也在不断增加，以站台为主体的客站形态已无法满足大规模旅客候车与乘降的需求，狭小的站台空间变得拥挤混乱且十分危险，同时为满足不同社会地位、身份的旅客需求，加之铁路客运的扩能需要，铁路客站形态开始由简单走向复杂，并从站台空间向建筑空间逐步过渡（见图2-2-2）。

图 2-2-2　多样化需求推动了铁路客站建筑的诞生
与发展（美国爱达荷州博伊西火车站）
（图片来源：根据互联网资料整理）

此外，这一时期城市的发展对铁路客站选址产生了影响，在人口密集的欧洲城市（如伦敦、巴黎等），铁路客站多位于城市的外围区域，而在地广人稀的美国西部，城市的发展多围绕铁路客站展开。

总而言之，以功能需求为主是早期铁路客站的主要特征。

二、成长阶段：彰显多样的风格

交通技术的进步推动了铁路交通的快速发展，随着客流规模的扩大与候车时间的增加，原有的站台空间已无法适应这一时期的客运需求，推动了站台空间的剥离并产生了独立的候车空间，使铁路客站逐步从平台形态向建筑形态转变，铁路客站空间发生了明显变化，与城市关联性的体现亦逐步鲜明。

泾渭分明的铁路客站内外空间标志着站房与站台在功能层面的不同，以候车大厅为主体的站房建筑成为铁路客站的核心空间；同时，城市扩张与交通发展使铁路客站从单一站点转变为城市节点。因而，站城关系的增强使铁路客站的门户地位得到提升，在建筑风格的设计上也被烙上了鲜明的时代印记，体现出历史性、文化性、艺术性等特色。受19世纪中后期建筑思潮的启发与引导，富丽堂皇的候车大厅、宏大高耸的建筑造型、精雕细琢的连廊门柱、细致工整的雨棚构架等成为铁路客站设计的主流风尚，而铁路客站规模的扩大也使其功能体系得到详细划分，形成广场、站房、站台三大部分，与城市衔接进一步加强，极具特色的客站建筑结合繁华的城市街区，使客站成为城市的地标建筑（见图2-2-3），体现出资本主义社会对铁路运输的信心，这一时期的客站具有的高品质、大容量等特征至今仍大量沿用。①

---

① 郑健：《当代中国铁路旅客车站设计综述》，《建筑学报》2009年第4期。

图 2-2-3 巴黎的奥赛火车站
（图片来源：根据互联网资料整理）

回顾这一时期铁路客站的发展历程，可以看作其重要的成长阶段，铁路客站从早期简陋的建筑样式发展为宏大的建筑群落，从单一的台篷造型发展为富丽堂皇的站厅与高大通透的月台相结合的建筑形态，并顺应工业革命背景下的技术创新，开始关注新型建筑工艺与材料的运用，进一步丰富了铁路客站建筑的设计风格与表现形式。这一时期的铁路客站逐步成为城市重要的活动中心，站城关系得到深入发展。

三、更新阶段：体现实用的价值

社会局势的变化、国家政治的变动都会对铁路客站的发展产生影响，在社会稳定、经济繁荣的太平时期，铁路客站的发展迅速，站城关系呈现多样化、紧密化态势，而在时局动荡、社会混乱、经济萧条的低迷时期，铁路客站的发展则变得缓慢甚至停滞，站城关系亦陷入僵化状态。

20 世纪上半叶，一些西方国家在两次世界大战与经济危机的冲击下陷入低迷发展，同时铁路运输效率低、速度慢等问题日益突出，加之航空运输、汽车工业的崛起，使铁路发展进入瓶颈阶段。此外，由于客流减少与收益降低，资本主义"唯利是图"的本质促使人们把精雕细琢的装饰工艺视为累赘、浪费，客站建筑对于装饰的追求逐步下降，往日华丽的形象被逐步取代。[①]与此同时，现代主义风格的流行也推动铁路客站设计从"唯美"转向"技术"与"功能"。这一时期的铁路客站设计强调从实用出发，弱化了内外装饰，提高了空间的流动性与功能的紧凑性，使其建筑形态更为简洁、朴素（见图 2-2-4）。而随着高速铁路在日本等国家的快速发展，对客站的更新改造也随之展开，通过站城交通的全面衔接，推动了客站建筑与城市环境的融合，站城关系得到进一步强化。

图 2-2-4　罗马中央火车站

（图片来源：根据互联网资料整理）

四、成熟阶段：建立高效的协同

随着二战后各国经济的复苏，铁路交通得到复兴，但人口的不断增加与资源的持续消耗引发了严重的城市问题与能源危机，使人们迫切寻求有效的解决途径。作为城市重要的交通方式，铁路交通以其高效、安全、低碳、环保等优

---

① 李华东：《西方建筑》，高等教育出版社，2010，第 242 页。

势，迎来了新的发展机遇。

随着铁路技术的不断发展，尤其是电力技术的广泛应用，提高了铁路交通的运量、速度与效率，铁路交通不仅在长途客运的发展上取得了长足进步，更依托深入城市腹地的铁路客站，成为连接主城区及周边地区的主要交通方式。同时，客流量的增长与交通需求的变化亦推动了铁路客站的更新发展，这一时期的铁路客站已从关注造型、风格、装饰等设计表达转变为强调交通、社会、环境的有效协同，更加注重与城市发展的良性协调。

由于铁路交通在城市发展中的重要地位，铁路客站也从传统的交通建筑向综合的城市交通枢纽转变，通过对铁路客站及周边地区的统一规划与综合开发，将铁路客站地区发展为集交通、商业、办公、住宅、服务等于一体的城市活力区域；对客站空间的利用也不再局限于单一的交通功能，而是结合城市发展与民众需求对其进行综合开发，构建完善的客站功能体系，以凸显客站的城市属性及服务特色，与城市共享客站空间及服务资源，持续推进客站与城市的融合发展（见图2-2-5）。

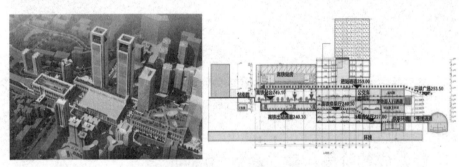

图 2-2-5　重庆沙坪坝站综合交通枢纽
（图片来源：中铁二院工程集团有限责任公司）

综上所述，这一时期铁路客站的规划设计及站城关系呈现许多新特征：

首先，构建综合化的城市交通枢纽，铁路客站的交通规划注重与城市交通系统的相互衔接，将城市交通引入铁路客站空间，建立便捷、高效的铁路客站交通体系，引导铁路客站从单一的交通建筑转向综合交通枢纽，以优化城市交通结构、改善城市交通环境。

其次，与城市发展相互协同，铁路交通对城市发展具有积极的助力效应，随着站城关系的不断深入，站城协同的双向效益显著提升，推动铁路客站规划设计与城市可持续发展策略相互协调，依托铁路客站建设引导城市合理发展，通过城市发展为铁路客站提供充足资源，实现站城之间相互促进与协同发展。

再次，注重铁路客站的细节设计，铁路客站的规划设计中更加关注旅客的需求与感受，注重站内的交通疏导与流线组织，构建综合化的铁路客站服务体系；同时，利用自然资源（如阳光、空气等）改善铁路客站环境，以降低污染、减少能耗，创造舒适的铁路客站环境。

最后，先进技术成果的运用，将新型的建筑理念、材料及技术应用于铁路客站建设，以丰富铁路客站的设计经验与实践成果，注重生态理念与节能技术的应用，迎合城市可持续发展背景下在建筑空间使用绿色技术的需求。

第三节　我国铁路交通的全面发展
与铁路站点的更新建设

在城市内部交通全面建设的同时，城市对外交通亦呈现高速发展态势，对外交通是维持城市存在与发展的重要支撑，其主要有陆运、水运、空运等运输方式。在中华人民共和国成立后的城市对外交通发展中，除了少数中心城市以及沿海、沿江（河）的港口城市外，大部分城市依靠以铁路、公路为主的陆路运输，其中铁路因其运量大、速度快、安全等优势，成为城市对外交通的主力，铁路沿线的客运站点也成为所在城市的交通门户，是连接城市内外的交通节点。在我国铁路交通发展初期，受自然、社会因素的影响，铁路客站的设计、建造及管理水平有限，民众对铁路交通及客站的认识仍停留于单纯的出行方式与交通乘降点，客站与城市的联系也较为薄弱，而城市化推进与交通快速发展，使客站与城市的联系日益紧密，并逐渐成为城市系统的重要组成部分。近年来，随着我国社会经济的发展、交通运力的增长和人民出行需求的提高，同时在铁路技术、建筑工艺、服务系统、管理机制的发展与完善下，我国铁路事业在提速、提量、提效的"三提"时代中实现高速发展。

一、普铁网络的优化

从 1876 年吴淞铁路建成到中华人民共和国成立前夕，我国在 70 余年中建成两万多公里的铁路，但在动荡时局中仅有不足半数的铁路具备运输能力。在中华人民共和国成立后的半个多世纪里，党中央高度关注铁路交通建设，我国铁路事业取得了较大的发展。但是，列车的运行速度仍十分缓慢，至 20 世纪 90 年代中期，我国旅客列车平均速度只提高了 20 km/h，为 48.3 km/h，与发达国家旅客列车的平均速度相差甚远。[1]对此，为迎合时代发展需求，提高铁路交通的市场竞争力和运输能力，从 1997 年 4 月 1 日至 2007 年 4 月 18 日，中国铁路相继进行了六次大提速，至 2004 年第五次大提速之际，旅客列车时速已达 160 公里，部分线路区段改造为时速 200 公里的准高速铁路。[2]通过引进国际先进的动车组技术，车辆设备及线路设施得到大幅升级，部分铁路客站进行了更新改造，迎合了 21 世纪国家交通发展及民众对安全、高效、舒适的交通出行需求，推动了我国普铁网络的优化完善与跨越式发展（见图 2-3-1）。

---

① 梁成谷：《聚焦中国铁路大提速》，《中国铁路》2007 年第 4 期。
② 周浩、郑筱婷：《交通基础设施质量与经济增长：来自中国铁路提速的证据》，《世界经济》2012 年第 1 期。

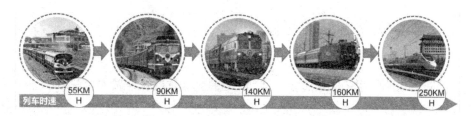

图 2-3-1 铁路大提速推动了我国普铁网络的发展
（图片来源：笔者绘制）

二、高铁网络的普及

实施普速铁路网的改造升级，有效缓解了我国铁路交通在提升速度、提高运力、改善服务等方面的迫切需求，但面对我国铁路事业起步晚、技术水平低、科研能力弱、发展差异大、建设不平衡、人口流动快等历史和现实问题，铁路交通在总体运力的填补上依然存在很大空缺。因而，推动高速铁路的建设与发展，是有效应对交通、社会、经济、民生及可持续发展等问题的可行之策。对此，国务院在 2016 年发布的《中华人民共和国国民经济和社会发展第十三个五年规划纲要》中明确提出："加快完善高速铁路网，贯通哈尔滨至北京至香港（澳门）、连云港至乌鲁木齐、上海至昆明、广州至昆明高速铁路通道，建设北京至香港（台北）、呼和浩特至南宁、北京至昆明、包头银川至海口、青岛至银川、兰州（西宁）至广州、北京至兰州、重庆至厦门等高速铁路通道，拓展区域连接线。高速铁路营业里程达到 3 万公里，覆盖 80% 以上的大城市。"建立省会城市与大中城市的高铁联系，实现以特大城市为中心覆盖全国、以省会城市为支点覆盖周边，建成 4 小时内的区域交通圈以及 2 小时内的城际交通圈，构筑"八横八纵"的高铁主通道，以推动我国高速铁路网的全面建设与普及。

三、铁路客站的更新

随着铁路技术的不断进步，推动了普铁、高铁的快速发展，铁路出行获得了人们的青睐。而客站作为旅客乘降列车的唯一场所，在传统铁路出行中，旅客需要在站内停留较长时间等候列车，而随着交通发展与客运量的提升，低矮、狭小、昏暗、污浊的站内空间已无法满足旅客对舒适、便利、卫生、整洁的出行环境的需求。

随着高铁建设与普铁升级的同步推进，高铁、动车组及直达列车的开行对无柱雨棚、高站台、高架候车厅以及一体化站房的需求，使得客站功能设施需要及时更新，并要通过扩建第二站房、站场，或进行整体搬迁、另建新站等方式，满足城市发展、交通建设及民众出行的需求（见图2-3-2）。

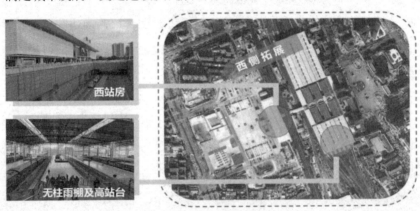

图 2-3-2 郑州火车站西广场改造项目

（图片来源：笔者绘制）

此外，随着城市交通体系的不断完善，铁路客站作为衔接内外交通的关键节点，已逐步成为城市重要的交通枢纽，传统铁路客站多为平面开发、功能拼接的建设方式，未能充分利用铁路客站场地，与城市联系较弱，而随着城市交通的综合发展，铁路客站正逐步转向立体开发、功能复合的建设方式，既增强了与城市空间的全面对接，又提高了对土地资源的集约化、混合化使用率，亦是对城市可持续发展需求的良好回应。

铁路客站的更新改造也是对新时期国家交通战略的积极响应。《中华人民共和国国民经济和社会发展第十三个五年规划纲要》明确提出：打造一体衔接的综合交通枢纽，优化枢纽空间布局，完善枢纽综合服务功能，强化客运零距离换乘和货运无缝化衔接，实现不同运输方式协调高效，发挥综合优势，提升交通物流整体效率。依托开放式、立体化的综合交通枢纽建设城市综合体，为站城融合的发展及铁路客站优化更新提供了良好机遇。

第四节　铁路交通对城市发展的
重要作用

城市发展与人的需求息息相关，不同的需求将引导出多元化的城市形态，而多元化的城市形态亦会对社会生活带来影响。随着城市化发展，传统郊区逐步被新兴城区所取代，人口的增加加剧了城市交通、环境压力。而包含铁路运输在内的轨道交通作为一种高速度、大运量的交通方式，自诞生以来就对城市开发、资源调配、土地利用等产生导向作用。[①]城市化扩张将铁路站线收入囊中，利用深入城市腹地的铁路线已成为通达城市中心区最为便捷、高效的交通方式之一。铁路客站也成为城市内外交通的重要节点，其规划设计对城市形态、用地结构、功能布局及居民生活产生影响，与城市发展、交通建设联系紧密，人们通过铁路交通快速来往于城市各区域，有效缩短了交通出行的时间。因此，基于紧凑城市的交通需求，大力发展地铁、轻轨等城市轨道交通，以完善城市

---

① 庄宇、张灵珠：《站城协同：轨道车站地区的交通可达与空间使用》，同济大学出版社，2016，第 35 页。

公共交通体系，打造综合化、多元化的客站枢纽，以适应疏导交通客流、缓解交通拥堵、均衡人口密度、改善城市环境等可持续发展需求。

一、铁路交通是城市交通体系的完善环节

城市化在带来市域扩展及人口增加的同时，也推动了城市区划与功能结构的复杂发展，造成民众出行距离的增加与城市道路的拥堵，交通问题成为困扰城市发展的棘手难题。轨道交通作为缓解道路拥堵、改善交通环境、提高出行效率的重要措施，近些年在国内的一些城市得到快速发展，中国城市轨道交通协会发布的《城市轨道交通 2016 年度统计和分析报告》中指出，"截止到 2016 年年底，全国获批轨道交通建设的城市数量已达到 58 个，规划线路总里程达到 7300 多公里。"①同时，其高昂的建设成本也为政府带来沉重的负担，近年来有关轨道交通建设的问题已成为热议话题。

铁路交通作为轨道交通的一部分，在城市内拥有较为完善的基础设施（车站、线路、车辆等），具有速度快、运量大、安全、准时、舒适、环保等优势，在开发建设、规划布局、运营管理等方面积累了丰富的经验。因而，引导铁路交通参与城市公共交通建设，既有助于城市轨道交通发展，缓解城市交通压力，改善民众出行环境，又能合理利用既有的铁路资源，合理开发和使用铁路客站及配套设施，减少大规模施工对城市造成的影响，降低建设成本。

发达国家的发展经验表明，利用铁路交通参与城市公共交通建设，不仅可以降低城市轨道交通的建设成本，减轻政府、企业的负担，还可以引入民间资本，对沿途的铁路站点实施综合开发，带动沿线地区的发展活力。通过内外交通的有效对接，充分发挥客站综合交通的运输优势，发展集内外交通于一体的综合客运体系，以对客站及城市人口进行高效疏导，加强城市内外的交通联系，

---

① 中国城市轨道交通协会：《城市轨道交通 2016 年度统计和分析报告》，《城市轨道交通》2017 年第 1 期。

引导城市形态的合理开发与健康发展，是应对城市化问题、推动站城融合、建设紧凑城市及可持续发展的重要方式，如莫斯科的城郊电气火车、大阪的南海电铁（见图 2-4-1）等，都为我国铁路交通参与城市公共交通建设提供了发展思路和建设经验。

图 2-4-1　大阪南海电铁的通勤列车与乘降站台
（图片来源：笔者拍摄）

二、铁路客站是城市交通网络的支撑节点

作为现代城市的交通节点，铁路客站既是连接城市内外交通的纽带，又是集合城市交通资源的枢纽。因此，要通过对多样化的交通方式进行全面对接、统一协调，实现综合交通的便捷、高效换乘，以快速疏导、分流站点交通客流，保障城市交通在客站地区的良好运行，进而使客站成为支撑城市交通网络的重要节点。

（一）强化综合交通的衔接换乘

以铁路客站为中心，在其内外空间集合多种城市交通方式，如公交车、出租车、地铁、轻轨、私家车等机动交通方式，以及自行车（公用、自用）等非机动交通方式,结合同台换乘和立体换乘的概念,实现平面空间内的平行对接,以及垂直空间内的立体对接,强化综合交通的衔接换乘。

（二）增加公共交通的运营收益

综合的铁路客站交通功能，一方面，提高了铁路客站的通达性，扩大了铁路客站的辐射范围，为铁路客站带来充足的交通客流；另一方面，高效的铁路客站换乘系统提高了民众出行的便利度，在降低私家车使用率的同时，提高了公共交通的利用率，增加了公共交通的运营收益。

（三）实现站城协同的双向获益

发展以客站为主体的综合交通枢纽，实现了客站与城市的双向获益。就客站运营的需求而言，综合交通枢纽的构建实现了内外交通的全面对接，提高了交通客流的通行、换乘效率，既保障了客站运营秩序，又提高了客站的可达性与通达度，为客站带来充足客流，提高了客站的经济收益，降低了客站的运营成本。就城市发展的需求而言，客站枢纽整合了城市交通资源，实现了综合交通的全面对接与高效换乘，使城市交通体系的运作效率得到提高；结合城市可持续发展需求，对客站空间进行集约开发与高效利用，降低了"拆旧建新"产生的建设成本、减少了资源消耗与环境污染，推动客站与城市在发展中相互融合、协调共生。

三、铁路客站是城市健康发展的助力引擎

铁路客站作为城市交通门户，通过对城市综合交通的引入与整合，发展以铁路客站为主体的综合交通枢纽，以实现内外交通的良好衔接与顺畅换乘，同时，有助于推动铁路客站及周边地区的开发建设，以激发城市活力、推动区域更新、带动经济发展。通过站城在交通、社会、环境等方面的良好协同，使铁

路客站成为助力城市健康发展的重要引擎。

　　作为城市的交通枢纽与活动中心，铁路客站围绕交通出行、中转换乘、综合服务等需求构建完善的功能体系，形成城市副中心，发挥良好的触媒效应，既缓解了因城市过度开发、无序蔓延带来的不利影响，又通过便捷的交通功能带动城市人口及产业资源的快速流动，将人口、资源引入城市周边地区，以平衡城市人口、优化资源分配，引导城市形态健康发展。

第五节　持续推进站城融合
与协同发展的重要意义

　　交通是维系城市健康发展的生命线，因此铁路自诞生起就与城市发展紧密相连，纵览我国近现代的城市发展史，既有因铁路建设而繁荣发展的城市（如哈尔滨、石家庄、郑州、株洲、宝鸡等），也有因铁路建设而衰败没落的城市（如齐齐哈尔、开封、岐山等）。因此，铁路对城市发展具有重要的推动力与影响力，而铁路客站作为城市交通活动的重要节点，对城市运作能产生持久而强烈的影响。随着城市化进程的快速推进，铁路客站的功能内涵伴随时代的发展而不断丰富，社会发展、经济增长、技术创新及人民需求都促使新时代的铁路客站承担起更多的城市功能与社会职责，从单一的交通建筑向综合的交通枢纽及功能体转变。因此，基于站城之间的发展关系，持续推进客站与城市在交通、社会、环境等方面的相互融合、协同发展，既符合可持续发展背景下紧凑城市的建设需求，又迎合了新时代铁路交通发展与城市居民生活的需求。

一、符合紧凑城市的建设需求

建设紧凑城市的目的在于优化城市结构、控制城市规模，以改善无序蔓延的城市空间、治理严峻的城市化问题，助力当代城市的可持续发展。城市作为人类生存繁衍的聚落空间，开发扩张是其固有生长方式，城市以此获取所需资源。建设紧凑城市并非抑制城市对资源的正常索取，而是引导城市更为科学、合理地开发利用环境资源，降低对环境资源的过度索取与损耗。铁路客站作为城市重要的交通节点，通过对客站空间的集约开发与合理使用，可以实现内外交通的高效整合与全面衔接，构建综合化的客站功能体系，推动客站空间与城市环境的协调融合，从交通、社会、环境等方面符合紧凑城市的建设需求，是对城市可持续发展战略的积极回应（见图 2-5-1）。

图 2-5-1　客站空间的集约开发与高效利用，
符合紧凑城市的建设需求（沙坪坝客站项目）
（图片来源：笔者摄于沙坪坝站）

首先，紧凑城市作为强调对土地资源集约使用的城市形态，注重多样化的功能开发、适度化的规模控制与平衡化的城市结构。铁路客站作为大体量的公共交通建筑，通常拥有高大的客站建筑、宽阔的客站广场及站场，这为土地的集约开发与混合使用提供了良好的基础。

其次，铁路客站作为城市交通节点，各类交通方式汇集于此，为发展综合交通枢纽提供了充足的交通资源。通过将内外交通引入客站内部，结合立体化的客站空间，构建高效的交通换乘系统，并与客站周边的城市路网紧密衔接，通过"立体分流""人车分流"有效疏导客站交通，可以缓解客站交通压力，改善站点交通环境，扩大城市公交的覆盖域，提高城市公交的通达度。

最后，铁路客站作为城市重要的活动中心，大量活动人口与产业资源聚集于此，为铁路客站地区的发展提供了机遇。通过良好的业态布局与综合开发，可以使客站成为新兴的城市中心，激活区域发展活力，优化城市功能结构，并对周边城区形成有效辐射，助力城市空间的功能调整与经济增长。

总体而言，基于可持续发展的现实背景，结合紧凑城市的建设需求，通过合理开发与高效利用客站空间，以应对现代城市在交通、资源、环境、民生等方面的问题，推动客站与城市在交通、社会、环境等方面的相互协调，既是对客站空间的优化与更新，又是对城市发展的有效协同，并以此获得的高效化、便捷化、低碳化、生态化的共建成果，是对当代城市可持续发展战略的良好诠释。

二、迎合公交都市战略的实施

城市化发展使城市框架与人口规模都在不断扩大，带来了交通总量与出行成本的增加；同时，城市的交通结构发生了明显变化，机动交通与个人出行的比例都在迅速上升，使既有道路系统承载着超负荷压力，造成严重的交通拥堵、能源消耗、环境污染等问题。人们每天疲于应对出行、工作、生活等方面的压力，复杂的交通环境加剧了人们对城市生活的不满，由交通问题诱发的各类社会矛盾日益显著。

推动紧凑城市建设及其可持续发展，需要健全、完善的公共交通体系予以支持，同时紧凑的城市空间也为公共交通带来充足客源。在此基础上，实施公交都市的发展战略既是对城市交通问题的有效应对，又是对紧凑城市建设的有力支持（见图 2-5-2）。公交都市是指市的公交系统能够与城市形态相互契合并充分发挥公交系统的自身优势与价值，体现为一种健康的城市形态和机动化环境。而具备完善的公交设施体系、高效的公交服务系统与完整的公交都市形态，是构建公交都市的重要保障。其中，完善的公交设施体系，即构建全面、综合、完善的公共交通网络及枢纽站点，是发展公交都市的基础条件。

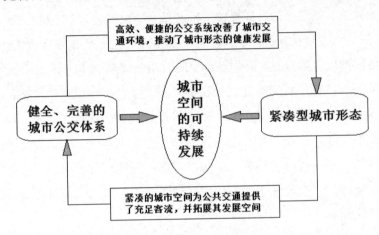

图 2-5-2　城市公共交通与紧凑城市的协同关系
（图片来源：笔者绘制）

铁路客站作为城市重要的交通节点，是城市的交通门户与活动中心，汇集了大量的活动人口，成为城市交通网络的核心节点，具备建立综合交通枢纽的现实条件，同时大体量的客站空间也为交通枢纽的开发建设提供了场地空间。因此，构建以铁路客站为主体的综合交通枢纽，对于实施公交都市战略、推动站城融合发展、促进紧凑城市建设等具有重要意义。

（一）快捷性

铁路客站作为城市内外交通中心，承担着内外交通客流集散、中转、换乘等重任，而确保机动交通与活动人口在客站空间的高效疏导与快速分流，是保障客站枢纽良好运作的关键。对旅客而言，能否快速出入客站是其最为关心的问题。因此，依托客站空间发展立体化、分层化、复合化的交通换乘系统，引导综合交通在站内全面衔接、高效通行，可有效提高旅客的通行、换乘效率，确保客站交通的平稳有序。

（二）综合性

由于目的地不同，民众选择的交通方式也会有所不同，综合化的城市公交系统既为民众提供了多样化的出行选择，也缓解了持续增长的客流量给单一公交方式带来的压力，将综合化的公交系统引入客站空间进行统一组织与高效衔接，可提高站点客流的集散、换乘效率；同时，综合化的公交系统扩大了客站交通的覆盖范围与辐射区域，既提高了人们经由客站出发或中转到达目的地的时效性，又提高了客站枢纽自身的交通可达性。

（三）舒适性

不同于户外相对简陋的公交站点，客站枢纽依托宽敞、通透、明亮的空间环境，结合丰富的商业服务设施，为民众提供了舒适的候车环境，改变了传统客站公交站点的长距离、分散化、低效率的规划模式，通过集中布局与立体换乘，提高了民众出行的便利性，减少了对私家车的使用，缓解了客站交通压力，改善了站点交通环境，对于公交都市战略实施、推动站城融合与可持续发展等具有积极作用。

三、贴合城市居民的生活需求

随着城市人口的不断增加，鳞次栉比的高层建筑与熙熙攘攘的街角巷尾成为现代都市的日常写照。面对嘈杂纷乱的城市环境，不少城市居民选择移居郊区，以追求高质量的生活环境。与此同时，人口的迁移与城市的扩张亦逐步将城郊地区纳入城市版图，使城市获得更多的发展空间及建设资源，以满足城市化发展并容纳更多的新增人口。而实现城市化的健康发展与良好运作，不仅需要科学、长远的发展规划与合理、有效的发展策略，还需要与民众的精神及物质需求相协同。良好的工作环境、舒适的居住空间、丰富的生活资源，是城市居民对美好生活的憧憬与向往，而满足民众对交通、工作、居住、休闲等方面的需求，应通过对城市空间的合理开发与高效使用、对城市生态环境的保护与改善、建立完善的城市公共交通体系、构建综合化的交通枢纽与便利的城市综合体等多种方式来实现。

实现站城融合与协同发展，需要面对当前城市化进程中的诸多问题，从城市自身寻找解决方法，以作为交通节点与城市中心的铁路客站为切入点，结合城市、民众的综合需求，引导客站从交通、社会、环境等方面协同城市的可持续发展战略。发展以客站为主体的综合交通枢纽及城市综合体，既有助于整合城市交通资源、缓解城市交通压力、改善城市交通环境，又有助于疏导城市空间结构、完善城市功能体系、引导城市形态健康发展（见图 2-5-3）。

图 2-5-3　站城融合从交通、生活、环境等方面满足民众需求
（图片来源：笔者整理绘制）

首先，高效、健全的客站交通系统降低了民众对私家车的使用需求，有助于缓解道路拥堵、减轻交通压力；其次，对客站枢纽实施立体化、综合化、集约化开发，合理利用客站空间，改善客站建筑形态，完善客站功能体系，并将更多的绿色景观引入客站空间，可以营造良好的客站环境；再次，通过对客站及周边地区的综合开发，可以满足民众日常生活的需求，降低对传统

城市中心的依赖；最后，通过发展多核心城市空间，可以平衡城市产业结构，优化城市功能布局，推动人口、资源的高效流动与均衡分配，体现城市发展中的资源共享、社会和谐。

通过站城融合引导客站与城市在交通、社会、环境等方面良好协调，以助力城市可持续发展、提高人们生活水平，既是对城市化问题的有效应对，也是对人们追求美好生活的积极回应。高品质的生活环境往往使人心情愉悦、精力充沛，从而激发起人们为实现自我价值的拼搏精神，并从潜意识中唤起人们的主人翁精神与社会责任感，使人们自觉维护井然的社会秩序、营造良好的社会风气，为实现城市可持续发展及创建社会主义和谐社会的共同目标而努力奋斗。

第六节　本章小结

本章梳理了推动站城融合发展的现实背景及相关要素，对城市发展理念及建设方式、公交发展模式与实施战略、铁路客站的建设历史与发展脉络、铁路交通发展现状与更新需求进行了详细的剖析与解读，探讨了城市、客站、交通对推动站城融合的重要性。综上所述，城市紧凑化建设、内外交通完善发展是推动站城融合的重要因素，铁路客站作为站城融合的主体要素，应在交通、社会、环境等方面实现与城市良好协调，以助力城市发展，方便民众生活。

通过发展客站综合交通枢纽，将内外交通引入客站并实现其全面衔接与高效换乘，为民众出行提供便利的交通服务，可以缓解交通拥堵，减少能源消耗与废气排放。客站及周边地区的综合开发提高了站点地区的发展活力，推动了所在区域的更新发展，结合教育、医疗等产业开发，可以为民众提供丰富多彩的城市生活。因而，实施站城融合，应基于紧凑城市的建设需求、铁路交通的发展需求及城市民众的生活需求，以铁路客站为核心，从交通、社会、环境等方面实现：①满足城市空间的开发及建设需求；②与高铁时代保持同步，满足持续增长的客运需求；③构建立体化的客站交通空间及换乘体系，实现内外交通的全面衔接与高效换乘，缓解客站地区的交通压力；④混合化、集约化的土地开发与使用，提高对客站空间的利用率；⑤构建完善的客站功能体系，为民众出行提供便利服务；⑥提高客站空间的绿化率。

第三章 站城融合引导下
铁路客站的规划建设及协同方式

　　铁路客站作为站城融合的核心要素，其规划设计是推动铁路客站与城市良好协同的关键环节。随着城市化发展与铁路交通建设，对于铁路客站的综合化需求日趋显著，对其规划设计也发生了重大调整，包括对铁路客站设计定位的科学思考、对铁路客站选址规划的合理分析、对铁路客站空间布局的具体研究、对铁路客站功能开发的详细探讨等，其中对城市需求的重视程度正逐步提高。随着我国高铁时代的到来，国内铁路客站的建设规模正日益扩大。正确认识与应对铁路客站规划设计的相关问题，不仅有助于丰富、完善其理论研究，而且对当前我国大规模实施的铁路客站建设实践具有重要的指导作用，符合基于交通建设支持城市可持续发展的总体目标。本章的研究目的是在既有研究基础上，结合推动站城融合的现实需求，对铁路客站的规划建设及与城市的协同方式展开针对性研究，以明确铁路客站在站城协同发展中将扮演何种角色、以何种方式融入城市系统、如何最大限度地契合城市发展需求，以期对上述问题作出合理的解释。

第一节 铁路客站的设计定位分析

客站作为铁路建设工程的配套项目，既是连接沿线区域的重要节点，又是城市内外通达的主要门户，客站所在区域通常是交通、人口、产业等的汇集中心。因此，铁路客站的设计定位需要从地区发展、城市开发、交通建设等方面进行衡量，以确定铁路客站站址的区位选择、铁路客站系统的功能范畴、铁路客站空间的布局模式等内容。对铁路客站设计定位的分析主要从区域、城市及站域三个方面进行。

一、铁路客站的区域定位

一个地区的繁荣发展以城市的经济活力为支撑，城市的经济活力以其交通效率为保障，交通效率的高低与交通站点的设置有关，而站点设置则以地区人口密度及经济水平为判断标准，表明铁路客站的定位与区域发展存在双向协同关系。纵览国内外铁路交通发展历史，无论是欧美国家发达的铁路交通网络还是我国日渐完善的铁路建设规划，其线路、站点多集中在人口密集、经济相对发达的区域，城市群、都市圈也率先诞生于这些区域，由于地区发展的复杂需求，铁路客站的设计定位往往具有高层次、多功能、综合化等特色。例如，包含机场、高铁站、磁浮站的上海虹桥综合枢纽的设计定位为"连接世界、面向全国、服务长三角的现代化交通门户站点"①，其中区域因素对其设计定位的影响至关重要。

随着我国新型城镇化与铁路交通的快速发展，以北京、上海、广州等中心

---

① 胡映东、张昕然：《城市综合交通枢纽商业设计研究——以上海虹桥综合交通枢纽项目为例》，《建筑学报》2009 年第 4 期。

城市为核心，通过城市群交通一体化的建设发展，形成以京津冀、长三角、珠三角等城市群为主的经济发达地区。发达国家的成功经验证明，构建高效、便捷的综合交通体系可有效促进城市之间的交通联系与协同发展。因而，全面开展高铁网络建设，是推动我国京津冀、长三角、珠三角地区及内陆城市之间协同发展的重要保障。同时，铁路客站作为沿途城市内外交通的衔接节点，通过发展以铁路客站为主体的综合交通枢纽，以实现城市内外交通的全面对接与高效换乘，对发展地区交通、加速人口流动、吸纳产业资源、提高经济活力等具有积极意义。

二、铁路客站的城市定位

交通作为沟通城市内外的生命线，满足了城市活动的交通需求，并通过交通设施的改善提高城市可达性。[①]铁路交通作为城市对外交通方式之一，在城市发展、经济建设、社会生活中扮演着重要角色。铁路客站早期作为城市重要的交通门户，通常是城市人口、交通、资源的汇集之处，是城市最具活力的区域中心，而随着城市化发展所产生的综合交通需求日益增加，铁路客站的城市定位愈发复杂化。总体上，铁路客站的设计定位与城市需求紧密相关，良好的铁路客站建设有助于引导城市形态的健康发展，对优化城市交通体系、改善城市交通结构、调整城市空间形态、推动城市更新发展等具有积极的作用。

从城市发展的宏观层面来看，铁路客站的设计定位应符合城市规模及地理环境，与城市发展战略相协调。城市规模对城市的交通战略产生直接影响，城市的地理环境决定了城市所需求的主要交通方式及交通体系。因而，铁路客站的设计定位需要充分协同城市的发展规模、环境及战略，以准确定位铁路客站在城市发展中的角色，由此确定铁路客站的建设数量、等级分化、站场选择、

---

① 庄宇、张灵珠：《站城协同：轨道车站地区的交通可达与空间使用》，同济大学出版社，2016，第 34 页。

建筑规模、交通组织、功能体系等，不同的城市环境与发展战略会影响铁路客站的设计定位，而铁路客站的设计定位亦会对城市发展产生回馈效应。例如，宜昌东站设计定位为城市交通中心及对外门户，通过外接沿江铁路、内接城市交通的规划设计，有效对接宜昌新区开发建设，改善了宜昌铁路交通不发达的局面，使宜昌成为鄂西南重要的枢纽城市。

在我国中心城市及特大城市中，受城市扩张及交通需求影响，铁路客站建设多为"一城多站、各尽其职"模式，以缓解单一站点的客运压力、分流不同方向的铁路客流；同时，铁路客站的设计定位多为城市交通枢纽，通过引入发达的公共交通系统，发展综合化的交通换乘中心，以快速疏导内外客流，确保客站平稳运作。

而在我国中小城市，由于城市规模小、交通需求少，铁路客站多为"一城一站、一站多职"模式，铁路客站设计定位为城市对外门户。随着中小城市扩张带来的人口密集、交通拥堵、环境恶化等问题，城市轨道交通不再是大城市的交通特色，许多中小城市也掀起了轨道交通的建设热潮，而高铁时代的到来亦开启中小城市"一城多站"建设，因此中小城市的铁路客站设计定位也需要进行调整，以迎合城市发展需求。

三、铁路客站的站域定位

如果从词汇的层面解读"发展"，可理解为事物由弱到强、从简单到复杂、从幼稚到成熟、从低级到高级的变化过程。如果从人的层面解读"发展"，则是指作为有机体的人的自身成长和发育过程。而从城市的角度解读"发展"，则是以城市的诞生为起点，通过调整城市结构、扩大城市空间，使城市整体和局部区域发生变化并产生交互效应的阶段性过程。因而，单纯以城市体量、规模的变化作为衡量城市发展的评判尺度是不够科学、不够严谨的，有关城市发展所涉及的内容十分广泛，既可以是宏观的城市规划，也可以是微观的区域开发，城市发展所涵盖的范围广、内容多，因此应当根据其形态、规模、尺度、结构及发展需求，科学定义城市发展的内容与层次。从发展的角度定义，城市层次应分为三个等级，即城市级——城市整体的物质形态和形体空间、分区级——节点性的标志空间和中心区域、地段级——建筑及其向环境的过渡延伸①，其从宏观、中观、微观三个层面解析了城市发展的层次与内容（见图3-1-1）。

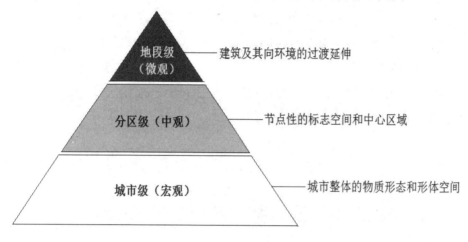

图 3-1-1　城市发展层次的三个等级

（图片来源：笔者绘制）

　　站域空间属于城市发展的微观层面内容，其指以客站为中心所形成的站城交互利用、有序运作、复合度高的空间系统②，此空间内的站城互动关系最为明显，受到的站城协同效果最为显著。铁路客站作为站域空间的核心，其设计定位不仅决定了铁路客站自身的建设形态，对站域空间的形成与运作亦具有导向作用。围绕我国站域空间发展现状，受管理机制与土地政策的影响，站城发展关联性较弱，铁路客站主要为城市交通门户，而站域空间多用于转移、分流内外交通，对站域空间的定义还停留在衔接站城的过渡空间，其中对铁路客站

---

① 孙贺、陈沈：《城市设计概论》，化学工业出版社，2012，第70-71页。

② 桂汪洋、程泰宁：《由站到城：大型铁路客站站域公共空间整体性发展途径研究》，《建筑学报》2018年第6期。

的封闭式、单一性设计定位是造成此问题的主要原因。

因此，基于站域空间发展需求，铁路客站设计定位不应局限于单一交通站点，应利用其交通优势建立站城协同机制，引导交通功能与城市功能同步发展，以城市副中心的设计定位引导客站空间实施开放性设计与多功能开发，提高客站空间的使用效率，通过高层、地面及地下的交通连接，增强客站对商业、娱乐、办公、市政等城市资源的吸纳力，并从空间上与周边街区相互渗透、融为一体，以提升站域空间的人气与活力，有效回应客站作为城市副中心的设计定位。

在明确铁路客站设计定位的基础上，为确保站城协同作用充分发挥，需要科学合理的铁路客站选址规划予以保障。

第二节　铁路客站的选址规划分析

铁路交通作为城市综合交通体系的重要组成部分，与城市发展联系紧密。铁路客站是衔接城市内外交通的重要纽带，自铁路诞生伊始，伴随城市漫长的发展历史，铁路客站的选址规划经历了复杂的发展过程。

工业革命推动了社会生产力的发展与城市形态的变革，围绕工业生产集中开发是这一时期城市的主要形态。作为工业生产的补给线，铁路交通也得到快速发展，受土地开发与环境因素的影响，铁路客站多选址于城市周边。

随着城市扩大发展，铁路客站逐渐被城市所包围，成为城市的交通门户。20世纪60年代，伴随高速铁路的出现与城市交通发展，铁路客站通过改造更新成为城市交通节点。此外，城市化扩张与城市人口增加，使铁路客站选址不断外移，利用其交通优势转移城市人口，缓解城市中心压力，并通过一体化开发增强了铁路交通与城市空间的互利性，强化了站城之间的协同关系。

　　进入 21 世纪，实现城市可持续发展已成为全球性共识，在构建紧凑城市、发展绿色交通、合理开发与使用资源等措施的驱动下，作为城市交通节点的铁路客站枢纽被视为有益于焕发城市活力、改善城市功能布局的关键因素，强调通过现代交通需求改善既有城区的精华部分，使铁路客站选址重新回归城市中心，结合多功能开发带来的综合吸引力，成为助力城市更新发展的重要引擎。

　　综上所述，铁路客站选址是对不同时期城市发展需求的反映（见图 3-2-1）。

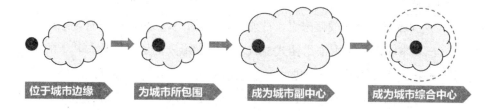

图 3-2-1　铁路客站选址与城市空间的关系演变

（图片来源：笔者绘制）

一、铁路客站选址的影响因素

（一）城市的客观环境与整体发展需求

　　总体发展战略是指导城市发展所具有全局性、方向性、长远性的根本大计。[①]铁路客站选址只有贯彻城市的总体发展战略，符合城市的整体发展需求，才能实现站城融合、协同发展。城市的客观环境引导了城市的发展形态，城市形态的不同决定了城市发展战略的差异，同时也对铁路客站选址产生了影响。

　　例如，日本的城市发展受到土地资源紧张、人口密集、交通流动需求大等因素的影响，其城市空间多采取高强度开发、组团聚拢的发展模式。铁路

---

① 赵民、栾峰：《城市总体发展概念规划研究刍论》，《城市规划汇刊》2003 年第 1 期。

客站作为区域交通节点，多选址于城市人口密集区，通过铁路交通加强市域及周边的交通联系，以对应城市总体发展战略，其选址规划以城市内部发展需求为主。

美国拥有广袤的国土与发达的汽车工业，便捷的交通网络引导城市开发建设，使城市沿交通线蔓延发展，并利用铁路及站点串联起沿线城市，呈现廊道式发展形态，铁路客站作为跨区域连接的交通节点，其选址规划更关注地区单元内的发展需求。

从我国城市的发展战略来看，目前在京津冀、长三角、珠三角等经济发达地区，已基本实现城市内部组团式与城市之间廊道式的协同发展，其中的重要依托是便捷的高铁网络与密布的站点，强化三大区域内部及相互之间的交通联系，促进我国南北地区的经济发展与交流合作。在这种宏观的城市发展战略的引导下，铁路客站选址规划不仅要满足个体城市的内部需求，还要服务地区整体的经济发展。

（二）客站地区的建设需求

客站地区的开发建设是影响客站选址规划的重要因素，从站城融合的整体关系来看，客站地区作为城市发展的驱动引擎，只有在交通、社会、环境等方面符合城市的总体发展战略并产生交互的积极效益，才能促进城市健康发展。

例如，武汉火车站作为基于新时代城市综合交通枢纽建设理念所设计的大型铁路客站，在其选址规划中明确了与城市发展协同共进的设计思想。客站选址良好协同城市环境，北邻杨春湖、南依东湖，形成独特的客站景观；客站以建立区域中心的发展目标对城市轴线进行了延伸与完善，利用"T"型的规划模式与铁路线形成对接；客站西广场注重景观设计，打造城市生态景观节点；客站东广场则对接城市主干道路，将综合交通引入东广场并实现高效衔接、换乘。武汉火车站的合理选址提高了武汉作为国家中心城市的综合交通水平与通达能力，改善了城市发展形态，推动了城市开发建设，提高了武汉的城市品质与竞争力。

（三）城市交通的建设需求

铁路客站作为城市的交通节点与换乘中心，其选址规划既要满足铁路交通的发展需求，也要满足城市交通的建设需求。要通过全面整合城市交通资源，使铁路客站成为城市交通中心并融入城市交通体系，与城市交通网络的规划布局良好协同。

随着高铁时代的到来，越来越多的人开始选择高铁出行，便捷、舒适的高铁交通在为客站带来客流的同时，也为客站的运营管理与交通组织带来巨大挑战。庞大的客流意味着多样化的交通选择，因此完善的城市交通系统不仅是建设紧凑城市的重要支撑，也是快速疏导客站人口的重要保障，而合理的客站选址规划能够与城市交通系统有效对接，提高客站人口的流动效率，降低客站的交通负荷。

在站城交通衔接中，也需考虑对城市轨道交通的引入与协调。城市轨道交通具有运量大、速度快、污染少、安全性高、抗干扰性强等优点，其单趟载客量是地面公交车单趟载客量的数倍之多，是实现站点人口快速疏导、分流、转移的良好选择。因此，铁路客站选址需注重与城市轨道交通网络的对接，使铁路客站成为城市轨道交通的节点枢纽与换乘中心，方便民众快速往返于站城之间，实现内外交通的全面对接，缓解铁路客站地区的交通压力。

（四）铁路交通的建设需求

客站作为铁路工程的配套项目，其选址与线路规划、开发布局紧密相关。随着城市化发展与高铁建设规模的扩大，城市基于其总体发展需求对铁路线的引入及布局方式愈发多样化，新建站线不仅要提高城市对外交通能力，还要与既有站线形成良好对接，以提高铁路运输效率；同时，城市化扩张造成可用于铁路建设的土地资源逐步减少，为减少拆迁成本、降低开发难度，很多铁路规划与站点选址都偏向城市周边。因此，铁路客站的选址规划应均衡考虑铁路交通与城市发展的综合需求。

例如，在宜昌东站的选址规划中，客站的设计目标是承接沪蓉沿江铁路东西交通的区域枢纽，客站选址一方面响应了城市新区的发展需求，以新区交通中心的角色定位带动人口及社会资源的迁移，另一方面，站线建设紧密结合宜昌现有铁路网络，引导宜万铁路与花艳站接轨，将晓溪塔客技站的有关设备迁入宜昌东站，以优化宜昌铁路网络，形成以宜昌东站为核心，承接四个方向，连通沪蓉、焦柳两大铁路干线的枢纽型铁路地区。[①]

二、铁路客站的选址规划模式

交通建设是城市健康发展的重要保障，客站作为城市交通节点，在高铁建设及城市交通不断完善的背景下，已成为城市交通网络的中枢之一，其对引导城市空间的合理布局、功能分区的科学规划、站域地区的更新发展以及提升城市活力等具有积极意义。[②]客站枢纽融入城市的重点在于优化其现有的城市结构与功能体系，从更新与拓新两方面协助城市健康发展，对此，铁路客站的选址规划可分为中心型与外向型两种模式。

（一）中心型模式——优化城市中心、整合空间布局

随着城市紧凑化发展，对城市人口的合理聚拢、资源的有效吸附、环境的优化整治成为其面临的主要问题。良好的交通是建设紧凑城市的必要保障，以铁路客站为主的城市交通节点具有先天的交通优势，是协调城市交通网络布局、引导人口及资源流动、改善城市既有环境的重要发力点。对此，不少城市的铁路客站选址多位于城市中心区域，通过将高效的铁路交通引入繁荣的城市中心，以缩短城市内外衔接的时空距离，确保城市中心交通流动高效、便捷，

---

① 刘建光：《汉宜铁路引入宜昌地区方案浅析》，《铁路标准设计》2006 年第 A1 期。
② 郑健：《大型铁路客站的城市角色》，《时代建筑》2009 年第 5 期。

为城市活动拓展多样化的公共空间。

与此同时，由于城市化发展带来的土地资源稀缺、城市紧凑化建设对土地资源的高效利用需求，加之在城市中心建设客站存在成本过高、交通堵塞、环境污染等问题，中心型客站选址模式倾向于"合理选址、纵向开发"方式，通过向上层空间延伸、开发地下空间的方式，建设综合体形式的立体车站，以减少客站用地、降低环境影响（见图 3-2-2）。例如，巴黎蒙帕纳斯车站通过将交通空间移至地下，减少了各类活动对周边街区的影响，并利用站顶空间建设城市绿地；深圳福田车站则以地下车站的设计定位将客站空间移至城市地下，地面仅保留出入口与换乘节点，将地面空间还于城市，用以建设绿地和公共空间，实现站城空间融合、和谐共存。

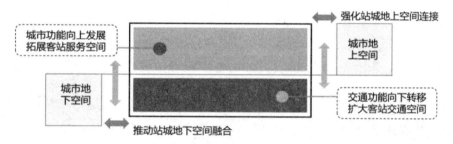

图 3-2-2　中心型选址模式注重对站点空间的高效利用与环境协调
（图片来源：笔者绘制）

此外，还有不少车站通过原址改造的方式，如站房立体开发、广场多功能利用、开发背向站域空间等，提高了对客站既有空间的利用效率。例如，商丘车站作为郑徐高铁的枢纽站点，通过开发北广场、新建北站房等方式，既拓展了客站交通空间，提高了站点交通运力，又治理了杂乱的站北地区，改善了周边街区环境。

（二）外向型模式——协同城市扩展、改善城市结构

外向型客站选址模式是对城市副中心发展方式的体现，针对部分超大型城市，其人口饱和度、建筑密度、土地余量等达到极限，为降低城市运作压力、

转移过多的人口及资源，通过发展城市新区、构建城市副中心等方式，以平衡城市空间结构、改善城市功能布局。对此，不少城市的客站选址位于城区周边地带，以利用其交通优势，加速人口、产业、资源向外迁移，配合城市扩展、改善城市结构，引导城市从"单中心"形态向"多中心"形态转变（见图 3-2-3）。

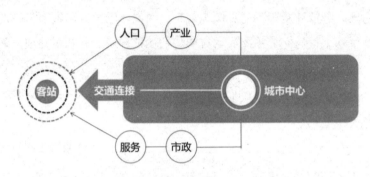

图 3-2-3　外向型选址模式强调以"副中心"形式协调城市发展
（图片来源：笔者绘制）

同时，由于城市空间的结构变动在很大程度上受城市可达性的影响，客站作为集内外交通于一体的城市交通中枢，在高铁建设的背景下，依托高铁客站作为驱动引擎引导"多中心"的城市发展模式已成为国内外城市的共同趋向。例如，上海借助虹桥综合枢纽的选址规划，将其打造为上海东西发展轴的重要端点，从而提升沪西地区的开发活力。此外，外向型的客站规划选址在与城市对接中也会产生一些问题。由于客站多位于偏远的新建城区，基建设施不足、站城交通不便会增加民众出行成本、降低站域发展活力，使客站仅停留在"城市门户"层面。对此，根据国内外客站建设及站城协同经验，强化站城交通联系无疑是其第一要务，通过修建快速通道、利用轨道交通等公共交通系统建立高效、便捷的站城交通连接，有助于提高客站人员的集散效率、缩短站城之间及新旧城区的时空联系，并为站域空间的综合开发及产业入驻提供交通保障。

三、铁路客站的选址规划原则

站城融合引导下的铁路客站选址规划虽无绝对的标准规范，但应有一定的指导原则。围绕站城协同的综合需求，铁路客站的选址规划需从多维视角入手，对区域及城市经济发展起到带动作用，对城市交通资源进行高效整合，建立便捷的综合换乘系统，引导城市更新并协同其合理扩展，应通过科学选择与理性取舍，平衡站城协同关系、满足二者协同发展的需求。

（一）合理带动区域及城市的建设发展

随着我国"一带一路"合作倡议的提出，铁路作为重要的"助推器"，将为沿途国家及城市发展带来更多经济效益，推动国家、地区及城市之间的交流合作。同时，高铁时代的到来，进一步提高了铁路交通在运量、速度、安全、环保等方面的竞争力，对国家建设、城市发展、人民生活的影响力也在日益提高。《中长期铁路网规划》《铁路"十三五"发展规划》等重要文件，对我国铁路发展作出明确指导，体现出铁路交通对国家、社会及民生建设的战略意义。

以城市为中心所构建的城市群经济圈有助于推动国家经济的整体发展，而确保城市发展的公平性则成为城市总体发展战略有效实施、构建合理的城市形态、带动城市群经济发展的重要保障。铁路客站作为城市重要的交通节点，良好的客站选址能够有效协同城市发展策略，助力城市公平发展。当前，我国铁路客站多位于主城区及新建城区，分为城市中心的既有铁路客站与城市周边的新建铁路客站，其中既有铁路客站的原址改造可有效改善客站环境、推动城市更新发展，而新建铁路客站可有效协同城市开发建设，形成新兴的城市中心，引导城市形态的健康发展。通过不同客站的选址规划与开发建设，以实现城市空间的协同发展，体现城市发展的公平性。

（二）整合城市交通资源，建立高效换乘中心

客站作为城市内外交通中心，既建立了铁路交通与城市交通的有效连接，又集合了城市综合交通资源并进行有效整合，使客站以综合交通换乘中心的角色融入城市，以提高城市交通系统的换乘效率，降低因交通拥堵造成的无效换乘与额外的辅助设施投入及土地、社会资源消耗。因此，铁路客站选址规划应考虑与城市交通有效对接与高效协同，以巩固站城交通协同的基础。

客站枢纽的建立旨在降低各类交通的衔接成本、提高相互间的换乘效率。由于客站枢纽具有人员众多、流动繁琐、交通复杂、活动多元等特征，因此对内外交通的有效吸纳与高效释放是影响客站选址规划的重要因素，需要客站选址规划主动对接城市既有的交通网络并对周边城市路网实施优化处理；同时，除全面引入城市交通资源外，客站应通过调整自身的空间规划与功能布局，有效接纳和协调各类交通资源，建立各交通方式间的快速换乘系统，以发挥客站综合换乘的最高效率，构建高效、便捷的换乘中心，实现对客站空间的有效利用。对此，客站选址规划应根据其设计定位及所在城市环境，综合考虑站址区位及建设方式。

（三）改善站域环境，推动城市更新

既有铁路客站通常位于城市中心区，客站建成年代早，周边城建已基本成型，通过原址改造的方式，既可避免大规模的拆除重建工程对城市交通、环境造成影响，又能合理使用既有铁路客站资源，可以减少建设成本、降低工程难度、优化站域环境，治理城市中心区无序、混乱等问题，促进城市区域的更新发展。

在我国高速铁路发展初期，由于新建的高铁客站及相关配套设施尚未完工，以及考虑到高速铁路对城市发展的重要意义，一方面，部分城市将高速铁路引入既有铁路客站，通过升级服务设施等方式，将客站建设成集高铁、动车、普铁于一体的综合客站，一些城市还将城际铁路引入客站，既方便了民众出行，

又提高了城市的交通可达性；另一方面，通过改造既有客站空间，改善了客站内外空间形态，提高了客站的综合服务能力，营造出多元、开放、舒适的站域空间，为站点地区带来人气与活力，实现客站与城市的共赢发展。

同时，由于既有铁路客站多位于城市中心，用地空间十分紧张，客站的每一寸土地都要得到有效利用，以最大限度地体现客站空间的功能性与价值性。因此，通过客站空间的一体化开发能够实现对土地资源的有效利用，将客站交通与服务功能引入地下空间，保留地面空间用以拓展城市公共空间，扩大民众的户外活动场所。通过发展客站综合枢纽，可以有效治理客站地区的交通、环境问题，改变了以往陈旧、杂乱的客站形象，推动所在区域更新发展。

（四）协同城市扩张，构建多核空间

城市化发展带来人口增长与户外空间的日益萎缩，单纯依靠中心城区的改造已无法满足城市发展及居民生活需求，因此通过新城区的开发建设以扩大城市空间成为现代城市的发展趋势。随着高铁时代的到来，许多城市将高铁客站设置在新建城区，使其与城市发展有机结合，既可以为高铁客站提供建设用地与发展空间，又可以带动新建城区的开发建设，以形成新兴的城市中心，引导城市空间从单核结构向多核形态转变，从而优化城市的空间结构与功能布局，缓解中心城区的人口、交通、就业、环境等方面的压力。

从我国城市的发展状况来看，高铁客站与城市新区协同发展已较为普遍。例如，南京南站选址于南京城南地区，客站接入京沪、沪汉蓉等高铁动脉，结合城市综合交通，形成了华东地区重要的交通枢纽。便捷的高铁交通与城市公交系统的有效整合，提高了客站及周边地区的发展潜力与经济价值，为客站、城南及南京市带来巨大的发展机遇。①此外，南京市通过实施国家级创新基地、华东现代服务业中心、南京智慧新城等发展规划，有效带动了城南空间的优化

---

① 季松、段进：《高铁枢纽地区的规划设计应对策略——以南京南站为例》，《规划师》2016 年第 3 期。

与整合，形成了新兴的城市中心——城南中心，将南京原有的"单中心"城市格局升级为"一主两副"的多中心城市形态，促进了城市空间的合理开发与健康发展。

第三节　铁路客站的建设布局分析

可持续发展作为现代城市的总体发展目标，体现在对环境空间的合理开发与城市资源的集约使用方面，其既要满足当前城市的发展需求，又要对资源的开发模式和使用方式进行合理的约束与管控。通过资源的合理开发与集约使用，可以达到保护城市环境、优化城市结构、更新城市空间、规范城市形态等目的。同时，深度提炼既有资源的开发潜力与使用价值，建立"开发—使用—回馈—促进"的整体机制（见图3-3-1），可以产生持续、长久、循环的良性效应，助力城市健康发展。

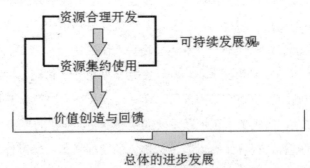

图 3-3-1　城市资源的开发与使用机制
（图片来源：笔者绘制）

铁路客站的建设布局与城市发展息息相关，其建设布局模式会对站城协作方式产生重要影响。站城融合引导下的铁路客站建设布局，强调其既要符合铁路交通与城市发展的当前需求，又要与城市长远的总体发展战略保持一致，引导客站空间与城市环境在发展中保持动态协同，持续推进站城融合与协同发展。

一、影响铁路客站建设布局的要素

（一）城市的环境空间

铁路客站的建设布局需要与城市的环境空间紧密结合。

一方面，铁路客站的空间形态与功能开发以城市实际条件为基础，如城市的地理环境、建设形态、交通网络、人文风貌等。城市的地理环境影响城市的开发扩张，城市的开发扩张推动城市的发展建设，形成城市的整体形态与空间结构。铁路客站的建设布局需要与城市空间保持动态协同，以节点形式嵌入城市结构中，以协同城市发展、助力城市更新。

另一方面，实现城市可持续发展需要充分遵从城市环境，合理开发和利用环境资源，实现人与环境和谐共处。铁路客站的建设布局应遵从站场环境，以可持续发展理念为指导，在开发建设中尽量降低对环境的影响。同时，城市的人文环境也对铁路客站的建设布局产生重要影响，在运作成熟、发展良好的城市中，铁路客站的建设布局要顺应城市的结构轴线，以节点形式对城市空间进行延伸和补充。而在城市中心区或开发区，铁路客站的建设布局应起到良好的疏导与调节作用，以发挥中心效应，持续对周边城区产生辐射。

（二）土地资源的开发利用

城市土地资源的供给量及开发策略也对铁路客站的建设布局产生重要影响。城市土地资源的供给量决定了铁路客站的场地规模、建设形态、空间尺度及功能结构，而城市土地资源的开发策略引导了铁路客站的开发强度与辐射力度，进而影响了站城之间的协同关系。因此，合理的铁路客站建设布局必须充分利用城市土地资源，结合城市土地资源的开发策略，与周边地区协同发展，为进一步提升铁路客站的交通运力与服务能力创造条件。

（三）与城市交通的相互协同

铁路客站作为城市交通网络的重要节点，通过良好的交通组织实现与城市交通的有效衔接，成为铁路客站建设布局的先决条件。考虑到铁路客站的交通组织将对铁路客站及周边区域的交通环境产生重要影响，因此铁路客站的交通组织需要符合城市交通的发展规划，以城市的交通结构为基础，综合考虑城市交通建设的持续性需求，对铁路客站交通的规划组织要采取外部协调、内部优化、立体衔接等方式，实现内外交通在铁路客站空间的良好衔接与顺畅运作，体现铁路客站枢纽的交通功能与社会价值。

（四）铁路客站的交通换乘方式

回顾铁路客站的发展历程，其交通换乘方式经历了从简单到复杂、从平面到立体的演变。总体而言，铁路客站的交通换乘方式存在分散式、集中式与半集中式三种。

早期铁路客站的交通换乘多为分散组织，按照交通方式的类型、规模在站外设置各类站点，其特点是建设成本低、施工难度小、旅客流线单一、组织快捷、易于管理等。但分散的组织方式会造成站外空间过度开发、土地利用率低下、换乘效率不高等问题，不符合现代铁路客站的可持续发展需求。

集中式是将综合交通引入铁路客站，通过铁路客站空间的立体开发与复合布局合理安置各类交通系统，实现综合化、立体化换乘。集中式交通换乘强化了铁路客站对综合交通的接纳能力，提高了综合交通的换乘效率及站内空间的可达性，实现了铁路客站土地的合理开发与高效使用，提升了铁路客站空间的功能性与价值性。实施集中式交通换乘对铁路客站的设计理念、建设方式、施工作业、组织管理、运营调度等有较高的要求，需要多部门合作。

半集中式交通换乘结合了分散式交通换乘与集中式交通换乘的优势，以城市发展与环境保护的双重需求为基础，合理控制建设成本与施工难度，对城市资源进行合理开发与高效使用，适用于可以为铁路客站建设提供充足土地并依托铁路客站带动综合开发的城市新区。

实现城市可持续发展要求铁路客站以较少的资源消耗构建完善的交通换乘体系，在符合当下需求的前提下预留更多的城市资源，以充分保障站城融合的持续性与长久性。

（五）与城市环境相协调的出入大厅规划设计

出入大厅是铁路客站内外衔接的过渡空间，只有合理规划出入大厅的位置、规模、形态、尺度以及与周边街区的衔接方式，才能确保客流的顺畅通行；同时，作为对接城市的过渡空间，出入大厅的规划与周边街区的开发建设联系紧密，只有综合考虑铁路客站运营与城市发展的双重需求，才能实现对出入大厅的合理规划与良好设计。

1.依据交通方式与旅客流线合理规划出入大厅

铁路客站的交通规模反映出铁路客站的交通需求量及旅客的流线分布，对此铁路客站出入大厅的位置必须对应铁路客站的交通站点及旅客流线的集中区域；同时，应根据旅客的通行量，合理确定出入大厅的形态、尺度以满足客流高峰需求。

2.协同城市环境合理规划出入方式

传统铁路客站多为单一出入大厅，如遇高峰客流，会在厅内造成拥堵，存在安全隐患。因此，铁路客站出入大厅应协同周边环境，通过开发地下空间，连接地铁车站、地下商业街、下沉广场等，将大厅的空间尺度延伸到站外空间，提前缓解客流速度与流量，以降低高峰客流的冲击力度，保障稳定的运营秩序。

3.提高出入大厅的可识别性并融入城市环境

铁路客站出入大厅的外观、形态应具有较好的可识别性，与周边建筑不同，以便民众对其形成较为深刻的印象，方便查找、到访；同时，站城融合的需求也促使出入大厅的规划设计要遵从城市整体环境，与周边环境良好融合。

二、铁路客站的建设布局模式

（一）平面布局模式

平面布局模式（见图3-3-2）是将铁路客站空间进行平面开发与分区规划，按照流线次序进行衔接，构成串联式的客站空间结构，并与周边道路平行对接。此种模式的布局次序较为规整，结构较为简单，旅客流线比较简洁，客站的交通方式较为单一，多为中小型铁路客站所采用。而在城市可持续发展的背景下，此模式由于土地利用率不高、功能过度分散、整体运作效率不高等问题，已不能满足新时代站城融合的发展需求。

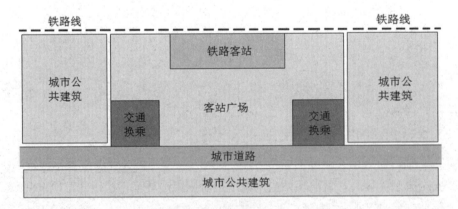

图 3-3-2　平面布局模式

（图片来源：笔者绘制）

（二）立体布局模式

立体布局模式（见图3-3-3）则基于城市可持续发展需求，将传统客站分散的广场、站房、站场进行统一组织，对客站功能系统进行立体开发与集中布局，以立体化、复合化的布局方式代替传统的平面布局，通过地上、地面、地下空间的一体开发提高客站土地利用率；同时，全面引入城市综合交通，构建立体化的客站交通空间及换乘系统；此外，客站道路交通也从平面转为立体，与客站交通空间相对接，确保客站交通的顺畅通行与便捷换乘，实现站城交通的良好协同。此模式适用于城市中心的铁路客站，其对土地资源的合理开发与高效利用，以及对客站交通空间与换乘体系的优化设计，符合城市可持续发展需求。

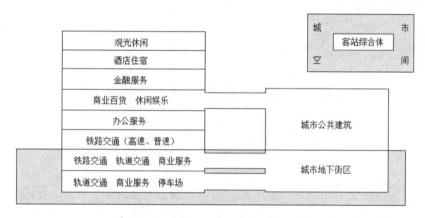

图 3-3-3 立体布局模式

（图片来源：笔者绘制）

（三）综合布局模式

综合布局模式（见图3-3-4）结合了前两种模式的优点，保留了立体化的客站空间与交通换乘体系，综合开发客站服务系统，营造便捷、舒适、开放的客站环境；同时，与外部城市环境相互融合，将客站广场发展为城市公共空间，形成站城之间的共享空间，以合理控制站城间距，提高客站的识别性，一方面使客站有效衔接城市交通、补充城市功能，另一方面保留适当站外空间以提高客站形态的标识性。此种模式的交通组织方式相对复杂，但结构比较完整，对客站土地的综合利用程度适中，适用于在城市新区建设的铁路客站。

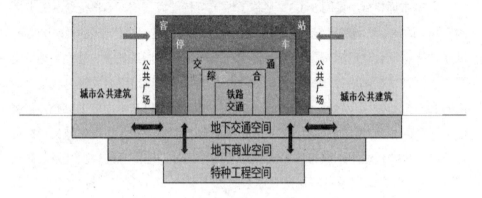

图 3-3-4　综合布局模式

（图片来源：笔者绘制）

三、铁路客站的建设布局原则

（一）功能定位的可行性与各功能系统的协调性

随着铁路交通的高速化发展与城市需求的多元化，铁路客站的设计定位也发生了变化，其开发建设与空间形态更加复杂，体现出铁路客站功能范畴的扩大与延伸。对此，铁路客站的建设布局需要综合考虑其功能定位的可行性与各功能系统的协调性。一方面，对功能定位的可行性判断是检验铁路客站建设布局是否符合其设计定位的重要步骤，有助于将铁路客站功能（交通、商业、办公等）引入建设布局中；另一方面，复合化的铁路客站功能体系要求复合化的铁路客站空间布局，以提高各功能系统在铁路客站建设布局中的协调性与通达度，确保铁路客站建成后的运营效益最大化，推动铁路客站运作与城市需求良好协同。

（二）对环境的承载力与包容性

对环境的承载力与包容性是铁路客站建设布局能否适应并融入城市环境的重要体现，其包含两个层面，即铁路客站土地的使用方式与铁路客站空间的构建形态。对土地资源的适度开发与合理使用有助于提高铁路客站建设布局的环境承载力，使铁路客站顺利融入城市环境；而对铁路客站空间的复合构建与立体开发既是对土地资源高效利用的良好体现，又是提高城市对铁路客站包容性的有效举措。复合化的铁路客站空间意味着多元功能的引入与对人口、资源的有效吸引，有助于强化铁路客站建设规划对城市发展的适应力与协调性，提高城市对铁路客站的认同感与接纳力。

第四节　多元化的站城协同方式分析

交通是城市运作与民众生活的保障，而推动城市可持续发展、创建良好的生活环境离不开高效、有序的城市交通。通过发展以铁路客站为主体的综合交通枢纽参与城市交通建设，建立城市交通网络的协调中枢，可以整合内外交通资源，提升铁路客站运作效率，改善城市交通环境。基于城市紧凑化建设对单一建筑多功能开发的现实需求，结合快节奏、高效率的现代社会生活，积极引导铁路客站枢纽实施城市化开发，可以使铁路客站主动对接城市发展、服务民众生活，从交通、社会、环境等层面形成多元化的站城协同方式。

一、交通层面：依托铁路客站枢纽协同城市交通体系建设

早期城市的铁路客站多为单一站点，根据铁路交通运营、管理要求，人们须在开设客运业务的车站搭乘火车，使铁路客站成为城市重要的交通门户。随着城市化扩张，铁路客站逐步被城市包围，一方面，站城之间的时空隔阂被逐步削弱，站城合作关系得到强化；另一方面，随着高铁交通发展与客流量增加，为提高城市对外交通能力、缓解单一站点的交通压力，铁路客站规模、数量都有所扩大，形成"主副结合、一城多站"的布局模式。铁路客站作为站城融合的核心要素，需要充分发挥其交通优势，要通过引入城市交通并与之紧密对接，以提高内外交通衔接、换乘效率，构建以铁路客站为主体的综合交通枢纽，并结合"一城多站"的布局模式与其他铁路客站在交通出行、中转换乘、票务办理等方面开展合作，以协同城市交通建设，改善民众出行条件。

（一）构建完善的铁路客站综合交通枢纽

城市的现代化建设需要高效、完善的综合交通体系予以支撑，以确保人口的快速流动与物资的有序分配，而综合交通枢纽的构建则实现了干线交通、支线交通、环线交通的衔接、换乘。铁路客站作为城市交通门户与人口流动中心，具备构建综合交通枢纽的现实条件与资源优势，传统铁路客站对交通资源多表现为"重视引入、忽视整合"，造成铁路客站交通缺乏有效组织，不仅影响各类交通的换乘效率，还会加重城市交通的运作负荷。站城融合引导下的铁路客站枢纽将协同城市交通建设放在首位，铁路客站枢纽既强调对内外交通资源的引入，又注重对各类交通方式的统一整合，然后结合铁路客站空间的立体化布局，分层、分区的安置各类交通站点，利用垂直换乘系统使其紧密对接，并立体连接外部城市道路，使各交通流快速出入客站，在保障民众便利出行的同时，以

中枢形式对城市交通进行协调、组织，迎合了城市交通建设需求。

（二）构建高效的市域铁路交通网络

发展客站交通枢纽有助于提高城市内外交通的衔接、换乘能力，而"一城多站"的布局模式使利用铁路交通完善城市轨道交通建设的构想具备了可能性。一方面，高铁建设推动客站规模的扩大与数量的增加，有助于完善城市对外交通、协同城市开发建设、引导产业结构优化与人口流动；另一方面，交通技术的进步推动铁路客运方式的多元化发展，客站成为集高铁、城铁、普铁等多种客运方式于一体的综合车站，结合中心型与外向型的站点选址，利用中心客站与周边客站之间的联络线开行市域列车，有助于加强城市中心与周边城区的交通联系，并通过客站枢纽将铁路交通与城市交通紧密对接，以提高内外换乘效率、快速疏导站点客流、加速城市人口流动，此举在改善城市交通环境、丰富民众出行选择的同时，实现了对铁路资源的有效开发与合理使用。

（三）建立便捷的综合交通换乘系统

铁路客站综合交通枢纽与市域铁路交通网络的构建提高了"节点式"换乘（站点之间换乘）与"一站式"换乘（站城交通换乘）效率，为民众出行提供了便利。

"节点式"换乘主要面向站点之间换乘的出行旅客，对于需要搭乘火车而临近客站并未开行且居住地偏远的人，可在临近客站搭乘市域列车，到达指定客站后换乘其他列车继续旅行，改变了以往人们为搭乘火车而提前出门、长途奔波、周转换乘的复杂方式，既缓解了大量客流对单一站点及周边交通造成的冲击，又提高了民众出行的便捷性与舒适性。

"一站式"换乘属于客站"零换乘"建设范畴，主要面向内外交通换乘的出行旅客，通过将城市轨道交通与铁路交通并行对接，实施同站台换乘与免安检措施，有效提高了客站内外交通换乘效率。

例如，成都犀浦站作为成都地铁 2 号线与成灌铁路交汇站，通过同台换乘与一体化安检制度，有效提高了客站内外交通换乘效率，人们可通过此站直达位于市区的成都站，亦可换乘地铁、公交、出租车等其他交通方式，加强了犀浦镇、郫都区与成都主城区的交通联系。

（四）升级铁路客站票务系统

发展客站枢纽要求提高交通周转效率、减少无效管理内容。在铁路交通快速发展的今天，民众对买票、取票、改签、退票等票务活动的便捷化需求愈发强烈，随着 12306 等互联网服务系统的出现，民众的上述需求得到了积极回应；同时，我国铁路客站实行强制安全检查，即要求旅客在接受行李安检的同时，出示双证（车票及身份证）用于安全验证。因此，便捷取票、高效安检、快速进站已成为民众到达车站后的首要需求。

基于当前铁路出行在民众生活中呈常态化、普遍化趋势，铁路部门应根据日常交通量及客流峰值的变化，合理调整客站售票窗口与自动售票机的数量；同时，应在站外广场及公交站点等客流聚集处增设临时取票点，缓解高峰客流对售票大厅的冲击，并适当增开安检闸口与绿色通道，保障旅客顺畅通行。例如，成都东站的负一层换乘大厅就设有多处自助购（取）票点，与地面通道、地铁出入口、公交站场、地下停车场等紧密衔接，方便旅客在换乘途中就近办理票务，有效分担了售票大厅的客流压力，简化了旅客活动流线。

而对于我国目前的客站检票制度，纸质车票与身份证的双重查证固然是对铁路客运与旅客安全的有效保障，但也不可避免地影响旅客入站效率，增加客站运营成本。随着智能手机等电子产品的普及，可通过电子客票、身份证过检、面部识别（俗称"刷脸"）等检票方式，结合自动化检票系统、旅客自动查询系统等，形成"通过式"入站流线，有效提高旅客通行及安检效率，降低客站运营成本，保障客站运营秩序。目前，国内不少客站已尝试启用自动闸机系统，有效简化了旅客进站流程。

二、社会层面：引导铁路客站枢纽与民众生活良好协同

强化铁路客站枢纽与民众生活的协同关系既是对铁路客站细节设计的完善，又是对民众生活方式的体现。为此，"以人为本"理念需要贯穿铁路客站全部设计中，一方面，要通过简化铁路客站的空间形态与功能布局，以开放化的客站空间提高民众使用效率与服务便捷性，引导站城空间整体对接；另一方面，要通过分析民众的活动规律，掌握民众的行为习惯，结合民众的日常生活需求，以完善铁路客站服务系统，满足交通流动背景下人们对"一站式"服务的迫切需求。

（一）增强铁路客站规划布局的效率性

现代社会的高速发展使交通流动成为一种新的生活方式。在高铁交通的支持下，单日内进行异地办公、商谈、求学、出游等日常活动的设想已成为现实。例如，京津城际铁路提高了两地来往的交通速度，为民众在工作日赴京办公或周末赴津休闲提供了便利；而广深港高铁的开通加强了内地与香港民众的生活联系与文化交流。

从民众的角度出发，客站枢纽应具备良好的可达性，客站选址需对接城市交通网络，与城市道路系统有效衔接，以提高民众赴站的交通效率；同时，应将综合交通引入客站内部，使各交通站点、换乘通道紧密对接客站出入口，以简化民众到站后的通行、换乘流线，减少其通行距离、缩短其换乘时间。此外，针对以往狭小、封闭、混乱的站内空间，应通过整合站内空间结构、调整站内功能布局，形成空间复合化、导向清晰化、流线一体化、服务多元化的站内空间，为民众营造开放、通透、有序的站内环境，以全面提高客站规划布局的协同效率，适应快节奏、高效率的现代交通出行需求。

（二）提高铁路客站交通服务的便民性

城市化发展使作为交通节点的铁路客站承担起更多的城市职能，客流的持续增加与交通方式的多元发展，推动铁路客站从单一交通建筑转为城市交通综合体，其不仅是内外交通的衔接纽带，更是综合交通的换乘中心，交通资源的汇集与换乘系统的建立使铁路客站与民众生活的联系更加紧密。

因而，铁路客站的交通组织既要确保内外交通的顺畅衔接，又要保障城市交通的高效换乘。在铁路客站交通空间的规划布局中，要做到各类交通的相互对接及流线分离，配合清晰的引导标识，保障站点客流快速通行、互不干扰；同时，在普通市民与铁路旅客出行高峰的重叠时段，采取加设分流闸口与隔离护栏、配合人工引导等方式，以分化各交通流线，保障各类客流的顺畅通行与高效换乘，切实提高铁路客站交通服务的便民性。

（三）引导铁路客站功能与民众生活对接

随着交通流动与民众生活的联系日渐紧密，铁路客站对民众而言不仅是提供出行服务的交通站点，还是能在同一空间内提供多元服务的公共服务体，其既是依托内外交通的城市枢纽，又是开放、包容的城市公共空间，面向旅客、市民提供多种服务，而活动人口的增加也推动了客站及周边地区的商业化开发。[1]在此基础上，利用客站内外及地下空间，引入餐饮、休闲、娱乐、金融、景观等城市功能，可以使客站功能更加社会化、生活化，使客站成为集交通、商业、文娱、办公等于一体的"交运—商服"综合体。

对城市功能的引入有助于引导客站空间从"封闭管理"走向"开放服务"，以完善其综合配套服务设施，形成全天候运作的城市综合体，更好地对接民众需求，为其提供"一站式"服务。此外，客站功能的城市化开发带动了周边地区的协同开发，使站外空间与周边街区相互渗透，弱化了站城分隔界线，既推

---

① 李春舫：《当代铁路综合交通枢纽建筑创作与实践》，《建筑技艺》2018年第9期。

动了站城空间一体化融合，又改善了客站的整体形象，提高了站点地区的人气与活力。

三、环境层面：确保铁路客站枢纽与城市环境的整体协同

城市环境作为铁路客站的生成空间，对铁路客站的规划建设产生全局性影响。铁路客站不仅要与站点环境相协调，还要适应城市环境。在此基础上，通过引导铁路客站规划建设与城市发展策略、交通网络、功能布局等要素相协调，才能确保站城在环境层面的整体协同。因此，铁路客站的设计定位、选址规划、建设布局、交通组织、功能开发等都要以城市环境为基础进行衡量，以提高铁路客站作为城市子系统的适应性与协调性，起到优化城市结构、疏导城市交通、改善城市环境、促进区域更新等积极作用，从而推动站城有机融合与协同发展。

（一）铁路客站的设计定位满足城市总体需求

铁路客站的设计定位是明确站城关系的重要基础，对铁路客站设计定位的合理思考有助于提高站城对接的主动性、适应性。随着城市紧凑化发展目标的提出，其对交通、社会、环境的综合需求拓展了铁路客站与城市的合作空间，推动了铁路客站设计定位的多元发展，使铁路客站从衔接内外交通的"城市门户"向整合各类资源的"城市中枢"转变，从而在经济建设、产业开发、交通协调、环境整治方面发挥积极作用。对城市总体需求的满足是提高铁路客站对城市环境适应性的重要前提，铁路客站的设计定位需全面考虑城市土地、人口、交通、环境、产业等要素，通过以城市总体需求为指引使铁路客站的设计定位更加科学、合理。

（二）铁路客站的选址规划协同城市发展策略

铁路客站的选址规划既是对其设计定位的初步落实，也是引导铁路客站融入城市环境的重要阶段。铁路客站的设计定位体现了城市所需求的铁路客站类型，为铁路客站建设形态及功能体系的确定指明了方向。而选址规划则决定了铁路客站的坐落位置与辐射区域，明确了铁路客站对站域、城市乃至地区的引导作用。铁路客站选址需要以城市建成环境为基础，通过与地理环境、功能区划、交通结构有机结合，全面、系统地考虑铁路客站选址对城市发展的引导效应，在满足铁路交通建设需求的基础上，通过中心型或外向型的选址布局，与城市的内部更新式、外部拓展式等发展策略相协调，以实现"借力用力、双边共赢"的互助式发展，确保铁路客站建设与城市总体需求相匹配。

（三）铁路客站的建设布局符合城市环境需求

在明确铁路客站选址规划的基础上，需要引导铁路客站建设布局与区位环境相适应，使铁路客站以最为合理的构建形态融入城市环境中。当代城市的紧凑化建设提出对土地综合利用、产业混合布局、空间融合发展等需求，通过对铁路客站实施场地立体开发、空间开放设计、功能混合布局等建设策略，尽量减少铁路客站对城市土地的占用量，将更多土地还于城市用以创造公共活动空间。而铁路客站空间的立体开发则引导站城从地上、地面及地下实现一体化融合，以弱化站城分隔界线，打破孤立、封闭的客站形态，使客站空间从封闭转向开放、平面转向立体、从分散转向融合，降低对环境的影响。而开放式的客站空间则提高了对城市人口、产业资源的吸引力与容纳力，全面提高了客站枢纽对城市环境的适应性与协调性，使客站内外空间从界面、形态、结构、功能、运作等多个方面与城市环境有机协调、融为一体。

（四）铁路客站的交通组织对接城市交通网络

推动站城融合不仅在于强化城市内外交通联系，还要通过客站枢纽对城市交通网络进行协调，以改善城市交通环境，客站的交通组织则是其协调手段之一。客站枢纽作为城市交通网络的重要节点，依托立体化的客站空间，以"零换乘"理念对引入的交通方式进行协调组织，利用换乘大厅、自动扶梯等设施，构建高效、有序的交通换乘系统，实现城市内外交通的无缝对接与快速转换；同时，采用地下通道、高架桥等立体衔接方式，使站城道路全面对接，人们可通过机动交通出入客站，以减少在站外空间的停留与聚集，降低了各类交通方式对周边城市道路的占用，提高了出入交通与过路交通的通行效率，改善了传统客站地区的交通拥堵、人车混行、环境复杂等问题，确保了井然有序的站域交通环境。

（五）铁路客站的功能开发对应城市功能布局

通过协调城市产业结构与功能区划，结合利用客站枢纽带动周边地区的发展需求，在遵从城市环境、迎合民众生活需求的基础上，对客站功能进行城市化开发，构建集交通、商业、餐饮、休闲、娱乐、办公等于一体的客站枢纽综合体，可以使旅客不出站就可享受便利的城市服务。通过综合业态开发及全天候经营等方式对周边民众产生吸引，提高其社会影响力与关注热度，可以吸纳更多的社会资源与活动人口，形成具有吸引力、开放性、经济性的城市活力区域，以良好契合城市紧凑化发展下的产业调整与功能布局，全面回应基于城市总体需求的客站设计定位。

第五节　本章小结

　　本章对站城融合引导下铁路客站的规划建设及协同方式展开系统研究，以明确铁路客站在站城协同发展中所要扮演的角色。铁路客站作为站城融合中的核心要素，是协调站城关系的重要支点，因此铁路客站的规划设计应以站城之间的协同关系为导向，从宏观的总体布局到微观的细节设计，紧扣站城协同的双向需求，将包含铁路客站设计定位、选址规划、建设布局及站城协同方式等归纳为系统的运作过程，从城市发展的整体层面综合思考铁路客站的规划设计及可行的站城协同方式。

　　定位作为铁路客站规划设计的引导要素，是明确铁路客站选址规划、建设布局、功能开发等后续工作的重要基础。铁路客站的设计定位需要结合区域、城市、站域等多方需求，以助力宏观的地区经济建设、协调中观的城市开发建设、带动微观的站域更新建设，从而对铁路客站角色选择的趋向性与规划布局的协调性形成初步认识，为构建综合交通枢纽或引入多元城市功能进行综合开发的枢纽综合体等发展目标进行基础定位。

　　铁路客站的选址规划需要基于城市总体需求、站域开发需求、铁路建设需求等要素，综合考虑铁路客站选址与城市发展的协同关系。通过中心型、外向型等铁路客站选址模式助力城市开发建设，以整合城市交通资源、带动城市经济发展、推动站域环境更新、协同城市扩张建设，从而有效分流城市人口，改善高密度的城市空间，提高城市发展的公平性。

　　围绕铁路客站的建设布局则需要在环境开发、资源利用、功能布局等方面综合考虑城市整体需求。通过不同的铁路客站建设布局模式，在站城协同发展中保持高度的灵活性，以及时调整站城之间的协同方式，使铁路客站的建设布局既符合当前城市的发展需求，又与城市化进程保持高度契合，以确保站城协同关系的持续性与长久性。

对站城协同方式的探索则需要立足于铁路客站既有的交通优势与潜在的发展空间，通过构建铁路客站枢纽协同城市交通体系建设、引导铁路客站枢纽与民众生活良好协同、确保铁路客站枢纽与城市环境整体协同等方式，从交通、社会、环境等层面深化站城合作领域，以对站城融合引导下的铁路客站规划设计形成全面认识。

第四章　站城融合引导下
铁路客站规划设计的关键要素

建筑作为构建城市的基础单元，与城市是一体的，处理好建筑空间构成要素与所在环境的协调关系，是建筑融合环境的重要方式。随着现代社会的发展，由于城市变得更加庞大、复杂、精细，继而建筑的规划设计与发展演变要契合城市需求而作。[①]

对铁路客站而言，其空间范畴应包含内外空间两部分.其中，铁路客站外部空间不仅涵盖了建筑外部及所限定的周边环境，还包含为客站服务的交通系统及与城市产生的交互关系；[②]而铁路客站内部空间则以建筑空间为核心，包含了内部的结构形态、功能布局、交通规划、流线组织等内容。探讨站城融合引导下的铁路客站规划设计，需要通过对城市发展方向及新要求的理解，建立对交通、建筑及城市关系的新思考，以探索铁路客站建筑与城市融合的主要方式。本章对铁路客站规划设计中的关键要素展开系统研究，从交通整合、流线组织、站内开发、站外协调、"站—人"协同等方面进行详细解读。

---

① 李学：《中国当下交通建筑发展研究（1997 年至今）》，博士学位论文，中国美术学院环境艺术系，2010。

② 罗湘蓉：《基于绿色交通构建低碳枢纽——高铁枢纽规划设计策略研究》，博士学位论文，天津大学建筑学系，2011。

第一节　日益紧密的站城关系推动
铁路客站变革发展

城市紧凑化发展对健康交通的迫切需求，使站点与城市的依存关系日渐深化。铁路客站作为城市的交通节点，城市空间的变动会对站外空间形态与站内规划布局产生影响，使铁路客站建筑发生改变，引导铁路客站在站场环境、交通组织、建筑形态、内部结构、功能布局等方面优化更新，以融合城市的现实环境，迎合城市建设的综合需求，协同城市发展的总体策略。

一、影响铁路客站变革发展的主导要素

城市的可持续发展与日益紧密的站城关系推动铁路客站设计优化与更新发展，而铁路客站的优化更新需要其在空间形态、功能组织、设计理念等方面作出调整。具体来说，主要体现在以下几个方面：

（一）客站功能的转变

日益紧密的站城关系推动客站功能的转变，一方面，随着客站的城市属性不断增强，客站功能从交通服务转向城市服务，客站不仅是城市内外交通的换乘中心，更是集各类服务功能于一体的城市综合体；另一方面，随着高速铁路的快速发展及民众交通需求的提高，客站交通功能要更具灵活性、适应性，应按照不同的交通时段与客流峰值，合理调整客站交通组织与服务管理，为民众出行提供便利。

（二）组织方式的改变

客站功能的转变带动了客站组织方式的改变，主要体现在对旅客流线组织的改变。随着铁路交通的发展、客站功能的完善与民众时间观念的改变，推动客站流线模式从低效的"等候式"转向高效的"通过式"，调整了客站空间形态，形成以综合大厅为中心进行集中布局的构建形态，取代了以候车大厅为中心进行组合布局的传统形态。通过一体化的站内空间结合复合化的功能布局，可以简化旅客通行流程，推动"等候空间"向"通过空间"转变。

（三）空间规划的调整

以客站组织方式的转变为契机，调整客站空间规划与功能布局，围绕多元化的客站功能与"通过式"的流线组织，以综合大厅的形式整合站内空间，形成一体化、复合型的客站空间形态，逐步淡化站外空间的分隔界限，通过引入"宽泛"的空间概念使站外空间的规划布局更为灵活，为客站空间的更新预留发展空间。

（四）设计理念的转变

站城关系的强化使客站的设计理念发生转变，客站的规划设计更加寻求与城市空间的相互协同，强调与城市环境的良好融合，在交通组织、功能布局、环境营造等方面注重与民众需求相结合，倡导以民众为中心并为其提供全方位服务，营造安全、便捷、舒适、开放的客站环境，使客站从"管理型"向"服务型"转变。这样，既能改善民众出行的交通环境，提高民众对铁路交通及客站服务的认可度，又使客站的空间形态发生变革，推动客站枢纽与城市空间、环境系统的良好融合，实现城市可持续发展背景下站城之间的动态平衡与协同发展。

二、站城关系的强化对铁路客站发展的影响

随着城市化持续推进，城市交通日益完善，民众需求不断提高，站城之间的联系更加紧密并在多个领域达成合作，推动站城关系深入发展，对铁路客站发展会产生重要影响，主要体现在以下几个方面：

（一）站城关系从对立走向融合

我国传统客站多为平面布局，客站外部空间作为站城分界空间，强调客站用地的独立性与功能性；同时，客站采取分散的功能布局方式，将交通乘降、综合换乘、客流集散、票务办理等功能设置在不同区域，确保各功能区独立运作、互不干扰。这种传统布局模式强调易于建设、便于管理、节约成本等原则，体现出典型的"管理型"设计理念，通过空间分隔与人工管控，既加剧了客站空间的孤立性与封闭性，又使站城之间产生隔阂，不利于站城协同发展；同时，平面化、分散化的功能布局，降低了客站土地利用率，弱化了客站功能的协同效率，加剧了民众使用的复杂性，不符合站城融合及可持续发展需求。

随着城市交通的完善，民众出行的交通选择更为多样，城市轨道交通的出现推动了城市公共交通系统的立体化发展。在此基础上，站城交通衔接呈现立体化趋势，客站与城市的空间关系发生了变化，客站空间与城市环境产生正面接触，形成了叠合化的空间形态，使站城关系从分离、对立转向衔接、融合，形成了以下几种站外空间形态：

第一种是空间共享型，即将站外空间作为站城之间的共用空间，其既是客站的站前广场与外部交通空间，又是城市的公共空间与活动场所，为站城之间保留了适当的过渡区域，并通过地下空间的开发利用，提高对站外空间的利用率，建立站城之间的立体衔接。我国部分客站进行过尝试，如沈阳北站北广场在改造中构建了立体化的广场空间系统（见图4-1-1），利用广场上方的空中连廊衔接站场空间与广场空间，广场地下空间则开发为商业步行街与公交换乘枢

纽，与周边街区有效衔接，并通过地下步行通道贯通客站的南北广场，推动站城之间的全面对接与相互融合。

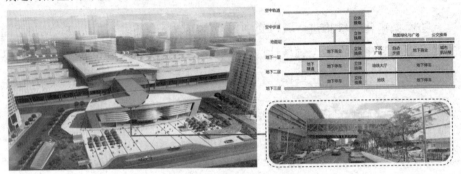

图 4-1-1　沈阳北站北广场空间系统
（图片来源：笔者拍摄并整理绘制）

第二种是直接相连型，客站与城市之间没有广场等过渡空间，站房建筑与周边街区直接相连，消除客站广场产生的空间纵深。比如，大阪 JR 难波站（见图 4-1-2）将交通系统、服务设施等置于立体化的站内空间，站外则取消了宏大的广场空间并与城市街道直接相连，将客站外部空间融于繁华的街市之中。

图 4-1-2　大阪 JR 难波站
（图片来源：笔者拍摄并整理绘制）

第三种是全面融合型，此模式以开发地下空间的方式，将客站建筑全部转移至地下，只保留出入口与地面相连，将占用的地面空间还于城市，用于拓展城市的公共空间，通过合理开发与集约利用土地资源，减少了铁路与客站介入城区造成的影响，以修复城市空间、保护城市环境。作为亚洲最大的地下铁路客站，深圳福田火车站（见图 4-1-3）总建筑面积 14.7 万平方米，通过 36 个客站出入口与地面空间相连，客站地下深度为 30 米，其功能空间分为三层，地下一层为换乘层，地下二层为候车层，地下三层为站台层。深圳福田火车站通过开发地下交通及商业空间、引入城市综合交通，有效对接周边街区，构建起高效、完善的客站交通综合体，实现客站与城市在发展中相互协同、互不干扰，降低了客站及铁路对城市空间的影响，推动了站城之间的良好融合，为铁路客站在城市中心区的开发建设提供了良好的设计思路与发展方向。

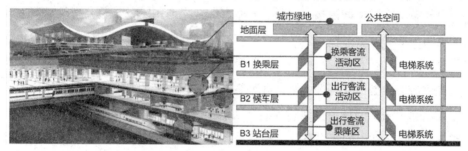

图 4-1-3　福田火车站规划布局

（图片来源：笔者绘制）

（二）客站交通从无序走向统一

位于城市中心区的既有铁路客站，具备优越的地理位置与丰富的交通资源，但由于其多为平面布局，分散的功能结构造成客站内外空间及与城市空间协调不佳，在交通组织上表现得尤为明显。传统客站的交通站点多设于站外，人们下车后需要步行一段路程进入客站，经过购（取）票、安检等流程后入站乘（候）车。随着城市公共交通系统不断完善，一方面，城市轨道交通得到快速发展，另一方面，道路公交系统得到更新发展，作为城市人口活动的重点区域，客站所承载的交通方式日益繁多，传统的平面布局已无法满足客站交通的发展需求。对此，部分客站将站前广场开发成新的交通空间以容纳更多交通方式，虽然缓解了客站交通的承载压力，却使站外区域全部成为交通空间，客站广场存在人车混行、通行不畅、换乘不便等问题，严重影响了旅客通行安全与车辆通行效率；同时，混乱、无序的广场环境损害了客站形象，也给不法分子提供了可乘之机，严重干扰了客站运营。

随着城市化推进及交通建设，客站与城市的联系日益紧密，推动了客站从"铁路终端"向"综合枢纽"转变，同时也带动了客站交通空间的有效治理与良好协调。

第一，发展立体化的客站交通空间及换乘系统。通过内外空间及地下空间的一体化开发，构建内外衔接、上下贯通的立体化交通空间，利用高架桥、地下道与城市路网良好衔接；全面引入城市综合交通，按照交通类型及运营方式的不同，采取分层引导、分区安置的方式，以分化交通客流，结合完善的步行系统，提高人们通行、换乘效率，确保客站交通的平稳有序。此模式适用于新建及改造的大型铁路客站，如北京南站（见图4-1-4）采用站城交通立体化衔接方式，利用高架的环形车道将地面交通引至站房外沿，与客站入口平行对接，通过"站场一体"的布局模式，构建一体化的客站交通流线，以实现客流良好通行与便捷换乘。

图 4-1-4 北京南站的立体化站城交通衔接
（图片来源：笔者拍摄并整理绘制）

第二，发展组合化的客站交通空间及换乘系统。立体化的交通空间具有集约、高效、便捷等优势，但存在开发成本高、施工难度大、建设周期长等限制条件。针对中小城市客站的交通组织，合理开发与利用既有的客站交通空间与服务系统，更符合中小城市的发展需求与经济能力，相比大城市汹涌的交通客流，中小城市的交通客流相对较少，其客流峰值变化较小。因此，在中小城市客站交通空间的规划中，要注重对端点交通与途径交通的分化与隔离，将以客站为首末站的端点交通引入客站交通空间，以合理规划站点位置，方便旅客快速出入客站，并结合便捷的换乘通道，提高旅客通行、换乘效率。而对于途径交通，应将其站点设置在周边道路两侧，利用客站广场缓冲通行客流，并通过人车分流等方式保障客站交通的平稳有序。比如，在洛阳站（见图 4-1-5）广场改造中，将分散的公交首末站集中设置在售票厅、出站口附近，公交站场紧邻主干道路，同时将途经客站的公交站点设置在周边道路沿侧，保障了端点交通与途径交通的顺畅运行、互不干扰。

图 4-1-5　洛阳站的站外公交组织

（图片来源：笔者绘制）

（三）客站空间从分散走向集中

随着客站功能的综合发展，传统的平面布局模式已难以满足站城融合的发展需求。一方面，由于土地资源有限，位于城市中心区的客站已难以获得更多的拓展空间；另一方面，客站功能的分散化布局与站城融合所倡导的高效、协同理念相悖。无论是客站系统的相互协同，还是站城整体的高效运作，传统的平面布局模式都难以适应站城融合及城市可持续发展的需求。与此同时，中国大城市的交通组织正转向以轨道交通为主体的多层次综合客运体系发展，而交通水平的提高也带动了客站周边地区的人口集中，随着各类服务需求的大幅度增加，亦成为推动客站空间从分散走向紧凑的重要因素。[1]客站空间的紧凑发展趋势，既反映当代城市的可持续发展需求，又是对客站功能体系优化发展的体现，其紧凑性特征主要体现在客站所占用的土地空间日益缩小，客站的空间形态与功能结构逐步紧凑、其一体化趋向日渐明显。

伴随我国铁路交通出行量的增加与利用率的提升，"高速化"与"公交化"成为当前铁路客运的发展特征。虽然通过扩大客站规模及增加客站数量，可以满足民众日益增长的交通需求，但客站的建设改造需要大量的土地资源与资金支持，会产生大量资源消耗与建设开销，有悖于城市可持续发展战略。因此，实施站城融合需要在客站建设与城市发展之间寻求动态平衡，以客站空间为切入点，通过内外空间的立体化、集约化开发，有效降低客站的用地需求，发展紧凑型的客站空间。同时，客站功能布局也需要进行调整，从传统的平面化、分散化转向立体化、协同化布局，在当前发达的交通技术与完善的服务体系的支持下，提高内外交通的衔接、换乘及通过效率，并结合铁路交通的"公交化"运营模式，大幅缩短站内旅客的等候时间，使候车大厅从"等候空间"转为"通过空间"，以提高站内空间一体化程度。此外，由于客站功能的紧凑布局释放出更多空间，使客站广场从原先的交通集散空间转变为多用途的城市公共空间，可以通过营造城市景观，美化客站环境，改善客站外部形象。

（四）客站功能从涣散走向高效

传统客站多为平面布局模式，客站空间的封闭性、围合感较强，各类功能空间通过组合衔接构建起松散的客站功能体系。客站的这种布局模式尚能应对

---

[1] 沈中伟：《轨道交通枢纽综合体设计的核心问题》，《时代建筑》2009年第5期。

早期城市发展及民众出行需求，但随着城市化发展、交通建设及民众需求的提高，客站的平面布局模式逐渐暴露出许多问题，如场地狭小、交通不畅、服务不好、运作低效、环境恶化等。客站空间的紧凑化发展，推动了客站的功能组织从涣散、低效转向协同、高效。

一方面，站内空间作为客站核心空间，在空间一体化趋势下，通过构建多元、复合的功能体系，实现多功能并存及高效运作。客站服务系统不仅包括交通功能及配套设施，还应包含更多的城市功能，提供商业、餐饮、休闲、金融、市政等服务，以满足民众的各类需求。因而，需要在客站设置多个服务区，各个服务区既要保持一定的独立性，又要协同客站既有的功能系统，以引导与分流不同的使用人群，保障各功能系统的独立运作与良好协同。

另一方面，站内功能体系的高效运作需要与站外空间保持协调，随着站城关系的日益紧密，站外空间已从单一的交通空间发展为综合的公共空间，其城市属性更加明显。首先，站外空间由封闭转向开放，与城市环境逐步相融，为旅客休憩、民众活动、交通组织、景观规划等提供了更多空间；其次，站内空间的立体化、复合化发展，推动了站外空间的协同发展，如开发下沉广场、拓展地下街区、引入城市服务等，以对接站内空间及周边街区，完善客站服务体系；此外，利用立体化的交通组织引导机动车辆通过地下通道或高架桥出入客站，通过立体分流、人车分流、平行衔接等方式，确保客站交通有序运作，推动站城交通全面衔接。

新建的武汉火车站（见图 4-1-6）以减少城市土地占用、节约社会资源、构建高效的客站服务体系为其设计核心。客站的东西广场分工明确，西广场作为景观广场，通过引入植物、水系等景观元素延续了城市景观轴线；而东广场作为交通广场，通过道路系统与广场空间的立体化开发，实现与城市路网的立体衔接及综合交通的全面引入；同时，结合一体化的客站空间与"公交化"的运营模式，建立"零候车＋零换乘"的客流组织模式，简化了旅客出入路线，并通过叠合式建筑结构营造出宽敞通透的内部空间，既提高了站内环境的舒适性与便捷性，又强化了客站枢纽的节点特征与站房建筑的可识别性。

图 4-1-6　武汉火车站规划设计

（图片来源：笔者整理绘制）

第二节　对内外交通资源的
吸纳与整合

　　交通既是城市健康发展与民众舒适生活的重要保障，又是确保站城融合的基础环节。随着铁路交通高速化与城市交通综合化发展，客站作为城市交通中心，对内外交通资源的有效吸纳与高效整合成为巩固客站交通优势、强化站城交通协同的核心举措。通过与城市道路系统的有效衔接、全面引入城市公共交通系统、推动客站综合交通高效换乘及合理调整客站空间形态等方式，结合对换乘大厅与换乘单元的合理运用，可以保障站城交通衔接的顺畅、高效，推动客站规划设计与城市在交通层面上良好协同。

一、与城市道路系统的有效衔接

通畅的道路系统确保了城市交通的高效运作，铁路客站作为城市的交通中心，只有通过与城市道路系统有效衔接，构建高效、顺畅的客站道路系统，才能融入城市道路网络并对客站出入交通进行高效疏导与合理分流，以保障客站枢纽的良好运作以及站城交通的顺畅衔接。

（一）构建立体型、综合化的道路衔接模式

实现站城道路系统的高效衔接是推动站城融合的基础条件，而确定道路系统的衔接模式则需要充分结合客站形态、交通流线、路网规划及地理环境等要素。

站城道路衔接的重点是提高旅客出入效率，旅客的入站流线通常具有持续性、平稳性等特征，而旅客的出站流线则呈现间歇性、突发性等特征。因此，应根据不同的流线特征，通过"出入分流"的方式确保客站来往交通互不干扰。传统客站将出入大厅及通道强制分离，以避免流线交叉，并依托宽阔的站前广场进行疏导与分流。随着客站交通多元化发展，旅客出入流线更加复杂，因此应结合新型铁路客站的复合化空间形态，通过立体开发的方式引导客站各层空间与城市道路立体对接，使机动车辆通过地下通道、地面匝道、高架桥出入客站，并将客站广场改造为城市公共广场，对接周边街区，引导旅客快速通过，形成"地下＋地面＋高架"与"快速＋慢速"相结合的综合化道路衔接模式，确保站城道路系统的高效对接与顺畅通行。

例如，成都东站（见图4-2-1）在与城市道路系统的衔接组织中，就采取了高架桥、地面道路、地下通道相结合的立体衔接模式，客站的东西广场对接中环路、东三环路等城市主干道路，连接龙泉山路、岷江路、青衣江路、金沙江

路等分支路段，使客站高架层、地下层对接周边城市路网，同时，将地铁2号线、7号线与公交站场引入客站内部，通过站内换乘避免出入客流与通行车流相互干扰，确保了客站交通的平稳有序。

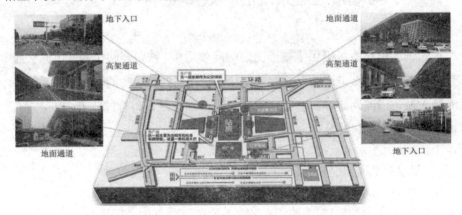

图 4-2-1　成都东站的交通规划布局
（图片来源：笔者整理绘制）

（二）构建疏导型、集约化的站城道路衔接模式

对于部分城市中心的铁路客站，由于建设年代早，周边街区发展成熟、建筑环境复杂、道路人来车往，不宜在原址实施改造工程。因此，部分客站，如北京西站、哈尔滨站、郑州站、南昌站等，通过开发第二广场及站房建筑，用以疏导聚集的交通流，并利用城市既有道路对接客站出入通道，结合标识引导与车道分岔，对途经车辆进行提前分流，以减轻站前交通压力。入站车辆可依据路牌指示提前驶入分岔道，经专用车道入站；出站车辆则通过专用车道直接进入周边街区，避免堵塞在站前区域。此模式通过城市既有道路系统对车辆进行动态分流，减轻了站前区域的交通压力，节约了社会资源，降低了开发成本，以交通疏导方式推动了站城道路有效衔接。

例如，郑州站（见图 4-2-2）在西广场扩建规划中，就采用了平面与立体相结合的设计方案，将广场扩张至城市主干道路——京广快速路东侧，在距南北出入口 400 米处修建下穿隧道口，提前分流站前交通量，同时配合后期陇海高架快速路的修建，规划了对接京广快速路的分岔引桥，使行驶车辆按照不同需求自主选择进入下穿隧道或地面车道，在临近车站前完成必要的交通分流，确保了郑州站西广场出入交通的良好衔接。

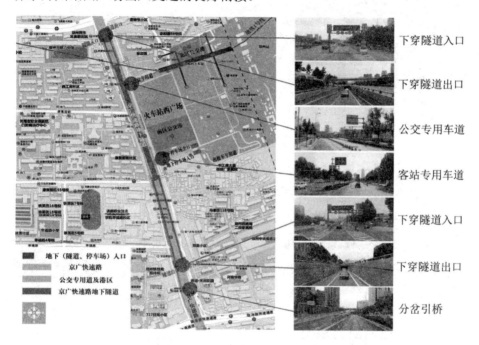

图 4-2-2　郑州火车站西广场的交通规划
（图片来源：笔者绘制）

二、全面引入城市公共交通系统

随着城市交通体系的不断完善，人们到客站的交通方式日趋多元化，使客站交通呈现综合化发展，推动了客站枢纽的全面建设。而构建高效的客站枢纽，一方面需要与站城道路系统有效衔接，另一方面则是对城市公共交通系统的全面引入，综合公共交通系统及设施的并存形态是客站枢纽的硬件特征之一。①从居民日常出行选择来看，公共交通所占比率普遍高于其他交通方式，其中既与公共交通服务的公益性、惠民性有关，也反映出公共交通在助力城市发展、交通建设等方面具有的优势，这一点在国外城市中体现得较为明显（见图 4-2-3）。

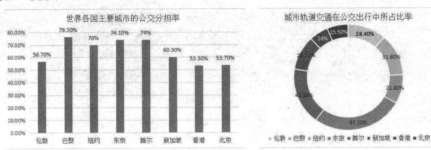

图 4-2-3 世界各国主要城市的公交分担率（左）及轨道交通所占比率（右）

（图片来源：笔者整理绘制）

铁路客站作为城市的交通中心，全面引入城市公共交通系统，既能够快速疏散、分流站点人口，营造平稳有序的客站环境，又能够与立体化的客站空间良好协同，构建高效、便捷的客站交通体系。围绕客站公共交通系统的主要类型与运营方式，可分为以下几种：

（一）道路公交系统

公交作为城市公共交通方式之一，具有覆盖范围广、线路规模大、运营时间长、服务人口多、票价低廉等优势，是站城交通对接中客站吸纳的主要交通方式。对道路公交系统的引入，以常规公交系统与快速公交系统为主。

1.常规公交系统

常规公交系统（Normal Bus Transit, NBT）是城市最为常见的公交系统，通过不同的运营线路构建起庞大的公交网络，作为城市的交通中心，铁路客站也

---

① 李学：《中国当下交通建筑发展研究（1997 年至今）》，博士学位论文，中国美术学院环境艺术系，2010。

是常规公交线路及站点的集结之处。由于城市交通条件的不同，各铁路客站对常规公交系统的引入及组织方式有所不同，总体而言，可分为以下两种衔接模式：

（1）常规公交系统与既有铁路客站的衔接模式

城市中心的既有铁路客站，其常规公交站点（场）多为分散化的布局模式，这与城市中心的土地资源不足、路网结构复杂、服务对象多元、发展需求不同等因素有关。受客站环境的影响，客站的常规公交车站可分为站点与站场两种建设模式。

公交站点多位于客站周边的道路沿侧（见图4-2-4），公交车辆通常不会进入客站内部，只在公交站点短暂停留后便快速驶离，避免与站内交通过多接触，公交车辆在站点的通行效率较高；但其缺点也比较明显，客站与站点之间过长的步行距离增加了旅客的换乘时间，位于道路两侧的站台空间过于狭小，当站点候车人数过多时容易发生危险，公交站点布局过于分散，如果缺乏合理组织与有效引导，易造成道路交通的混乱无序。

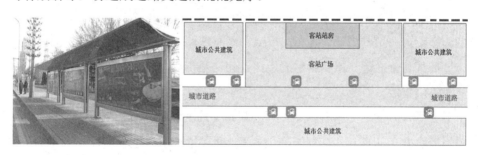

图 4-2-4　公交站点及布局规划
（图片来源：笔者绘制）

公交站场（见图4-2-5）通常将数条公交线路集合在同一区域，统一规划出入通道与候车站台，具有较好的识别性与引导性，对客流的集散、疏导具有重要作用；同时，由于公交站场通常深入客站腹地，因而需要良好的交通组织与协调管理，以保障公交车辆在行驶中与其他车辆协同运行、互不干扰；此外，公交站场需要充足的场地空间，以满足高峰客流的聚集与公交车辆的停靠休整。

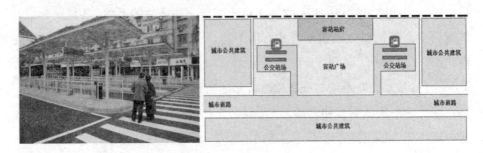

图 4-2-5　公交站场及布局规划

（图片来源：笔者绘制）

　　需要说明的是，由于服务对象与辐射重心的不同，客站公交站点与站场的并存模式是城市中心公共交通建设的平衡结果，不能片面实施"完全分散"或"全面集中"的"一刀切"式规划，应根据城市发展及居民出行的需求，改善公交站点（场）的乘车环境，提高服务水平。

　　（2）常规公交系统与新建铁路客站的衔接模式

　　新建客站（见图 4-2-6）多位于城市新区，由于客站用地相对充足，新建客站的公交车站多为站场模式，可分为外部公交站场与内部公交站场。外部公交站场多设置在站前广场，其布局模式与既有铁路客站的公交站场类似，除担负客流换乘与集散外，还要满足周边民众的交通需求；而站内的公交站场主要为旅客提供集散、中转、换乘等服务。因而，在客站公交的车辆调度、班次调整、车型安排等方面，应结合铁路交通与城市交通的不同特征，对接列车时刻表，采用流水发车的方式，以方便民众乘车，并尽量采用大型或铰接车辆作为主要运营车型，以提高单次载客量，减少候车人数，营造良好的客站环境。

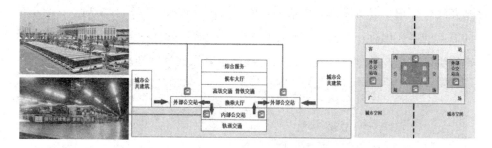

图 4-2-6　新建铁路客站的内外公交站场布局规划

（图片来源：笔者绘制）

2.快速公交系统

快速公交系统（Bus Rapid Transit, BRT）近年来在我国公共交通建设中得到快速发展，作为中运量的城市公交客运系统，通过建设专用的公交车道及站点，实现轨道交通模式的运营服务，针对城市化发展中的道路拥堵、通行不畅、环境恶化等问题，具有速度快、效率高、品质好、服务上乘、节能环保等优势。[①]作为城市交通节点的铁路客站，必然成为快速公交系统的建设重点，结合城市交通发展及快速公交系统的自身需求，其与铁路客站的接驳方式呈现多样化形态。

（1）主线接驳型

主线接驳型是将铁路客站作为快速公交网络中的重要节点，将公交车站以立体方式规划于客站内部或周边道路两侧，通过公交车站与铁路客站的"近距离"衔接，方便客流中转换乘。由于各城市快速公交系统的发展模式不同，在与客站的衔接上应充分结合快速公交系统的运行模式及站点的实际环境。

例如，成都快速公交系统采取"高架＋地面"的道路形式，其 K 字系列公交线路通过二环高架路的环形运行模式贯穿了成都的东、西、南、北城区，其中成都站（又称成都北站，见图 4-2-7）是其重要站点之一。在与成都站的交通接驳上，考虑到客站场地不足且公交系统以高架形式途经等因素，采取独立设

---

① 金凡：《快速公交（BRT）在中国的发展》，《国外城市规划》2006 年第 3 期。

站并配合交通引导等方式，在成都站东西两侧各设置一处独立站点，以满足不同方向的客流出行；同时，通过标识引导，结合自动扶梯等方式，方便乘客快速换乘，避免与其他客流发生冲突，提高了客流的通行速度与集散效率。

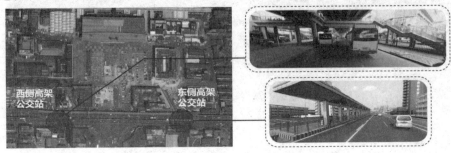

图 4-2-7 成都站的快速公交高架接驳方式
（图片来源：笔者拍摄并整理绘制）

而同样将铁路客站作为重要站点的厦门快速公交系统，则是将客站规划为快速公交线路的首末站，如厦门北为快速一号线的端点站，公交车站临近客站出站口，乘客出站后即可抵达公交站台，站台与普通公交分区隔离，以保障站台内的候车秩序与运行效率。

（2）支线衔接型

支线衔接模式的不同之处在于快速公交系统与铁路客站并未直接衔接。部分客站由于场地不足、路网复杂，不适宜建设快速公交专用车道，需要依托分支线路加强客站与快速公交主线的交通联系。因而，快速公交支线规划需要与客站既有的常规公交相互协同，共同疏散客站人流。当然，受其运营条件的影响，相比主线的高效、快捷、独立等运营优势，支线在速度、效率等方面都有所降低，但更加方便旅客的换乘。因此，如何构建快速公交与客站的衔接模式，还需要综合城市交通、客站环境等多方要素来共同引导快速公交的建设发展。

例如，郑州火车站（见图 4-2-8）并非快速公交系统的主线车站，而是通过支线（如 B12、B60 等）建立客站与主线公交的有效衔接，其中 B12 路的部分运营区段与主线 B1 路共用多处车站，乘客可免费换乘其他线路，既确保了快速公交主线的良好运行，又保障了快速公交系统与铁路客站在客流集散与交通衔接上的良好协同。

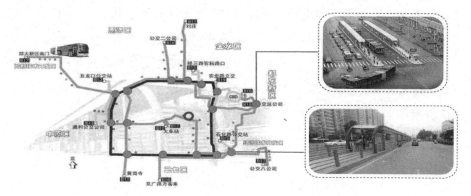

图 4-2-8　郑州快速公交系统的同台换乘模式
（图片来源：笔者绘制）

（二）城市轨道交通系统

近年来在我国快速发展的城市轨道交通具有运量大、速度快、效率高、污染小等优势，是改善城市交通环境、提高民众出行效率最富有生命力的公共交通方式。[①]作为城市交通中心，铁路客站是城市轨道交通网络的核心节点，推动铁路客站与城市轨道交通的有效衔接，不仅可对站点客流进行高效集散，还可以减轻客站交通压力，改善客站地区交通环境。因此，在铁路客站中引入城市轨道交通已成为大城市交通网络建设的必然趋势。[②]下面以地铁系统为例，对客站中城市轨道交通系统的吸纳、整合展开研究。

1.客站地铁系统的引入方式

地铁系统是在地下空间内行驶、运营的城市轨道交通系统，具有路权专有、多班次、大运量、高效率等特点，是推动公共交通优先战略的先行者。考虑到

---

① 孙志毅、荣轶：《基于日本模式的我国大城市圈铁路建设与区域开发路径创新研究》，经济科学出版社，2014，第 58 页。
② 陈君福：《铁路客运站与城市轨道交通换乘衔接研究》，硕士学位论文，北京交通大学交通运输系，2010。

交通组织、运营管理、环境保护等需求，地铁交通的建设方式包括全程地下、地面地下结合及高架桥等类型。而客站作为城市地铁网络的枢纽站点，对地铁系统的引入应与客站整体环境及地铁建设方式保持统一协调。

综合国内外客站对地铁系统的引入方式，主要分为外部对接与内部对接两种，而外部对接又根据衔接路径的不同分为地面地下对接及地面对接。笔者根据其分类绘制了图 4-2-9 予以说明：

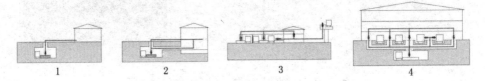

图 4-2-9 客站轨道交通站点的布局模式

（图片来源：笔者绘制）

1 号方案为单路径连接地面与地下的外部对接方式，通过将轨道交通站点设置于客站地下空间，利用广场空间开展建设。此种方式在我国既有客站的地铁建设中比较普遍（如成都站），旅客出站后通过广场进入轨道交通车站搭乘列车，但这种布局方式增加了旅客换乘距离，易受站外交通、天气等因素影响。

2 号方案在前者规划的基础上，通过地下通道将轨道交通站点与客站的出入口对接，实现内外交通在地下空间的相互连接。此种方式减少了站外环境因素对旅客换乘的影响，提高了换乘路径的选择性，但其换乘通道的通行距离较长，需要控制好通道尺度、照明及通风等，保持良好的通行环境（如郑州站）。

3 号方案为站外地面对接方式，其取决于地铁交通是否为地面或高架建设，降低了地下开发的建设成本与施工难度。通过将地铁交通引至客站外部，使站点与客站实现平行对接，旅客或在站外经广场进入客站，或经天桥进入客站，再利用步梯、电梯等进入站台，完成内外换乘。例如，重庆北站北广场与轨道交通 3 号线就是采用外部对接方式。

4 号方案为内部对接方式，通过综合交通枢纽的形式，在客站设计伊始就将地铁交通纳入其中，实施统一开发与协调布局，旅客经换乘大厅或通道完成中转、换乘，此方案多应用于我国新建高铁客站（如北京南站、成都东站、西安北站等）。

2.客站地铁系统的组织原则

随着城市地铁交通与铁路客站一体化发展，如何使引入客站的地铁系统发挥其最大作用，需要合理的组织原则予以指导，而推动客站与地铁交通的良好衔接，国内外虽无绝对的建设标准与发展模式，却具有共性特征：缩短换乘距离、提高换乘效率。客站地铁系统的组织规划亦需要体现上述特征，并根据城市的环境特征与客站的发展状况，结合地铁自身的建设形态进行规划布局。

（1）分散组织原则

分散组织原则主要针对站外对接的客站地铁建设方式，在既有铁路客站的公交衔接中，由于场地、建筑等建成环境的制约，地铁站多通过"空间错位"方式与客站对接，各站点以客站为中心呈"同一平面、分散布局"形态，地铁出入口亦成为其换乘节点。因此，需要根据客站内外客流特征、站城朝向、公交站点分布、被衔接交通特征等，分散组织地铁出入口，以对应内外交通换乘的综合需求，在服务旅客换乘的同时满足市民出行，从区位上分离不同客流，使其互不干扰、便捷换乘。

例如，成都站作为地铁1号线与7号线的交汇站，采用了车站外置、分散组织的建设方式（见图4-2-10）。考虑到综合交通的换乘需求，其南北两侧的地铁口对接客站出入口、售票厅及常规公交、快速公交站，旅客出站后经过广场地铁口下至站内搭乘地铁，而市民可在二环路地铁口入站乘车或换乘其他交通方式。

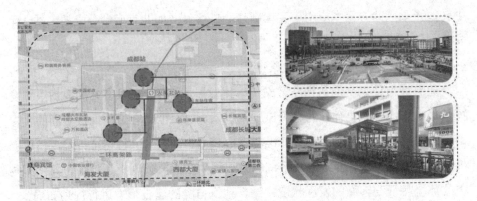

图 4-2-10　成都站与地铁衔接采用平面衔接模式，客流在站外空间进行换乘
（图片来源：笔者拍摄并整理绘制）

（2）集中组织原则

集中组织原则主要针对站内对接的客站地铁建设方式，其是对短距换乘与效率提升的深入探索，即"零换乘"理念的体现。与依托地铁出入口充当换乘节点的分散组织不同，集中组织以换乘大厅为中心对内外客流进行聚拢，取消了地铁出入口而将地铁站完全置于客站内部，通过开放的换乘大厅引导客流通行、换乘，提高了民众在单位空间内对内外交通的选择效率与通行速度。而客站公交系统的分层安置多将地铁站置于换乘大厅底部，既符合地铁系统在地下运行的交通特征，又提高了内外客流在换乘大厅的分流效率，强化了客站与地铁系统的契合强度。

成都东站地铁站采用集中组织方式，客站地下一层为综合换乘大厅（见图4-2-11），平行对接客站公交站场与停车场，垂直衔接铁路站台与地铁站（2号线、7号线），配合标识系统与人工引导，方便内外客流综合换乘。

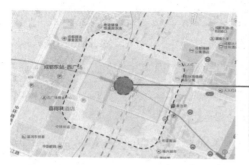

图 4-2-11 成都东站与地铁衔接采用立体衔接模式，客流在站内换乘大厅进行换乘

（图片来源：笔者拍摄并整理绘制）

（三）出租车系统

出租车作为城市公共交通的重要组成部分，相比运营线路、停靠站点、运行时刻都严格规范的轨道交通与道路公交，出租车具有快速、灵活、即时、全天候等优势，从城市中心到城郊地段，出租车运营网络覆盖了整座城市，服务线路也更为深入。铁路客站亦是出租车集结的重点区域，招手即停的出租车可以为旅客提供全天候出行服务，尤其在地铁、公交车停运的夜间时段，可有效填补服务空缺，保障旅客在夜间的出行需求。因此，实现出租车系统与铁路客站的良好衔接，有助于客站枢纽的建设及城市公共交通服务体系的完善。

1.客站出租车系统的建设方式

出租车系统在客站的建设方式需要以客站场地形态、道路规划、出入站口规划、客流方向等为参考要素，以最大化契合站城交通一体化对接及运作需求，体现其快捷、高效的特点。对此，客站出租车系统的建设方式可采用以下两种：

（1）立体对接——满足全方位出行

出租车系统是否采取立体对接方式需要以客站空间形态及客流方向为依据，当前我国新建客站多采取立体空间或局部立体开发，客站出入口分置于各层空间，旅客流线亦集中在各出入口，出租车送客与接客点发生很大变化。由于乘客入站需求不同，出租车落客点需要与客站地下、地面及上层入站口对接并将接客点设置在出站口附近，方便客流就近乘车。例如，郑州火车站西广场出租车港在地面、地下各有两处，分别对接地面、地下出入站口，旅客下车后可直接出入客站或换乘其他交通。

（2）以路代场——提高车辆作业效率

与体型大、起步慢、载客多的公交车不同，出租车以轿车为主，其车型小、载客少、乘客上下车速度快，停泊时间远少于公交车。因此，客站出租车系统可采取"以路代场、流水作业"的建设方式，将出租车港以狭长形态设置在其通道旁侧，出租车在此列队候客并为旁边车辆让出通道，以提高客站的场地空间利用率及车辆通行效率，发挥出租车快捷、高效的交通优势。

2.客站出租车系统的组织原则

出租车与客站的衔接方式受到客站空间形态及交通组织的影响，根据不同的客站形态，出租车系统的组织管理与运营方式也有所不同。总体而言，客站出租车系统的组织原则应包含以下几个：

（1）运行空间独立化

考虑到出租车运行方式及旅客的乘降需求，出租车在客站的通行流线及驻泊区域应与其他交通方式隔离，形成独立的运行空间，以保障出租车的通行效率，缩短旅客的等候时间，提高旅客疏散效率。平面形态的铁路客站可通过道路隔离、独立区划等方式，设置出租车专用通道及等候区，引导出租车按照流线依次载客离站，形成独立循环的运作机制。而立体形态的铁路客站可利用复合的客站结构，单独规划出租车通道及泊港，直接引导旅客进入专用的出租车候客区，避免与其他旅客流线产生交叉、重叠，保障客站良好的交通环境。

（2）组织布局高效化

出租车通道及停车场应与客站出入口对接：出租车落客区应临近客站入口及售票厅，以方便旅客就近下车，缩短旅客进站流线；尔后出租车应快速驶离落客区，到达出站口附近的等候区，按照待发线的等候次序，依次载客离站。通过合理规划客站出租车系统的运营方式，实现出租车系统与客站空间的良好衔接。

（3）调度协调灵活化

客站出租车系统的组织管理，应根据站点客流的峰值变化合理控制出租车等候区的闸口规模，并根据客流变化及时调整出租车待发线数量，引导不同待发线的出租车对接相应的候车闸口，避免多闸口截留同一待发线的车辆，以保障旅客乘车的效率性与公平性。同时，由于出租车等候区的场地有限，不少客站禁止空载出租车进站，而夜间搭乘出租车到站的旅客相对较少，造成候客出租车数量不足，对旅客离站造成不便。因而，可根据实际的客流变化及交通需求，允许空载出租车在规定时段（如夜间 22:00 至次日 6:00）内进站候客，以满足夜间旅客的乘车需求。

例如，日本东京都八王子站（见图 4-2-12）通过在站前广场规划出租车候客区，形成独立的运行场地，与客站出入口有效衔接，通过"U"型车道引导出租车入站候客，并划定四条候客车道，候客车辆按照从里向外的次序依次载客离站，待前排车辆离开后，后排车辆同步跟进并保持相同的运作流程，确保了客站出租车的运行秩序与通行效率，保障了站点旅客的乘车需求。

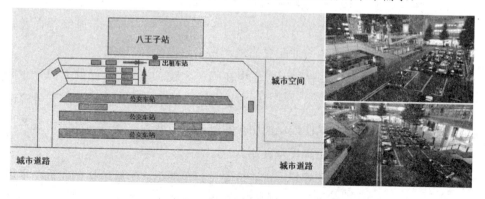

图 4-2-12　八王子站的出租车站点规划

（图片来源：笔者拍摄并整理绘制）

（四）公共自行车系统

公共自行车系统又称公共自行车出行系统,通常以城镇为单位进行规划部署,由数据中心、驻车站点、电子锁、自行车辆及相应的通信监控设备组成,可作为城市公交系统的毛细血管,满足民众"最后一公里"的出行需求。[①]目前,我国城市公共自行车系统以共享单车为主,根据需求规模在城市各区域(如商务区、住宅区、学校、车站、商业街等)设置停车点并投放车辆,以分时租赁模式向民众提供全天候服务。相比机动交通主导的地铁、公交车、出租车等公共交通方式,公共自行车系统则以非机动交通为主,由单人骑行活动,虽然与前者在速度、防护、舒适性等方面差距较大,但车辆由骑行者自主操控,具有高度的独立性与灵活性,可在骑行者体力充沛与路况良好的条件下,通达城市的每个角落;同时,车辆低廉的租赁费用也体现其惠民特色,获得了民众的认可,填补了公共交通系统在近距离出行服务上的空缺,与机动交通共同构建起"机动+非机动""快速+慢速"相结合的城市公共交通服务体系。

1.客站公共自行车系统的规划布局

客站也是公共自行车系统服务的重点区域,在进行站点自行车设施配置时,应尽量结合现有客站环境并合理利用客站资源,使自行车设施既符合人们的出行习惯又满足站点的交通配置需求。[②]

一方面,公共自行车设施不宜集中在同一区域,应结合客站的人口分布灵活布局,在客站出入口、公交站、轨道交通站、地下街出入口、过街天桥等地点设置自行车租赁点,以便民众使用;同时,应根据客流峰值,合理调整各租赁点的车辆数量,及时保障民众使用。

另一方面,应合理设置各租赁点位置及行车通道,尽量选择在非机动车道沿侧设置租赁点,并采取正向停放以防车辆出入影响正常交通;同时,需通过

---

① 周杨、张冰琦、李强:《公共自行车系统的研究进展与展望》,《城市发展研究》2014年第 9 期。

② 何雄:《共享单车影响下的轨道交通站点规划一体化》,《建材与装饰》2018 年第 7 期。

隔离措施划定非机动车专用道，规范自行车活动区域，防止其进入机动车道、广场及地下街区，以人车分流结合车辆分流的方式保障客站良好的交通秩序。

2.客站公共自行车系统的组织原则

客站公共自行车系统应对其他交通方式起到辅助、协调作用，并良好结合客站的运营管理，其组织原则体现在区位布局与协调管理两方面。

（1）外围散点布局

客站公共自行车系统应作为机动交通与步行系统之间的补充，考虑其需要人力骑行、速度较慢、使用人数多等特点，在与客站其他交通方式一体化衔接中，自行车系统应采取"外围布点、分散布置"的方式。所谓"外围布点"是指自行车租赁点应尽量避免在客站上层、底层区域设置，以防止上下坡引发意外，自行车租赁点应在客站地面层及周边区域设置，并结合周边道路及公交站点实施分散布局，其主要考虑到自行车使用者多为行囊轻便的旅客，其到达站外自行车租赁点不会花费过多精力，同时外置的自行车租赁点亦可面向市民服务，为其在城市内部进行交通中转提供便利。

（2）注重协调管理

客站公共自行车系统作为城市公共自行车服务系统的一部分，需要与城市公共自行车总体规划相统一，其在客站外围布设的自行车租赁点应采取既有站点与新建站点相结合的建设方式，避免重复设置造成资源浪费、管理混乱；同时，各租赁点应有清晰的标识、导引系统，并标注在站内平面图等信息系统上，方便旅客查找使用。由于目前城市内的公共自行车系统已为民众所接受，其租赁点亦可作为客流引导标识，将需要骑行的旅客引至客站外部，以减少站内聚集人口，维护客站运营环境。

三、与客站空间形态的良好结合

客站的空间形态是对内外交通资源吸纳、整合的重要保障，合理的客站空间形态能有效容纳诸多交通系统及设施。城市的地理环境、交通资源、人口、经济等要素引导了客站的空间形态，结合城市土地策略与交通建设需求，客站形态通常有平面型、立体型、综合型三种类型。

一般在等级高、规模大、经济强、人口多的城市，为满足城市交通建设与民众出行需求，所建设的客站枢纽多为立体形态，客站具有复合化空间结构、大跨度建筑形体与综合化服务功能，对各类交通方式的容纳力较强，各交通站点、通道分别设置在站内各层空间，通过垂直的换乘系统实现相互衔接、互不干扰，如合肥南站（见图 4-2-13）。

图 4-2-13　合肥南站采用立体空间形态，实现对综合交通的良好组织与协调
（图片来源：笔者绘制）

平面型的客站形态分布较广，以中小城市居多，一方面，是由于中小城市的交通需求与经济水平相对较低，建设大型化、立体化的客站既不符合实际需求同时也会产生高额的建设成本；另一方面，大城市的平面型客站多数位于城市中心，由于建设年代较早，其周边街区已发展成熟，为客站预留的拓展空间较少，大规模的开发建设会对城市环境、交通造成影响，因而采取局部优化的方式进行改造，如成都站（见图 4-2-14）。平面型客站的交通组织多为分散布局，需注重各节点空间的交通衔接与换乘组织，以保障内外交通的有序衔接与

协调运作。

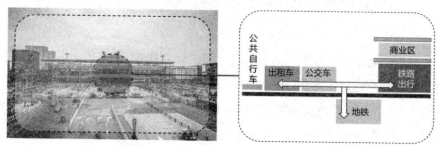

图 4-2-14　成都站采用平面型、集中式布局，实现对客站交通的
有效组织与管理
（图片来源：笔者绘制）

综合型客站空间多为对既有客站进行的改造升级，存在多种建设形态与布局方式，为提高客站空间的利用率，通常采取平面与立体相结合的空间形态，因而客站内外交通的组织方式也呈现多样化特点，既有在站外广场进行平面组织，也有在站内空间进行立体组织，其多样化的交通组织方式与客站空间及周边环境存在着紧密联系，如郑州火车站西广场（见图 4-2-15）。

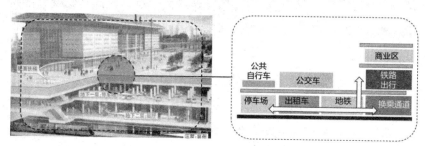

图 4-2-15　郑州火车站西广场以交通功能为主，采取总体平面、
局部立体的规划模式
（图片来源：笔者绘制）

四、协调有序的客站交通组织

良好的客站交通组织是建设客站枢纽的重要基础，不同的客站空间形态决定了不同的交通组织方式。根据交通环境的不同，分为站外交通衔接与站内交通组织，而按照不同的交通方式，则有机动与非机动两种交通组织模式。因此，为营造良好的客站交通环境，需要对客站交通进行统一组织与整体协调，以获得最佳效益，具体来说，包括构建高效的外部交通空间、立体的内部交通空间、完善的步行空间、集约化的停车场等。

（一）客站交通组织方式

1.外部交通空间的高效化

客站的外部交通空间既是客站与城市的过渡空间，也是推动站城交通有效衔接的协调系统。通过对外部交通空间进行统一规划与协调组织，合理引导与规范车辆流线，可以避免与城市交通产生干扰，提高客站交通的运行效率，减轻客站交通压力，改善客站地区的道路环境，推动站城交通的良好衔接与高效协同。

（1）规范交通流线，确保客站交通路网的完整与独立

对周边城区进入客站的交通道路进行明确区划，设置引导标识，规范站城之间的交通边界，以保障客站交通路网的完整性与独立性。

（2）利用专用车道引导车辆分流

在客站缺乏充足土地资源用以拓展交通空间时，需要对临近客站的城市道路进行分流组织，为站前区域预留充足的专用车道；同时，在共享城市道路资源的基础上，对进入客站的机动车辆进行提前分流，规范行车路线以确保客站交通秩序，避免人车混行造成拥堵。比如，郑州东站就在南北两侧的城市主干道——七里河南路（见图4-2-16）、商鼎路分设匝道，使客站交通与城市交通提前分离，保障客站交通的独立性与秩序性。

图 4-2-16　郑州东站北侧高架匝道——七里河南路段

（图片来源：笔者拍摄并整理绘制）

2.内部交通空间的立体化

对于进入客站的机动车辆，若缺乏有效的交通引导与协调组织，将会在站内引发二次拥堵。因此，开发立体化的站内交通空间，既是对客站土地资源的合理利用，能提高对客站空间的开发强度与利用率，又能对客站交通进行有效疏导，保障站内交通的顺畅通行，实现站城道路交通的有效衔接。

发展立体化的站内交通空间，可通过地上、地下空间的一体化开发，构建分层、分区的交通空间，合理规范和引导各类交通方式的活动区域与活动流线，并利用步行系统衔接各交通空间并通过高架桥对接不同站层的出入口，实现车流与客流在交通空间内的全面对接，如日本东京都新宿站（见图 4-2-17）。

图 4-2-17 新宿站通过立体化的交通组织与空间开发，实现对综合交通的高效整合与协调组织（左为立体化的客站道路系统、右为立体化的客站巴士枢纽）

（图片来源：互联网）

3.客站步行系统的完善化

综合站内交通方式，以车辆为主导的机动交通尚无法全面覆盖客站空间，只有个人的步行活动才能实现对客站空间的全方位通达。因此，构建完善的步行系统是人们在客站空间内通畅活动的重要保障，且有助于客站交通体系的优化与完善。

从客站综合交通方式来看，步行活动受到的约束与限制较小，拥有高度的独立性、灵活性与自由性，在体力充沛的情况下，可实现对客站地区及城市空间的全方位通达。因此，完善客站的步行系统被视为推动站城交通衔接的重要举措，为在站城之间通行的民众提供了高效、便捷的活动通道，并通过人车分流的方式，在活动流线上避免了人车混行产生的拥堵与危险，为机动车辆提供了通畅的道路环境，提高了车辆通行效率。同时，作为站城交通的衔接方式之一，完善的步行系统推动了站城空间的有效融合，通过在步行区域内开发商业空间，结合城市特有的历史风貌，既提高了步行空间对民众的吸引力与影响力，增加了客站地区的人文气息，又淡化了站城之间的空间隔阂，推动了客站地区的开发建设，提高了城市空间的发展活力。

例如，日本东京都八王子车站采取了高架桥形式的车站步行系统（见图4-2-18），将步行通道设计为贯穿客站大楼的公共走廊，并以高架桥形式外延至周边公共建筑，与站外的交通、商业、娱乐、办公等城市系统相连，人们可通过步行通道快速到达客站及周边区域，形成了高效的客站步行网络。

图4-2-18　八王子站的步行系统有效衔接了客站内外空间

因此，作为承载客站人口活动的步行系统，其范畴主要包含客站广场、出入口及内外商业空间等区域，其构建方式具有以下几个特点：

（1）与城市步行系统紧密衔接

对于城市中心区的客站，由于缺乏充足的土地资源用于拓展客站空间，因而客站步行系统通常直接对接周边街区，与城市步行系统融为一体，在步行流线上贯通了站城空间；同时，结合发达的城市公共交通（轨道交通与常规公交等），将步行端口对接公交站点，有效疏导客站人流，既可缓解客站交通压力，又可最大限度地保留城市原有风貌，减少对城市环境的影响。

（2）充分开发和利用地下空间

合理开发客站的地下空间，既是对城市土地资源的有效利用，又是对客站交通空间的延伸与补充。将客站交通空间与周边公共建筑、城市广场、地下街区紧密相连，形成高效、便捷、通达的地下步行系统，可以完善立体化的客站交通体系，引导人们通过地下空间来往于站城之间，能有效缓解地面交通压力，改善客站地区的交通环境。

（3）高效利用客站广场空间

在建设立体化机动通道的同时，可将宽阔的客站广场改造成步行空间，形成立体通行、人车分流、互不干扰的广场交通空间，使客站广场成为衔接站城的步行空间。

4.停车场开发的集约化

客站综合枢纽的建设为所在城区带来了大量城市资源与发展机遇，推动了周边地区的综合开发，使其成为集商业、休闲、娱乐、办公、居住等于一体的活力城区。面对日新月异的城市面貌，客站的空间规划与功能布局应积极协同城市的发展需求，针对交通人口与车流量的不断增加，应通过集约开发的方式拓展客站停车场，以提供充足的停车场所，满足客站空间的综合开发与使用需求。

（1）地面地下空间一体化开发

合理开发与使用客站地下空间既是对城市土地资源的高效利用，又是对可持续发展理念的充分体现。例如，郑州东站（见图 4-2-19）通过建设地下停车场，既节约了地面空间，又与立体化的客站交通空间相契合，以对接立体活动的交通客流，实现综合交通的高效换乘；同时，在客站地面也规划一定的停车区域，以方便机动车临时停靠，有助于疏导和分流各类机动交通，实现地面地下停车场的立体协同。

图 4-2-19 郑州东站停车场采取地面、地下相结合的开发模式，
有效利用了客站土地资源
（图片来源：笔者拍摄）

（2）高架桥下方空间的开发利用

为缓解地面停车场对城市土地资源的过度占用，在客站和线路采取高架桥建设的情况下，应充分利用站房及铁路高架桥下方空间建设停车场并在沿线两侧设置机动车道，以解决客站车位紧张的问题（见图 4-2-20）。

图 4-2-20 设置在高架桥下方的停车场，有效利用了桥下空间
（图片来源：笔者拍摄）

（3）地面立体停车场的建设

立体化的客站空间对应着多层次、复合化的交通流线，需在机动车活动的不同站层规划对应的停车区域，以满足不同站层的停车需求；同时，在客站自

身空间不足的情况下,可与周边城区协同开发,建设立体停车场(见图4-2-21),利用高架桥或地下通道连接客站,这样既能提高客流在客站与停车场之间的换乘效率,也能减少站内机动车数量。

图 4-2-21　立体停车场增加了单元空间内的车辆泊位,有助于解决客站停车问题
(图片来源:笔者拍摄)

(二)客站交通组织的指导思想

站城融合引导下的客站内外交通组织需要立足实际条件及需求,从站城道路衔接、公共交通系统引入、综合交通换乘等方面着手,结合客站的空间形态,以优化客站交通体系、提高综合换乘效率。对此,客站内外交通组织应坚持"以人为本、公交优先、多方协调、整体最优"的指导思想。

1.以人为本

无论是铁路交通还是城市交通,其本质都是为人民服务,因而客站的交通组织要贯彻以人为本的指导思想,以快捷出行、便利使用、高效换乘为目标,降低旅客换乘活动的复杂性,缩短其换乘距离与时间,并充分保障旅客的人身安全。如通过公交站点对接客站出入口、推动站内公交系统的平行衔接与换乘、规范客站交通流线与活动区域等措施,可以方便民众快速、安全、高效出行。

2.公交优先

实施良好的客站交通组织,其目的在于优化客站交通体系,改善客站交通环境,治理城市交通问题。通过以公交优先的思想为指导,全面引入城市公交系统、构建客站公交换乘体系,有助于疏导和分流客站人口,提高客流的通行量与换乘效率，缓解客站交通压力，改善客站交通环境。

3.多方协调

不同城市的公共交通存在差异化的发展要求，实现各类公共交通方式在客站的全面衔接与高效协同，亦需要铁路部门、轨道交通公司、公交集团、地方政府等通力合作，以服务人民出行为目标，兼顾各方发展需求，共同解决合作中的问题与矛盾，实现城市公交在客站内的全面衔接与良好运作。

4.整体最优

良好的客站交通组织涵盖了多方合作、内外协调、统一部署等复杂因素，因此作为系统工程，必须综合考虑系统之间的关联性以及对整体产生的影响，在充分平衡各方需求及关系的基础上，强调以整体为中心，各子系统必须在整体的发展框架与要求下协同运作，使客站交通组织达到整体层面的最优效果。

五、换乘大厅与换乘单元的引入

对内外交通资源的吸纳与整合是建设客站枢纽的重要资本，其目的是推动各类交通方式"零换乘＋零等候"，以缩短换乘距离，减少换乘步骤，提高客流流通效率，回应站城融合中的交通协同需求。因此，客站规划设计中对交通资源的利用方式应从"被动接受"转向"主动协调"，其中对换乘大厅与换乘单元的引入尤为重要。

（一）换乘大厅是客站内外交通的衔接中枢

随着我国城市交通的综合发展，客站作为内外交通换乘中心，自然是各类交通方式的汇集之处，而将城市交通引入客站并不代表其能够发挥最佳客运效果，由于各类交通方式有其运营特点，若将其"堆积"在客站内而不加以协调组织，仍旧无法发挥最有效的交通作用，反而会随着交通方式的增加提高客站的运作负荷与管理成本，使客站运营陷入混乱。本质上，交通协同作为站城融合的基础环节，体现在客站枢纽的构建方面，而构建客站枢纽需要全面引入各类交通方式并实现相互换乘。因此，对内外交通资源的吸纳与整合就是实现各类交通方式的高效换乘，而对换乘大厅的引入则成为实现内外交通全面对接、高效换乘的关键环节。

换乘大厅作为各类交通客流的中转平台，既是客站综合交通的布局中心又是站内交通流线的组织中枢，成为客站主动接纳与协调组织内外交通的有效措施。随着高铁时代的到来，围绕国内外客站枢纽的规划设计，换乘大厅均是其中的重要环节，其不仅是城市内外交通的换乘平台，还是对外交通的衔接通道，为空港、码头与铁路交通的一体化客运提供了可能。而依托客站空间的立体开发，以换乘大厅为中心将地下、地面及上层交通空间紧密联系在一起，人们可以在宽敞的大厅内自由选择交通方式，迎合了现代社会对交通生活的快节奏需求。

此外，换乘大厅是客站立体开发中的中枢空间，其将内外交通换乘从站外广场移至站内，在强化客站枢纽"零换乘"建设的同时，降低了站外广场的交通负荷，为其多功能开发奠定了基础（见图4-2-22）。

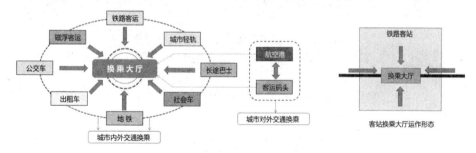

图 4-2-22　客站换乘大厅构成及运作形态
（图片来源：笔者绘制）

（二）换乘单元是客站内外交通的衔接节点

换乘大厅虽是客站内外交通的转换中枢，但其建设基础在于客站空间及站城交通的立体开发与立体衔接。而对于半立体或平面形态的客站，受城市环境、土地资源、交通条件及客站空间的影响，单独开发换乘大厅显然是不合理的，相比之下，利用各交通衔接点所构建的换乘单元更符合此类客站的需求。

所谓单元是指具有某种特征而成为一组且可以独立工作的组合体，在客站内外交通的换乘组织中，通过将站内各交通站点以成组对接的方式进行布局，形成一定空间范畴内的站点组合体，以构建相互间短距衔接的换乘单元。通过引导其与客站出入口衔接，提高旅客在小范围空间内搭乘各交通方式的便利性。在这一点上，换乘单元亦可看作整合换乘大厅与各交通站点的综合体，其将客流聚集在一定的场地空间内，避免因站点分散布局而造成客流交叉、管理混乱的局面（见图4-2-23）。此外，与单一的换乘大厅不同，换乘单元可以是一处也可以是多处，其规模、数量与客站形态及交通资源有关。

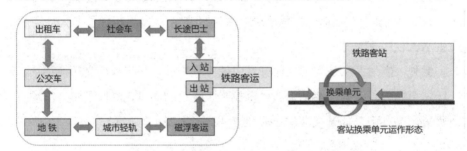

图 4-2-23　客站换乘单元构成及运作形态
（图片来源：笔者绘制）

（三）客站内外交通的换乘组织特点

换乘大厅与换乘单元的引入淡化了站城交通的对立与隔阂，通过"地上＋地面＋地下"的立体衔接方式推动了各交通站点从平面分散布局转向立体集中布局，以缩短站点之间的换乘距离，提高综合交通的换乘效率，提高客站土地资源的利用率，迎合城市紧凑化发展需求；同时，其交通服务对象也从以旅客为主的传统客源转向站城兼顾的综合客源。

综上所述，站城融合发展下客站内外交通换乘组织的特点如下：①以机动交通方式为主、以非机动交通方式为辅；②交通方式呈多元化发展，推动客站从交通节点转向交通枢纽发展；③客站内外交通空间逐步融合，呈一体化发展趋势；④注重在客站地下空间及上层空间的开发中引入城市交通系统，结合完善的步行系统，构建立体化的站内交通空间。

郑州东站作为我国高铁网络的核心节点，是服务河南省、华中地区以及全国的综合交通客运中心，客站集合了高铁、城铁、地铁、公交（含 BRT）、出租车等交通方式，其依托 78 米大跨度结构形成"城市之门"设计形象，并利用开阔的内部空间构建起完善的交通换乘系统。[①]从客站底层至顶层分别为到达层（包含售票厅、东西出入口、地铁出入口、公交站台、出租车港、长途汽车上客区、停车场等）、站台层（为 1 至 32 站台）与候车大厅（包含南北进站口、安检闸口、候车区、站台通道口、辅助功能区、夹层休闲区等）（见图 4-2-24）。

---

① 王力、李春舫：《结构即空间，结构即建筑——以结构逻辑为主线的铁路旅客车站空间塑造》，《建筑技艺》2018 年第 9 期。

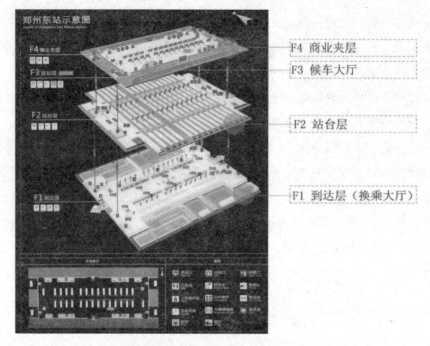

图 4-2-24　郑州东站立体布局示意图
（图片来源：笔者整理绘制）

郑州东站立体、分层的客站空间结构（见图 4-2-25）是实现综合交通高效换乘的重要保障，按照到站交通方式的不同，搭乘公交车的旅客从底层换乘大厅进入客站内部，在售票厅办理票务后通过自动扶梯到达顶层候车厅（见图 4-2-26）；而搭乘社会车辆的旅客可通过进站高架桥直达顶层候车厅，经自动取票机取票进站候车（见图 4-2-27），避免与公交客流产生冲突，保障站内客流的有序通行。

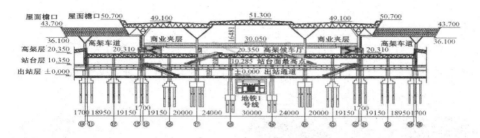

图 4-2-25　郑州东站客站空间结构

（图片来源：周德良、李霆、熊森等：《郑州东站站房主体结构设计》，

《建筑结构》2011 年第 7 期）

图 4-2-26　郑州东站售票厅及自动扶梯系统

（图片来源：笔者拍摄）

图 4-2-27　郑州东站高架桥进站层及入口处的自动售（取）票处

（图片来源：笔者拍摄）

　　考虑到客站作为城市综合交通枢纽的中转与换乘作用，郑州东站将城市公共交通引入客站换乘大厅并集中对接，结合客流量、活动流线与交通系统的接驳需求，由西向东依次为地铁出入口、出租车港、公交站（BRT）、公交站（常规公交）及地铁出入口。除地铁站设置在地下层外，其他交通站点（场）均通过换乘大厅与周边街区平行衔接，方便乘客到站后的换乘选择，使其换乘活动

集中在换乘大厅，与铁路客流实现分离。

换乘大厅中部区域为客站出站通道，旅客通过出站通道到达大厅，可快速换乘其他交通方式，提高了客站内外交通的衔接能力与换乘效率，保障了客站良好的交通秩序与运营环境（见图4-2-28）。

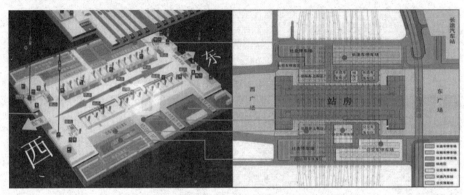

图 4-2-28 郑州东站底层换乘大厅规划

（图片来源：笔者整理绘制）

第三节 客站交通流线的一体化组织

发展客站综合交通枢纽，既要对城市内外交通资源进行高效整合，又要对客站交通流线进行合理组织，通过将各类交通引入客站内部，推动"通过式"客站空间、"零换乘"交通体系的构建。但"通过式"客站空间与"零换乘"交通体系不等于弱化或忽略旅客流线组织，相反的是，良好的流线组织是站内空间设计的重要环节。传统客站的功能空间多为分散布局，各类流线缺乏统一组织与协调管理，易产生流线交叉、冲突等问题，影响站内秩序。因此，实施一体化的客站交通流线组织，即依托整合化的客站空间，将各种流线与功能区协同布局，以功能区为节点对各类流线进行清晰划分，有助于提高旅客的换乘效率，创造良好的客站环境。

一、客站交通流线的构成

流线作为物理概念，以非触碰的实体形态存在于客站空间，具有虚拟性、可变性、不确定性等特征[①]，客站流线的规划组织，需要对构成流线的交通主体及活动方式进行界定，并结合其分布区域进行统一部署。

（一）构成流线的交通主体

客站的交通流线与其活动主体有关，按照其交通性质，可分为人行流线与车行流线。其中，人行流线分为通行流线与换乘流线，而车行流线分为机动交通流线与非机动交通流线。与客站交通有关的机动交通主要有以下几种：公共交通（包括常规公交、BRT、出租车等公路交通及地铁等轨道交通）、铁路交通（包括高铁、普铁与城铁）、社会车辆以及特殊车辆等。客站枢纽对综合交通的引入使客站的流线构成日趋复杂，因此客站的流线组织需要考虑与客站出入口、交通站点、停车场、地下街区、站前广场的衔接关系，以及客站形态、场地规模、建筑尺度、周边环境等因素，以对各类流线进行合理组织与协调安排，实现综合交通之间的顺利衔接与高效换乘。

（二）交通主体的出行方式

在界定了交通主体的基础上，按照其出行方式，可划分为机动车出行、非机动车出行、步行活动三种类型。客站枢纽的构建将外部机动交通引入客站内

---

① 夏胜利、杨浩：《铁路客运综合交通枢纽流线设计理论研究》，《综合运输》2015 年第 9 期。

部，结合立体化的客站空间，以合理设置各类交通方式的运行通道、驻泊层、驻泊点、换乘通道等，实现各类交通的全面引入与高效衔接。但与非机动交通方式类似，二者的活动区域依然以站外空间为主，仅在站内进行快速通行与短暂停留。针对站城融合发展下的站内交通组织，其重点依然是旅客流线组织及步行空间规划。旅客流线组织以换乘客流、出入客流的疏导为主，同时要与步行空间内的其他交通方式相协同，避免发生意外。

（三）交通流线的分布区域

客站交通流线的分布区域多集中在内外交通衔接与换乘处，前者是指旅客入站后通过站内大厅进入站台乘车，或从站台经出站通道换乘其他交通方式，主要集中在客站出入口；后者是指旅客通过客站交通站点进行交通转换，主要集中在客站换乘大厅或换乘单元。站城融合发展下的客站流线组织，需要将出入流线与换乘流线进行统一规划、协同组织。

二、客站交通流线的组织方式

与传统客站分散的交通组织不同，站城融合发展下的客站交通更注重流线组织的整体性，将出入客流与换乘客流并行组织，并与客站功能布局紧密协同，以实现客站交通流线的整体组织。

（一）出入客流组织的协调化

良好的交通组织是维持客站秩序的关键，而功能空间的规划布局是形成客站交通流线的重要基础，交通流线的组织要结合空间序列和结构布局的安排，分析各功能部分的使用特征及行为模式，保证流线的组织符合旅客的使用需求。①

　　目前，我国铁路客站的流线组织呈多样化发展，总体而言，可分为传统客站的平面交通组织与新建客站的立体交通组织，而实现客站内外交通的高效衔接，立体化的流线组织是其重要保障。针对各类客站的空间布局模式，其出入流线的组织方式可划分为以下几种：上入下出、下入上出、上入上出、下入下出等，而实现站内旅客流线的协调组织，则需要综合多种流线模式来满足客流疏导、集散等需求。②

　　例如，成都东站的出入流线采取上入上出、下入下出相结合的组织方式（见图 4-3-1）。考虑到旅客到客站的交通多样性，入站口采取分散布局，乘坐私家车的旅客，可从高架层进入客站二层候车厅，或从地下停车场上至地面广场再进入客站；而搭乘公交车的旅客，则进入客站地下公交站场，然后根据出行需求，或入站乘车，或换乘其他交通工具；乘坐地铁的旅客经换乘大厅到达地面广场再进入客站；出租车港紧邻广场出站口，以满足出站旅客的乘车需求；出站口对接换乘大厅，到站旅客经站台通道下至换乘大厅，然后根据需求选择交通方式。

---

　　① 郑健、沈中伟、蔡申夫：《中国当代铁路客站设计理论探索》，人民交通出版社，2009，第92-93页。

　　② 罗湘蓉：《基于绿色交通构建低碳枢纽——高铁枢纽规划设计策略研究》，博士学位论文，天津大学建筑学系，2011。

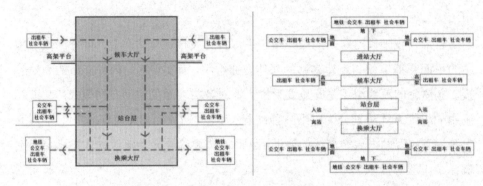

图 4-3-1　成都东站采取"上入上出＋下入下出"的客流组织方式
（图片来源：笔者绘制）

成都东站以上入上出、下入下出相结合的流线组织，通过高架、广场、地下等层面对入站客流进行协调组织，出站客流则集中在换乘大厅进行统一组织，紧密结合了出入客流的活动特征，确保了流线组织的平稳有序、互不干扰。

郑州站的旅客流线则采用上入上出、上入下出、下入下出相结合的组织模式（见图 4-3-2）。客站东广场为既有广场，主要集中公交车、出租车、社会车辆等地面交通，旅客到达后经东广场进入客站。而客站西广场为新建广场，在规划之初考虑到对地铁的引入，因此采取立体开发方式。西广场北侧及西侧为公交港，地铁站位于广场地下，旅客可通过地铁出站口上至广场，选择入站或换乘其他交通工具，或进入负一层的出租车港、停车场进行换乘。由于客站未设置连接东西广场的地下通道，因而各站台地道口都设有引导标识，以便旅客选择出口，从东广场出站的旅客可在东广场搭乘公交车、出租车或社会车辆，而从西广场出站的旅客可选择在负一层搭乘地铁、出租车、社会车辆，或在地面广场搭乘公交车离站。

郑州站作为典型的城市中心既有客站，其东西双向的"广场＋站房"模式扩展了客站的整体空间，并在交通衔接上积极对接城市交通，提高了客流集散与换乘能力，使客流组织更加高效、协调。[①]但其东西广场之间缺乏交通连接，

---

① 靳聪毅、沈中伟：《枢纽型火车站的功能性和适应性改造与建设——以郑州火车站西广场项目为例》，《华中建筑》2018 年第 4 期。

仅能利用出站通道满足旅客的通行需求，两侧广场实为两个独立的站外空间，使东西两侧的城市空间受到分隔，制约了客站地区的更新发展。郑州站在改造建设与交通组织上的经验得失，为国内其他客站的规划设计提供了借鉴。

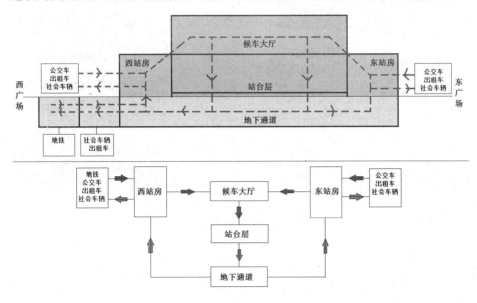

图 4-3-2　郑州站采取"上入上出＋上入下出＋下入下出"的客流组织方式
（图片来源：笔者绘制）

（二）换乘客流组织的高效化

通过将城市交通引入客站内部，其交通换乘活动亦从站外移至站内，并从"分散衔接"向"集中换乘"发展。站城融合发展下的客站交通换乘，主要分为铁路交通与城市交通的换乘、城市交通之间的换乘、铁路交通之间的换乘（见图 4-3-3）。

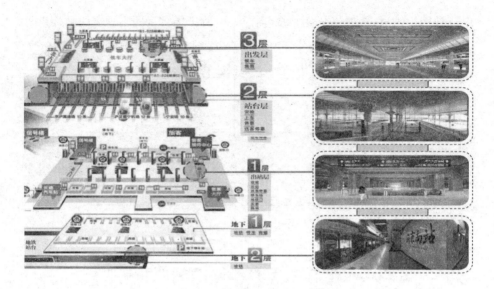

图 4-3-3   综合交通的客流换乘组织

（图片来源：笔者整理绘制）

1.铁路交通与城市交通的换乘

（1）铁路交通与城市地下轨道交通的换乘。旅客搭乘地铁到达客站，经换乘大厅上至候车厅乘车，考虑到轨道交通的载客量及换乘规模，客站换乘大厅的空间尺度、场地规模、流线组织等需要结合轨道交通的客运特征进行规划。

（2）铁路交通与城市公交的换乘。搭乘公交车的旅客可进入站内公交港，在换乘大厅取票后通过安检入站乘车。

（3）铁路交通与小型车辆的换乘。小型车辆分为出租车与社会车辆，站城道路系统的立体衔接使出租车、社会车辆可通过高架桥直达候车厅入口，或在地下出租车港、停车场下车，经换乘大厅至候车厅乘车。

2.城市交通之间的换乘

城市综合交通可通过客站换乘大厅进行中转、换乘，如地铁与公交车、地铁与出租车、公交车与出租车等，或在交通站点内部进行换乘，如地铁换乘、公交车换乘等。

3.铁路交通之间的换乘

铁路交通多元化发展使部分客站集合了高铁、城铁、普铁多种客运方式，旅客可在标识系统的引导下通过换乘大厅或通道进行换乘，而在客流高峰时期可增加人工疏导，避免拥挤混乱，保障良好的通行秩序。

（三）服务流线组织的便利化

客站枢纽不仅强化了内外交通的紧密衔接，而且丰富了客站的服务功能。站城融合发展下的客站功能体系，主要包括交通出行、餐饮购物、休闲娱乐等，其功能区划与旅客流线联系紧密，如售票厅临近客站入口大厅、商业服务区紧邻候车大厅等，同时，服务区的工作人员应有独立的活动空间，确保与旅客流线互不干扰。

三、客站交通流线的组织理念

实现良好的客站交通流线组织，需要全面、系统的组织理念予以指导，而顺畅便捷、统一协调、以人为本则是其理念核心。

（一）通畅便捷为基础

实现客站交通的通畅便捷是流线组织的首要目的。通畅体现在客站空间一体化发展下形成的"通过式"空间形态；便捷则体现为引导交通流线与客站功能有效对接，方便旅客享受舒适、便利的客站服务。因而，要根据客站功能布局与旅客需求，引导旅客流线与功能区良好协同。作为站内客流的主要活动区域，候车大厅既是各种流线的交汇点，又是客站服务中心，因此候车大厅的规划要体现出空间的统一性与完整性，使旅客快速熟悉大厅环境，方便其开展活动，或落座休息，或商业消费，或检票乘车，以自发形成活动流线，助力通畅便捷的站内交通组织。

（二）统一协调为保障

顺畅的站内交通组织不仅需要客站功能布局与旅客流线良好协同，还需要对不同流线进行统一组织与协调管理，以形成完整的交通流线组织体系。同时，还要注重对客站节点空间的合理设计，节点空间的尺度要满足高峰客流的通行需求，并采取短距、直线性的通道设计，以实现对客流的有效承接与快速疏导，避免拥堵、混乱，维持良好的站内交通秩序。

（三）以人为本为导向

在客站设计中，以人为本就是一切以旅客为中心，营造安全、舒适、便捷、有序的优良环境[1]，其理念应贯穿客站的流线组织，表现为流线组织的高效化与综合服务的便利化。一方面，高效化的流线组织缩短了旅客在站内通行、换乘的时间，并通过绿色通道与无障碍设施，保障了特殊人士的通行需求，体现出"人性化""关怀性"的设计特色；另一方面，综合化的客站服务可以满足旅客的多样化需求，结合顺畅、协调的流线组织，为旅客提供全方位服务，是客站从"管理型"向"服务型"转变的重要体现。

---

[1] 郑健、沈中伟、蔡申夫：《中国当代铁路客站设计理论探索》，人民交通出版社，2009，第66-67页。

第四节　对站内空间的集中开发
与综合利用

站内空间以建筑空间为主，站房建筑作为客站核心空间，是客站规划设计的重心所在。要实现站城融合与协同发展，站内空间整合与功能开发是其重要基础。这就需要通过对站内空间的集中开发与综合利用来提高其整体容量，并在此基础上丰富客站服务系统，发展城市枢纽综合体、引导站城空间融合、推动城市"副中心"建设、助力现代城市可持续发展。

而立体、高效作为站内空间的主要特征，需要以便捷、高效的交通空间为基础，以便利、舒适的服务空间为支撑，结合对纵向空间（如顶层或地下空间）的有效开发，在"零等候""零换乘"理念的引导下，合理利用客站建筑空间，推动客站空间从"封闭式＋等候式"向"开放式＋通过式"转变。

一、高效、快捷的交通空间

交通功能作为客站空间的核心功能，与站内空间规划联系紧密，基于交通功能所构建的交通空间，是站内空间的重心所在。站城融合引导下的站内交通空间，主要由活动通道、换乘大厅、出入大厅、候车大厅、站场空间、辅助空间等构成。

（一）活动通道的通畅化设计

站城融合既促进了站外空间城市化发展，也推动了站内空间的整合布局。发展客站综合交通枢纽，需要引入各类城市交通并与铁路交通有效衔接，而丰富的客站交通资源势必带来大量客流；同时，客站空间的开放式设计使活动人口逐步增加。因此，实现客站人口的快速集散、有序分流，需要通畅的活动通道予以支撑。

从站内人口的活动流线来看，主要的活动区域包括出入大厅、交通站点（场）、商业空间等，人们在上述区域内的活动较为频繁，活动流线也比较复杂，其中以出入大厅和交通站（点）的客流活动最为集中，其涉及客流出入、交通换乘等活动。因此，以通畅的活动通道提高客流出入与换乘效率，成为站内空间设计的重要内容。

首先，站城交通的无缝衔接将城市交通直接引入站内空间，在推动内外交通"零换乘"的同时，亦要降低交通运行对站内环境产生的影响，要结合立体化的站内空间进行分层布局；其次，内外交通"零换乘"需要缩短换乘距离、提高换乘效率，可通过直线型通道配合标识系统，降低换乘复杂性，提高人们的识别力与方向感；最后，站内交通空间的分层布局使交通资源不可能集中在同一层面，继而换乘通道成为各层交通站点与换乘大厅的衔接纽带，而通道的尺度、路径的方向、流线的组织（平面与垂直）等决定了综合换乘系统的运作效率。因此，完整、高效、通畅的通道系统（见图 4-4-1）成为站城融合发展下站内交通无缝衔接、高效换乘的重要保障。

图 4-4-1　重庆西站综合交通换乘中心的内部通道
（图片来源：笔者拍摄）

（二）换乘大厅的简洁化设计

换乘大厅是构建站内交通空间的重要节点。换乘大厅设计要紧密结合客站规模、交通规模、客流规模、流线分布等要素，复杂的客流活动要求换乘大厅以通透、明亮、简洁的空间环境为主，以提高人们在大厅内的识别、判断力，还应结合全方位的引导标识、明暗有序的灯光照明、深浅对比的地面铺装，收缩变化的界面形态等设计要素来共同引导客流通行，如西安北站（见图4-4-2）。此外，换乘大厅还要根据客流峰值变化，通过人工分流、截流等方式，合理控制换乘大厅的客流规模，以营造良好的通行环境。

图4-4-2　西安北站的换乘大厅及地面标示

（图片来源：笔者拍摄）

（三）出入大厅的协同化设计

出入大厅既是旅客出入客站的分流空间，又是客站内外空间的过渡场所，是人员聚集的重点区域，需要良好的交通引导与分流组织。因此，出入大厅与换乘大厅一并成为站内交通空间的重要节点。

从出入大厅各自的功能性来看，入站大厅作为客站的门户空间，承担着衔接客站内外空间的纽带作用，旅客由此进入客站内部并展开活动。而相比客流在入站大厅内连续、稳定、平缓等活动特征，出站大厅受铁路客运的影响，通常会快速、短时、突发性地集结大量客流，因此出站大厅也成为出站旅客的分流空间，旅客由此离开客站建筑并进入站外空间，然后根据自身需求选择离站方式。

　　作为客站内外空间的衔接节点，出入大厅要与场地规划及流线组织紧密协同（见图4-4-3）。从站城空间的衔接关系来看，旅客入站是由大到小的空间压缩过程，大量客流聚集在入站大厅及周边区域，对入站大厅的空间尺度、界面形态提出了严格的要求，需要满足入站客流的集合、中转、分流等活动需求；出站大厅是引导客流由小空间向大空间释放的过渡通道，为防止客流过多产生拥挤，需要合理规划出站大厅的形态、位置及数量，采用直线式通道设计，配合标识引导、照明引导、外景引导与人工引导，以保障旅客安全出站，维护平稳有序的客站环境。

图4-4-3　重庆西站的入站大厅（左）与出站大厅（右）
（图片来源：笔者拍摄）

（四）候车大厅的综合化设计

　　候车大厅作为客站建筑的主体空间，既是旅客停留、休憩的重要场所，又是站内交通流线的交汇之处。传统客站以候车大厅为中心，各类功能空间围绕其组合布局。受当时铁路运力不足的影响，旅客需要长时间停留在候车大厅，以等候列车开行通知。因此，为加强客站管理，传统候车大厅多为独立、封闭、围合的空间形态，分隔的大厅通过活动通道相连，各候车厅内均设有服务设施（如售货亭、报刊亭、开水房、洗手间等），此外还独立设置了贵宾候车室、特殊旅客候车室等，并通过规整的功能区划，以保障各候车厅的独立性与联系性，形成严格的站内管理模式。但随着时代的发展，此模式的局限性也愈发明显：

过于僵化的功能区划造成站内空间利用率不足；封闭的站内空间容易干扰旅客的方向感，引发拥挤与混乱；站内大厅与站台空间的衔接性不强，旅客在检票后依然要通过漫长的天桥到达站台，这在耗费旅客精力、体力的同时还容易因客流交叉引发混乱，既不符合以人为本的客站设计理念，又与站城融合发展下构建一体化、综合性客站空间的设计目标相违背。

1.客站候车大厅的一体化发展

高铁时代的到来推动了铁路客运模式的改变，客站空间逐步从传统的封闭式、分散化、管理型向现代的开放式、一体化、服务型转变，改变了传统候车大厅独立、封闭、围合的空间形态，弱化了功能空间的分隔与对立，使车站大厅形成一个开放、交融、综合的整体空间，将分散的服务设施进行统一整合，均衡设置在候车大厅内，方便旅客就近使用，为旅客营造便捷、舒适的候车环境。

例如，西安北站的候车大厅（见图4-4-4）采用一体化的空间布局模式，将候车大厅的主体区域设置在站内二层空间，而各服务区则环绕在大厅四周，方便旅客就近使用；旅客通过南北两侧的入站口进入候车大厅，明亮、通透的候车大厅可使旅客直观感受到站内整体环境，配合完善的标识系统，极大地方便了旅客活动，营造了良好的站内环境。

图 4-4-4　西安北站的候车大厅

（图片来源：笔者拍摄）

2.客站候车大厅的融合化发展

客站空间从"等候式"向"通过式"转变,不仅推动了站内功能空间的一体化发展,还对客站的规划模式产生了影响,使原有的"广场＋站房＋站场"形态发生变化,三者之间趋于融合发展。

例如,武汉火车站(见图4-4-5)采取"站桥一体"的空间结构,将候车空间架设于站场空间之上,使站台区、候车区及部分广场融为一体,提高了客站空间的完整性与协同性。

图 4-4-5　武汉火车站的内部大厅

(图片来源:笔者拍摄)

(五)站场空间的流畅化设计

站场空间主要由站台、雨棚、天桥、地下通道、线路股道、辅助设施等组成。其中,站台作为旅客的主要活动空间,不仅是乘车旅客的登乘平台,又是离站旅客的出站起点,还是中转旅客的停留空间。

在站台空间的设计上,首先要合理控制站台尺度,考虑到旅客在站台活动的复杂性,站台尺度应容纳大规模的旅客活动,以保障其人身安全。其次,要合理调整站台高度,迎合高铁时代的发展需求,我国铁路客站正逐步统一站台高度,通过加至1.25米的高度与列车车厢持平(见图4-4-6),方便旅客出入车厢,提高其乘降的安全性。最后,要合理组织旅客流线,在列车进站前,站台上会集结大量旅客,而列车停靠后又会有大量旅客出站或换乘其他列车,此时需要对旅客进行合理疏导:优先保障出站旅客快速离开车厢,通过出站地道离开站台；对于中转换乘的旅客，则引导其通过换乘大厅或地下通道进行换乘，并通过必要的分流措施，保障出站旅客与换乘旅客互不干扰；而在出站、换乘客流行进的同时，要保证乘车旅客的登乘秩序，通过分列排队的方式，引导旅客有序登乘，提高旅客的登乘效率，同时还要为出站、换乘旅客留出必要的通行区域，确保其顺利通行（见图4-4-7）。

图 4-4-6　与列车同高平行的客站站台
（图片来源：笔者拍摄）

图 4-4-7　有序的客流组织保障了旅客在站台活动的安全性与效率性
（图片来源：笔者拍摄）

而打造流畅的站场空间，不仅要合理规范站台尺度与旅客流线，还要对站台雨棚进行优化设计。传统雨棚多通过单柱或双柱结构沿站台依次排列（见图4-4-8），此类雨棚容易挤占站台空间，并遮挡旅客视线、妨碍其通行。由于雨棚的高度较低，在站台上方形成了矮小、封闭的下压界面，容易使旅客产生压抑、紧张等负面情绪。随着建筑技术的发展以及新型材料（如玻璃、钢材、拉索等）的应用，站台雨棚也产生了新的变化，推动了站棚一体化的发展（见图4-4-9）。

图 4-4-8　传统客站的站台雨棚

（图片来源：笔者拍摄）

图 4-4-9　站棚一体化的新型雨棚

（图片来源：笔者拍摄）

　　站棚一体化的最大特点是采用了无柱式雨棚结构，将雨棚立柱从站台移至股道之间，消除了棚柱对站台空间的占用与遮挡，并抬高了雨棚高度，使站台空间更加通透、旅客视野更加宽广、客流通行更加顺畅。同时，高架式、大跨度的雨棚设计，一方面使站场空间变得高大、通透、宏伟、壮观，展示出当代铁路客站的新形象、新面貌；另一方面，新技术与新材料的应用也使雨棚的造型更具时尚感、艺术性，与站房建筑相辅相成，提高了客站的建筑美感，能为旅客出行留下美好印象。

例如，汉口火车站采用了简洁空灵的连拱式钢桁架雨棚（见图 4-4-10），并排的连拱以其独有的韵律感为旅客营造出宽广的站台空间与变幻的光影之美，其半弧形的雨棚形态与欧式风格的客站建筑交相辉映，呈现出别具一格的客站风采。

图 4-4-10　汉口站的站场雨棚
（图片来源：笔者拍摄）

（六）辅助空间的协调化设计

为满足旅客使用需求而设计的辅助空间是站内空间的重要组成部分，其包括售票厅、服务台、充电处、行李寄存处、洗手间、吸烟室等设施，为旅客提供必要的基础服务。互联网的普及与人工智能技术的应用，推动了客站辅助空间的智能化、自动化发展。

传统的车票业务主要由客站售票厅和各代售点来承担，通过人工方式办理，在客流高峰期易发生拥挤、混乱，带来很大的管理问题。随着网络、电话等智能购票方式的出现，人们的购票渠道更加多元，这极大缓解了客站售票大厅的业务压力，降低了客站的运营成本。例如，成都东站在其东西两侧广场、高架平台、换乘大厅均设有自助取票点（见图 4-4-11），方便旅客快速取票，降低了售票大厅的客流压力。

图 4-4-11　成都东站的自助取票点

（图片来源：笔者拍摄）

二、便利、舒适的服务空间

客站服务空间主要为人们提供购物、餐饮、休闲等服务。传统客站的服务对象以旅客为主，其服务设施多设置在候车大厅内，毗邻旅客休息区，与站外空间联系较少，城市居民也无法体验站内服务；同时，其以满足旅客基本需求为主，所经营的商品内容与营业环境都十分单调，缺乏商业活力与竞争力，在面对当下民众的多元化需求时显得十分被动。

站城融合引导下的客站将扮演"城市副中心"角色，依托其交通优势形成强大的集聚效应，以吸引大量活动人口，提高客站空间的开发价值与发展潜力。而客站功能的综合开发既可完善客站服务体系，满足人们的多样化需求，为铁路部门带来丰厚的经济收益，又可与站外空间相互协调，构筑开放式的客站综合体，满足城市居民的活动需求，助力站城融合与协同发展。

（一）服务空间的开发类型

站城融合推动了客站功能的综合化发展，除基本的交通功能外，客站还容纳了更多城市功能。其中，客站的服务空间与人们的日常生活紧密联系，良好的客站服务系统不仅吸引了大量活动人口,提升了客站的人气与活力,还推动了客站地区的综合开发,强化了站城之间的功能协作,推动了"多中心"城市形态的发展。客站服务空间的开发可分为以下两种类型:

第一种是站内服务空间,其主要以旅客为服务对象,包括为旅客提供商品零售、临时餐饮、短时茶歇、报刊阅读、信息咨询等。服务模式分为固定式和流动式,固定式多为在候车厅、站台设置的店铺与售货亭,流动式多为临时摊位或售货车。此类服务空间在传统客站中较为常见,其运营环境、服务内容都相对简单,由于其多为应急性质,服务层次相对较低,在满足旅客基本需求的同时缺乏商业活力与服务吸引力。而站城融合的发展,推动了客站服务空间的精细化建设与服务内容的多元化开发,以往单一、简略的服务空间得到改善,在提升客站服务品质的同时也增强了服务空间的趣味性,对旅客具有较好的吸引力。例如,郑州火车将商业服务空间集中在二层候车大厅外侧(见图 4-4-12),紧邻旅客过道,既可为来往旅客提供便利的商业服务,又有效利用了候车大厅之间的衔接空间,将以往分散的商业设施进行整合,减少对候车大厅的占用,使消费客流分散至大厅外部,保障了厅内客流的活动秩序。

图 4-4-12 郑州站二层的商业服务空间
(图片来源:笔者拍摄)

第二种是客站建筑与城市公共建筑相结合的开发模式,即将客站建筑与站前广场、城市建筑、景观空间等进行系统融合,构建客站商业综合体。此模式在轨道交通高度发达的日本得到了广泛应用,如新横滨站采取了复合式功能布局（见图4-4-13），客站交通广场及交通设施集中在一至二层，并设置了部分商业设施，主要的商业服务集中在三至十层，商务办公、酒店住宿等位于十到十九层，客站的地下空间则为公共停车场。此模式充分利用了客站上层空间，扩大了服务空间范围，其服务对象不再局限于交通客流，而是面向城市民众提供开放式服务，成为城市功能体系的重要节点。

图 4-4-13　新横滨站大楼及内部的酒店设施
（图片来源：根据互联网资料整理）

（二）服务空间的规划方式

1.一体化布局

客站空间的一体化发展，改变了封闭、隔阂的传统客站形态，推动了客站空间的融合发展。现代铁路客站多为立体化空间，以候车大厅为中心，与多种功能空间进行叠合布局，服务区不再单独设置，而是与候车大厅融为一体，成为大厅内的功能节点之一，以对接旅客通道与休息区，使旅客入厅后可直接进行购物等，并通过信息系统及时获知列车通告。不同于以往旅客在厅外匆忙奔走后还要在厅内打发枯燥、漫长的候车时光，其将商业空间与候车大厅进行整合，实现功能上的互补与协同，为旅客营造便利、舒适、趣味、多彩的候车环境。

当前我国新建的客站多采取站内空间一体化设计，如西安北站将商业空间设置在候车大厅的夹层区域（见图4-4-14），各类商业店铺环绕在大厅四周，旅客在进行消费活动的同时，可在夹层平台上清晰观察到厅内环境，并通过广播、电子屏等信息系统及时获知列车信息，以合理安排个人活动。

图4-4-14　西安北站候车大厅的商业夹层

（图片来源：笔者拍摄）

2.复合式布局

站城融合一方面促进了站内空间的融合发展，另一方面也推动了客站功能的优化完善，铁路客站作为重要的城市节点，既要满足城市交通需求，又要协同城市功能开发，因此城市中心区的铁路客站多采取复合式布局。

与客站空间一体化形态所不同，复合式布局强调功能空间的系统性与独立性，利用立体化的客站建筑分层设置各类功能区，将交通功能与服务功能进行统一布局，构建复合式的客站综合体，使客站建筑成为城市综合大厦。在土地资源紧张的城市中心地区可采用此类模式。

例如，西日本铁道福冈车站采取了复合式客站空间设计（见图4-4-15），客站一层为面向市民开放的城市公共空间，二层为轨道交通客站，三层为城市巴士站点，商业购物、娱乐休闲等服务空间设置在四层以上区域。复合式功能设计使该客站成为综合交通枢纽和城市商业中心，提高了客站地区的洄游性及吸引力。

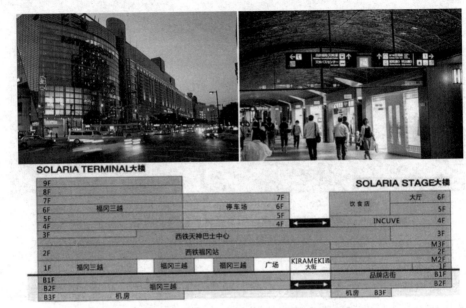

图 4-4-15　采取复合式空间设计的福冈车站

（图片来源：日建设计站城一体开发研究会，《站城一体开发——新一代
公共交通指向型城市建设》，第 85-89 页）

（三）服务空间的设计要点

当前我国铁路客站的规划设计正处于传统与现代的交替阶段，其服务空间
的开发设计需要与实际的客站形态、城市环境及民众需求相结合。站城融合发
展下的客站服务空间设计要注意以下几个方面：

第一，客站服务空间要与交通空间紧密协同，与活动通道、出入口、换乘
大厅、候车大厅等人流密集区进行对接，要合理确定服务空间的规模、朝向及
界面，在满足旅客需求的同时避免对客站运营造成干扰。

第二，应考虑到客站服务对周边城区、民众的影响。客站服务空间应逐步
面向城市开放，通过合理开发客站建筑及外部广场，将服务空间适度外移，结
合城市发展及民众需求进行综合开发，构建集餐饮、娱乐、住宿、办公等于一
体的客站综合体，实现对客站空间的集约开发与灵活利用。

第三，商品经济的激烈竞争也要求客站的商业服务紧随市场发展，与商品经济的时代性、民众的消费理念及多样化需求相结合，及时调整、更新客站服务内容，并对其服务环境和装饰风格进行创新性设计，以提高客站商业服务的吸引力和竞争力。

三、对纵向空间的合理开发与综合利用

纵向空间是指单位空间内的上、下层区域，对纵向空间的开发利用是对城市可持续土地开发策略的积极回应，其包括建筑上层空间与地下空间两部分。铁路客站作为城市的交通中心，在站城融合发展中亦强调对客站空间的一体化建设与综合开发，其中对客站上、下层空间的开发利用，既提高了客站土地资源的利用率，又为客站建筑的结构优化与功能完善创造了良好条件。

拓展上层空间可以扩充客站容量、转移客站设施，为民众提供更为充裕的站内空间；而地下空间具有较好的拓展性与隐蔽性，对地面的影响较小，开发客站地下空间有助于释放客站地面压力、推动站城空间融合（见图 4-4-16）。因此，合理开发与使用客站纵向空间，一方面能缓解客站人员拥挤、交通不畅、功能失衡、环境恶化等问题，优化客站的建筑形态，另一方面也能合理利用客站土地资源，构建完善的客站功能体系。

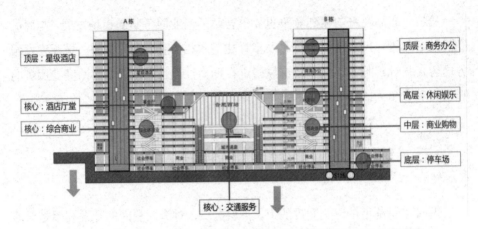

图 4-4-16 客站纵向空间的开发利用是推动城市可持续发展的重要举措
（图片来源：笔者绘制）

（一）实现站城融合需注重对纵向空间的开发与使用

站城融合是推动客站优化更新及城市可持续发展的重要方式，客站纵向空间的开发与利用应充分结合客站与城市的发展需求，以助力站城融合与协同发展。

1.城市的可持续发展需求

随着城市化发展，持续增长的人口与日益紧缺的资源形成了强烈对比，而良好的城市生活需要以充足的活动空间、优质的城市环境、便捷的交通条件与完善的市政服务为保障，解决土地资源的紧缺问题是实现上述条件的重要基础。建筑纵向空间的开发与利用成为应对城市化问题、改善城市环境及推动城市可持续发展的重要方式。城市设计理念、建筑材料及工程技术的不断进步，为建筑纵向空间的开发提供了软、硬件支持，高层建筑与地下空间已成为现代城市系统的重要组成部分。

铁路客站是城市系统的重要组成部分。在城市可持续发展的背景下，对土地资源的高效利用已成为新时代客站规划设计的重要问题。土地资源的高效利用与客站的纵向空间开发与城市中心区的土地利用以及交通、环境治理等息息相关，其中新建客站的纵向空间开发则有助于引导城市新区的土地开发与功能系统的良好构建。因此，推动客站纵向空间的开发利用，亦有助于改善客站空间结构、释放地面空间、缓解交通压力并完善城市功能体系，从而助力城市可持续发展。

2.客站空间的优化与更新需求

站城融合推动了客站空间从平面到立体、从分散到融合的发展，使客站交通功能与服务功能相互协调，促进了客站空间结构及功能系统的优化、升级。而实现客站空间优化与更新，既需要通过开发顶层空间与地下空间，将客站空间从平面扩张转为立体拓展，并结合城市交通、环境需求，持续优化客站的空间结构，引导客站交通、商业、休闲、娱乐等功能相互协调，以完善客站功能体系，也需要通过纵向空间的开发打破封闭、孤立、围合的客站形态，推动站城空间的立体衔接与全面融合。

（二）客站上层空间的应用形式

在建筑密集的城市中心区，尤其强调土地的合理开发与高效利用。位于城市中心区的铁路客站是城市交通枢纽与活动中心，其对上层空间的开发利用既符合客站空间立体化发展趋势，又能容纳更多城市功能，提高客站纵向空间内的功能体量。需要说明的是，客站上层空间的开发利用分为客站本体开发与外部架设利用。对既有客站而言，在其上层加盖新建筑会对既有站房的安全与使用造成影响，因而对客站上层空间利用的思路应在客站规划设计阶段就进行明确（如重庆沙坪坝车站）；而受地理环境、城市开发等因素必须对线路上层空间加以利用时，可考虑以跨越方式将上层建筑架设在线路顶部，并通过垂直电梯等连接下层建筑，以强化建筑内部联系。对于客站上层空间的应用形式，主要有以下几种：

1.转移客站工作空间

铁路客站是复杂的城市交通建筑，其功能空间不仅包括面向民众开放的交通空间与服务空间，还包括调度、行控、管理、行政等工作空间，此类工作空间作为车站办公专区，不宜与民用空间混合在一起。这类工作空间可以安置在客站上层空间，通过专用通道与地面连接，在空间布局上与下层民用区域形成"层叠"，以降低对客站土地的横向开发范围，实现单位空间内的土地高效利用、功能全面集中，并提高铁路部门对客站运营的管理能力。

2.拓展客站商业空间

站城融合的发展会使越来越多的商业服务进入客站空间，如何妥善接纳和安置这些商业空间，是开发利用客站上层空间时必须解决的问题。将酒店、商场、写字楼等功能引入客站上层空间，既能够提高站顶空间利用率，也符合了现代社会的交通生活需求，使旅客不出车站就能享受到住宿、餐饮、娱乐等服务，上班族下车后可直达办公场所，减少了交通中转带来的舟车劳顿，与高速化的城市节奏相契合。

3.融合周边站域空间

随着客站上层功能空间的复杂化发展，聚集在站顶空间的人口会越来越多。修建空中栈道或驳桥，使客站与周边高层建筑连接，既可以快速疏散、分流站顶活动人口，也使客站与周边建筑在上部空间实现连接，加速了站城空间的有效融合。

（三）客站地下空间的应用形式

地下空间作为城市系统的重要组成部分，是客站空间开发的重点，对地下空间的合理开发与有效利用可以扩大客站底层空间的容量与规模，使客站能够吸纳更多的交通、社会资源，在提高客站土地利用率、完善客站功能体系、优化客站空间形态的同时强化与周边城区的空间联系（如上海南站、台北车站）。值得注意的是，地下空间相比地表空间存在空间封闭、采光不足、流通性差、空气浑浊等局限性，对客站地下空间的开发利用应结合当下城市地下空间的建设经验，以营造便捷、高效、舒适、开放的空间环境为目标，其应用形式多集中在交通建设、商业开发等领域。

1.交通换乘系统

铁路客站是城市的交通中心，多样化的交通需求推动了客站地下空间的开发利用。随着城市轨道交通的建设发展，铁路客站作为其重要站点，通过地下空间的开发与之建立紧密的协同关系，客站地下空间成为内外交通衔接、换乘空间，有效分担了地面交通压力，改善了混乱、无序的交通环境。将交通衔接、换乘活动引入地下，减少了对地面交通的影响，释放了充足的地面空间，是助力站城交通融合发展的有效途径。利用地下空间构建综合交通换乘系统已成为新时期铁路客站的发展趋势（见图4-4-17）。

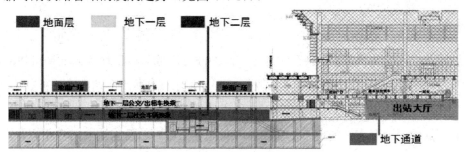

图 4-4-17　客站的地下交通换乘系统（贵阳北站）

（图片来源：笔者绘制）

2.地下停车场

传统客站多为地面停车场，而停车场占地广、功能单一、干扰强等问题使客站空间难以得到有效利用。随着客站地下空间的开发，将停车场转入地下，既可与客站立体交通有效对接，实现综合交通的高效换乘，又释放了充足的地面空间，用以拓展城市公共空间与景观系统，促进了站外空间及城市环境的优化（见图4-4-18）。

图 4-4-18　客站的地下停车场（成都东站）

（图片来源：笔者拍摄）

3.商业空间

开发客站地下空间一方面强化了内外交通的立体衔接，另一方面推动了站城商业空间的协调发展。将客站地下空间的商业服务与城市地下商业街区协同开发，形成完整、统一的站域地下商业空间，既有助于提高客站商业服务能力，又可通过一体化的地下街区实现对客站人口的疏导与集散。

例如，上海南站的地下商业街区（见图 4-4-19）总面积达 6 万多平方米，按照不同的商业定位划分为以餐饮休闲为主的北广场和以服饰经营为主的南广场，人们可根据消费需求进行选择，并通过客站枢纽进行综合交通换乘。良好的商业环境、服务内容及交通条件将客站服务对象从出行旅客扩展到周边的城市居民，形成了较强的商业影响力。

图 4-4-19　上海南站的地下商业街区——银泰百丽时尚中心
（图片来源：根据互联网资料整理）

第五节　融入城市环境的
站外空间设计

推动站城融合，不仅要构建以客站为主体的综合交通枢纽来满足城市交通的发展需求，还要引导客站与城市在功能开发上良好协同，推动站城空间的整体融合，而包含站前广场及站房建筑在内的外部空间则是其建设重点。

站前广场作为站外空间的主体部分，既是站城之间的过渡空间，又是客站人口的活动场所，承担着客流集散、交通换乘、休憩娱乐等功能，并与客站建筑及周边环境联系紧密，是整合交通、环境、社会要素的外部中枢，站前广场的功能性、适应性及协调性开发建设能够为站城融合与城市可持续发展提供有力保障。①

客站站房是客站枢纽的核心部分，其建筑设计既是对客站设计定位、规划布局及功能体系的重要体现，又是引导客站融入城市环境的视觉焦点，是对城市文脉、地域文化及时代特征的生动表达。

满足城市需求的站前广场建设与协调城市环境的客站建筑设计，有助于从功能、环境等方面引导客站与城市系统相融、和谐共存。

一、满足城市需求的站前广场建设

站前广场扮演着站外活动空间与城市公共空间的双重角色，其功能布局是引导站外空间与城市环境相融合的重要环节，站前广场功能建设的城市特色与社会属性越高，其与城市需求的契合度就会越强。围绕站前广场的功能建设，主要包括交通、环境、城市节点等内容，在客流集散、交通换乘、环境治理、城市开发等方面发挥了重要作用。

（一）站前广场的交通功能建设

站前广场诞生之初便以疏导站前交通为目的，时代的发展使广场功能变得愈发多元，但交通功能始终是其主要功能。广场交通功能主要包括对场内人流、车流的安全引导、快速集散与换乘衔接。随着站城关系的日益紧密，站前广场从单一的站外交通空间逐步转为综合的城市公共空间，广场交通功能必须与其他城市功能相互协调，以保障广场功能的统一运作。

广场交通流线主要包括行人流线（包括出行旅客、城市民众）与车辆流线（以地面交通为主，包括公交车辆、社会车辆等机动交通，以及自行车等非机

---

① 靳聪毅、沈中伟：《枢纽型火车站的功能性和适应性改造与建设——以郑州火车站西广场项目为例》，《华中建筑》2018 年第 4 期。

动交通），而站城融合建设则推动了内外交通空间的一体化发展，提高了广场客流的复杂性与车流的通过率。因而，在站前广场的交通组织中，合理的人车分流与衔接换乘是保障广场人口集散、交通换乘的重要举措。

1.对站前广场空间与出入通道实施分离开发

站城融合发展下的站前广场是城市公共广场，广场空间及出入通道的分离开发可使行人、车辆经立体通道直达站内，不必长时间徘徊、聚集在站外区域。立体化、独立化的步行系统与车行通道（机动车、非机动车）可将出入广场的交通流线有效分离，确保行人、车辆快速通行，保障广场空间的平稳、有序（见图 4-5-1）。

图 4-5-1　立体化的道路系统降低了对广场空间的过多干扰（杭州东站交通组织）

（图片来源：笔者绘制）

2.增强站前广场与站内空间的交通联系

良好的交通换乘是实现广场内人车通行与快速集散的关键，客站综合枢纽的构建一方面推动了内外交通空间的相互融合，另一方面将多种交通方式进行整合，通过"零换乘"理念强化内外交通的相互衔接。在此基础上，站前广场应通过适度"内移"与站内空间相融合，弱化站房与广场的交界线，以增强站前广场与站内空间的交通联系（见图 4-5-2）。

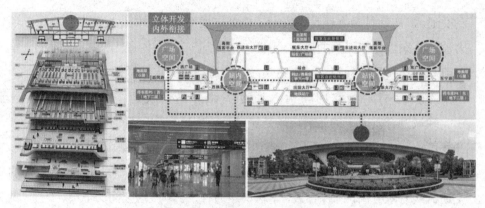

图 4-5-2　客站综合交通的立体衔接强化了站前广场
与站内空间的交通联系（杭州东站）

（图片来源：笔者绘制）

3.适度保留站前广场空间

与发达国家对站前广场的"隐性"设计不同，我国由于经济发展与人口流动等因素，外出务工、求学人口连年攀升，同时随着居民收入提高与生活方式转变，旅游客流快速上升，且带有明显的季节特征和峰值变化（如春节、国庆节、端午节等），给我国铁路客运带来巨大压力。为满足春运等高峰期的客运需求，站前广场仍然需要充当临时"候车大厅"（见图 4-5-3），这是由现实国情决定的。此外，城市化发展造成市内建筑密集、人口拥挤、户外狭小，站前广场作为城市少有的广域型公共场地，可在各种意外发生时充当城市户外避难场所，以满足人员安置、物资中转、车辆调度、飞行器（直升机、无人机）起降等需求。因此，在站城融合发展下的站前广场规划，仍然要以满足交通出行为重心，适度保留空间，结合城市、民众的现实需求，灵活应对各类难题。

图4-5-3　站前广场在我国"春运"等客流高峰期仍发挥着重要作用

（图片来源：笔者拍摄）

（二）站前广场的环境功能建设

城市化发展使站前广场成为市内少有的大型公共空间，以广场为主体所营造的景观空间，可改善城市环境并为民众提供户外活动场所。基于我国铁路客站作为"交通门户""城市地标"的角色定位，将站前广场建设为城市景观节点及绿地活动场所，有助于改善客站形象、治理站域景观，使站外空间自然融入城市环境。

在满足"通过式"的广场设计要求的前提下，采用动静分流方式可以使出入客流经立体通道快速穿过站前广场，与广场景观空间相分离。同时，还应通过"城市山水"理念营造静态化的广场景观空间，引入绿色的植被、起伏的草坡、葱郁的林木、缤纷的花卉、涓流的涧溪等景观元素，并结合城市地域风情，打造富有特色的人工小品（如亭台、长椅、雕塑、喷泉、灯饰等），将广场塑造成充满自然气息与人文特色的城市公共空间，改变以往嘈杂、混乱、无序的广场环境，以舒适、绿色、宜人的"公园化"广场来展示客站形象与城市风貌，并满足旅客停歇、市民漫步等活动需求，扩大城市户外活动场所。

此外，要通过动静分流的广场规划方式，引导广场空间从完全的动态空间转为动静结合的多元空间，以高效利用城市土地资源，提高绿色植被覆盖率，合理整治站外空间环境，迎合城市可持续发展对环境的改善需求，如杭州东站的站前广场（见图4-5-4）可从多方面满足城市环境需求。

图 4-5-4　杭州东站的站前广场

（图片来源：笔者拍摄并整理绘制）

（三）以站前广场为主体的城市节点建设

便捷的交通功能与舒适的广场景观改善了客站的外部环境，而良好的节点功能开发可以提高广场的城市特色，使其融入周边街区、带动站域发展，成为城市活动节点。而合理的场地开发与城市功能引入是关键，其推动了广场空间的开放式设计，提高了广场的综合吸引力，促进了广场与周边街区的多维融合。

一方面，作为城市公共空间，站前广场不仅要满足客站的交通需求，还要承担起更多的城市功能，从单一的交通空间向综合的共享空间转变。共享化的站前广场需要具备多样化的城市功能，功能开发并非完全由广场本身承担，而是与周边城区相互协调，通过发达的立体交通连接周边街区与站内空间，形成以广场为中枢的综合交通系统。

另一方面，构建便捷、高效的广场交通系统，有赖于广场空间的立体化开发、分层化构建，通过地下空间开发，将传统的平面广场改造为立体的下沉广场，提高广场空间对城市功能的容纳力。这样既有助于优化客站地下交通网络，强化综合交通衔接与换乘，扩大客站交通功能的发展空间，又可与城市地下空间相接，将周边地下街区延伸至广场内部，拓展广场地下空间的商业功能。

以城市节点为目标的开发建设，既提高了广场的空间层次感，又丰富了广场的功能类型，使站前广场无论在形态还是功能上都紧密契合城市紧凑化建设需求，推动了站城环境的相互融合（见图 4-5-5）。

图 4-5-5　良好的节点功能开发使站前广场从交通、社会、
环境等多方面满足了站城融合的发展需求
（图片来源：笔者根据汉中站南广场规划绘制）

二、站前广场的规划布局原则

交通功能作为铁路客站的核心功能，亦是站前广场的主体功能，从站城空间的融合过程来看，实现客站与城市在交通层面的有效协同，依然是站城融合的基本前提。站前广场是站外主体空间，其良好的交通组织与规划布局是推动站城融合与协同发展的重要保障。目前，我国铁路客站的站前广场以交通功能为主，站城融合一方面推动了客站形态从平面组合转向立体复合，另一方面也促进了广场、站房与站场之间相互融合，并基于环境治理、土地开发、交通改善等需求，对广场空间进行功能性与适应性改造，通过交通分流、景观塑造、城市功能开发等方式，从交通、环境、社会等方面满足站城融合及城市可持续发展需求。

（一）公交优先原则

交通功能是站前广场的主要功能之一。作为客流集散场所，站前广场从"等候式"向"通过式"转变，符合站城交通协同需求。而发展"通过式"站前广场，既要构建一体化的广场空间，又要整合部分交通资源。城市公交作为民众出行的主要选择，亦是客站人口集散的主要交通方式。而站前广场是站外交通空间，其交通建设要充分贯彻公交优先原则，既要为公交系统的引入提供充足的场地空间，还要合理规划站点场地，提高公交系统的通行、换乘效率，以形成独立的运作空间，避免与其他交通产生冲突，确保广场客流通过城市公交快速集散、换乘，实现站城交通的有效衔接（见图4-5-6）。

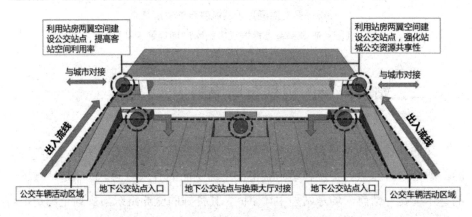

图 4-5-6　实施公交优先原则有助于合理利用站前广场实现内外交通全面衔接

（图片来源：笔者绘制）

（二）动、静分流原则

站城融合的发展使站前广场不仅要注重交通功能，还要担负起更多的城市功能，如城市公共空间、景观空间、商业空间等。相较高效、紧凑、有序、动态化的广场交通空间，担负城市功能的广场公共空间则体现出缓慢、悠闲、无序、静态化等特征，因此通过动、静分流的方式划分广场空间，可以确保广场交通空间与公共空间的相互独立与整体协同，实现广场动、静空间和谐共存，确保广场交通功能与城市功能协调运作、互不干扰，并与周边街区实现交通连接、环境互融（见图 4-5-7）。

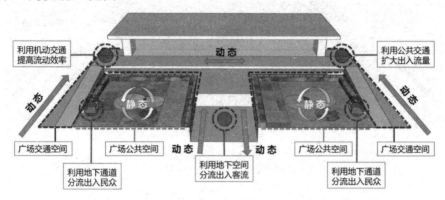

利用机动交通提高流动效率

利用公共交通扩大出入流量

动态

动态

动态

静态

静态

广场交通空间

广场公共空间

动态

动态

广场公共空间

广场交通空间

利用地下通道分流出入民众

利用地下空间分流出入客流

利用地下通道分流出入民众

图 4-5-7　动、静分流保障了多元化广场空间的平衡形态与运作秩序

（图片来源：笔者绘制）

（三）人车分流原则

在实施动静分流的同时，亦要以人车分流来规范广场的步行空间与车行空间。其中，步行空间可分为广场步行通道、交通换乘的步行区域、公共活动的步行区域等，而车行空间可分为机动车道、非机动车道等。除换乘通道与乘降区域外，应通过硬质隔离、人工疏导等方式确保车行、步行空间的相互分离，以避免流线干扰，并尽量缩短客站出入口与交通站点之间的步行距离，以提高内外交通换乘效率，推动"通过式"广场空间的构建。此外，人车分流亦能明确广场交通空间与公共空间的分隔界限，确保各功能空间良好运作、互不干扰（见图 4-5-8）。

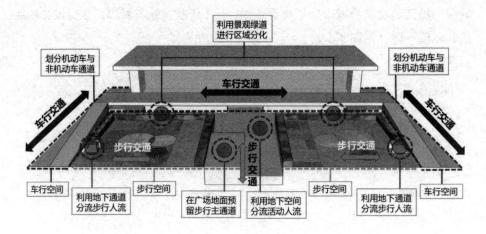

图 4-5-8　人车分流是维护广场空间环境的重要保障

（图片来源：笔者绘制）

三、站前广场的规划布局模式

客站的地理环境、场地规模、建筑形态、交通规划及周边城市环境都会对站前广场的规划布局产生影响，而实现站城融合，需要充分结合我国铁路客站的发展现状与设计特征，建设符合城市发展、交通建设、民众活动的站前广场。围绕高铁时代下我国铁路客站的建设形态，站前广场的布局模式主要有以下两种：

（一）以交通建设为主的平面布局模式

采用平面布局模式的站前广场多在既有大型客站及新建的中小型客站中应用，广场通常为开阔、多功能化的场地空间。广场功能以交通衔接、集散为主，通过将综合交通引入广场内部并近距离对接客站出入口，以缩短旅客换乘距离。同时，通过人车分流的方式，划定广场内的车行道与人行道、停车场与步行区域，分化广场内的行车流线与步行流线、机动车与非机动车流线、旅客入站与出站流线、旅客与市民换乘流线等；通过专用道引导车辆驶入指定的站点及泊位，如公交通道对接公交站、出租车通道对接出租车港、社会车辆通道对接停车场等；结合绿化带、护栏、围挡等隔离设施，避免流线交叉、重叠、混行等问题，确保车辆顺畅通行、行人安全行进，保障广场交通的良好组织与协调运作。

随着城市化发展及交通需求的提高，部分平面形态的站前广场亦通过开发地下空间、架设高架桥等方式，构建起立体化的广场空间，以扩展更多交通空间，满足客站交通的扩大化需求，推动了传统大型客站及新时期中小型客站的站前广场的立体化发展，如郑州站西广场（见图4-5-9）、哈尔滨站北广场、宁波站南广场等。

图 4-5-9　郑州站西广场的立体化开发
（图片来源：笔者拍摄）

（二）以综合开发为主的立体布局模式

站城融合推动了客站从交通建筑向综合枢纽的转变，在近年来国内大、中型客站项目中，立体化的空间形态成为其主要特征。在站前广场的规划布局中，良好的交通功能是其第一要务，应通过综合开发广场地上、地面及地下空间，对交通流线进行立体化组织，将以往采用平面布局模式的交通站点（场）引入站内进行复合布局，对接立交化的机动车道。而行人主要通过地面广场及地下通道出入客站，结合人车分流措施，保障广场交通的顺畅通行。

交通流线的立体化布局亦推动了交通换乘的立体化发展，将广场换乘活动移至客站内部，既推动了客站空间从"等候式"向"通过式"转变，又将释放的广场空间用于商业、休闲、娱乐、景观等功能开发，以补充匮乏的城市公共空间与绿色景观，为民众提供良好的户外活动场所，改善了客站广场及周边城市环境。

通过广场地下空间开发，与地铁站点、地下街区等对接，实现站城地下空间的全面融合。以客站广场的立体开发、集约利用、综合布局为契机，推动了客站与城市在交通、社会、环境等方面的融合发展，如北京南站北广场、成都东站西广场（见图4-5-10）等。

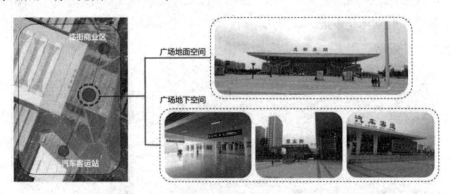

图 4-5-10　成都东站广场拥有通达的地下空间，与周边城市设施紧密连接
（图片来源：笔者拍摄）

四、协调城市环境的客站建筑设计

任何建筑只有与环境相融，并和周围建筑共同组成统一的有机整体，方能体现出特有的价值与表现力。[①]因此，建筑必然生成于环境之中并与之紧密联系；同时，各种建筑都是人类文化的存在形式，承载着建造者及时代信息。[②]建

---

① 彭一刚：《建筑空间组合论》3 版，中国建筑工业出版社，2008，第 69 页。
② 李华东：《西方建筑》，高等教育出版社，2010，第 16 页。

筑的演变体现出时代思潮、社会思想及历史文化的变迁，其规划设计既要以当时的思想观念、审美取向为指导，又要注重对所在环境的协调、体现，以富有时代性、创造性、表现力的建筑创作获得良好的社会效益，提升建筑设计的功能性与价值性。

客站建筑是站外空间的视觉核心，其与城市环境的良好协调是推动站城融合的重要环节。站城融合引导下的客站建筑设计，必须以其时代背景及客观环境为设计基础，从建筑的形体、结构、材料及其审美思潮、设计理念等要素入手，辩证地看待、分析客站建筑与城市环境的协同关系，并总结出站城融合发展下的客站建筑设计策略。

（一）客站建筑设计的时代背景与环境特征

无论是建筑空间还是交通方式，都是人类文明的产物，受到客观环境的影响。随着站城关系的日益紧密，客站建筑对其时代背景及社会环境的反映愈发强烈，不同的时代思潮与文化意识都会对其设计产生影响，使客站建筑带有鲜明的时代烙印与文化特色。高铁建设与城市可持续发展需求的提高，势必将客站建筑设计引向新的方向，使其体现出更多的时代特色与环境特征。

1.客站建筑设计的时代背景

建筑设计与人类活动紧密联系，具有高度的功能性、价值性与社会属性，不同时代的建筑亦能体现出人类社会生产及实践方式。而社会发展、历史演变都将对建筑设计产生影响，尤其是对于铁路客站等公共建筑，其影响更加深刻、长远。

（1）社会经济的发展与观念的变革推动了客站建筑设计的更新

社会经济发展带来了交通需求的大幅增长，铁路作为国家交通大动脉，在城市发展及交通建设中发挥着重要作用；同时，随着社会经济发展与交通条件改善，人们的价值观念与生活方式也发生了变化，外出务工、求学客流的大幅增长带来诸多需求，如不同旅客的差异性需求、季节性的高峰客流出行需求、综合交通换乘需求、复杂的客站管理需求、站点环境治理与维护需求等。可以说，社会经济的发展与观念的变革共同推动了客站建筑的设计优化与更新发展，使站城关系愈发紧密。

（2）设计市场的开放与技术创新推动了客站建筑设计的更新

交通的发展与市场的开放使越来越多的建筑公司、设计团队参与到交通建筑设计中，形成百花齐放、百家争鸣的局面，为客站建筑设计带来了全新理念，引导了新时代铁路客站的崭新发展。同时，交通技术、建筑技术、材料工艺的进步，使更多新颖的建筑样式从图纸变成现实，推动了客站风格的创新表达。此外，互联网与计算机技术发展，推动了软件、信息技术的更新，并将其应用到客站建筑设计之中，促进了客站建筑设计的更新发展。

2.客站建筑设计的环境特征

实现城市可持续发展需要注重环境保护与合理利用，以构建人与环境的共生关系，实现其和谐共融。随着站城关系的日益紧密，客站建筑设计需要与城市环境良好协调、与城市风貌相互融合，使其具备鲜明的环境特征。一方面，客站选址与建筑规划要遵从城市的客观环境，尽量减少对环境的干扰，并注重对客站资源的合理开发与高效利用，以提高对城市环境及历史文脉的保护，如在巴黎、伦敦等城市铁路网建设中，通过对富有历史特色的客站建筑进行现代化改造，在保留原有建筑风貌的基础上融入现代交通体系，既保护了珍贵的历史建筑，又满足了城市交通建设需求（见图4-5-11）；另一方面，客站建筑设计还要注重对地域文化要素的引入，使客站建筑直观地体现城市特色及历史风貌，具有良好的标志性，成为城市的特色名片。

图 4-5-11 伦敦国王十字车站在保留历史风貌的基础上，
通过现代化改造满足了城市交通建设需求
（图片来源：根据互联网资料整理）

（二）客站建筑设计的关键要素分析

在城市化发展的当前背景下，实现与城市环境的良好协调成为推动站城融合的重要方式。调整客站建筑设计中的关键要素，亦会对客站建筑的生成与发展产生影响。

1.建筑组合模式的改变

建筑的组合模式是影响客站建筑设计的重要因素。传统客站建筑多为独立的功能空间，以平面组合方式进行布局，呈现"广场＋站房＋站场"形态。旅客到站后，站房正立面往往为其留下第一印象，传统客站交通流线较为单一，客站空间与周边城区存在隔阂。而站城关系的紧密发展则推动了客站空间从"等候式"逐步向"通过式"转变。一方面，客站空间的范围扩大了，如扩大了活动通道、出入口及换乘大厅，以满足高峰客流出行；另一方面，站内空间的分隔界线有所淡化，推动了客站空间一体化发展，提高了客站运作效率。随着建筑组合模式的改变，客站的建筑形态亦发生变化。

从建筑的外部形体来看，客站的"通过式"设计使站城交通衔接从单方向发展为全方位，旅客不再局限于从单一界面出入客站，可根据所在位置就近选择出入口，这方便了旅客出行；同时，为满足多方向的客流出入需求，客站路网规划也从单一的"对接式"转变为环绕的"廊道式",而廊道式路网多采用高架桥形式衔接站房,处理好高架桥面与建筑立面的组合关系,可以为客站建筑制造出新奇、别致的视觉效果,具有良好的标示性。

从建筑的垂直结构来看,站城融合的发展推动了客站空间的一体化整合,使客站形态从平面组合转向立体叠合,在集中开发客站空间的同时,高度整合了站内服务设施,构建起综合化的客站服务体系。结合客站土地开发模式及建筑形态,垂直结构的设置可分为两种类型:

第一种为客站内外空间的相互融合。以客站建筑为中心,通过整合内外空间及功能系统,将客站发展为高效、复合的交通综合体,并改变了客站外部界面;同时,一体化的站内空间淡化了内部功能区的分隔形态,形成宽敞、通透的空间环境,使旅客获得良好视野,提高其对站内环境的识别力。统一整合、立体组织、复合布局的客站建筑设计,使客站空间形成一个完整的建筑形态,成为城市的标志性建筑(见图 4-5-12)。

图 4-5-12 重庆西站通过整合内外空间,形成完整的建筑形态,
提高了客站建筑的标示性
(图片来源:笔者拍摄)

第二种为站城空间的相互融合。从城市的整体环境入手,通过逆向开发将客站设施向下转移,摒弃了传统的地面建筑,通过开发地下空间转移地面建筑功能,形成复合式的地下客站,将地面空间还于城市,以补充城市景观与公共空间。目前,铁路客站及线路的地下化建设,已通过深圳福田站(地下客站)、石家庄站(铁路下穿,见图 4-5-13)等项目进行了实践,为站城融合发展下的客站设施建设指引了新方向。

图 4-5-13　石家庄站通过铁路入地工程，将地面空间还于城市，

以减少对城市的干扰

（图片来源：根据互联网资料整理）

2.建筑结构的更新发展

实现客站建筑与城市环境的融合，不仅在于站城功能的相互协调，客站建筑优美、新颖的外观造型，亦是对城市风貌与地域特色的体现。建筑结构既是筑造客站形体的内部骨骼，又引导了站内空间的功能布局。要创造多样化的建筑形态，结构设计至关重要。

传统客站建筑以厚重的墙体结构为主，既增加了建筑的体量感与围合度，又形成了封闭的站内环境，造成站内空间及站城之间相互隔阂。结构技术及材料工艺的进步，为轻质化、通透化的建筑形态提供了技术支撑。在现代建筑风格的影响下，客站建筑逐步从封闭、围合走向开放、融合，形成大体量、立体化、多层次的空间形态，为旅客营造出宽敞、通透的站内环境。此外，建筑结构的创新使客站建筑淡化了对城市环境的干扰，推动了客站建筑与城市环境的良好融合。

3.建筑材料的创新应用

实现客站建筑与城市环境的相互融合，不仅要协调好建筑形体与建筑结构的逻辑关系，还要处理好建筑界面的自身变量，通过材料的技术处理形成整体统一与局部变化相结合的视觉效果，赋予建筑持久的生命力，体现出艺术与技术的良好结合。传统客站多采用砖、石、土、木等材料，建筑色彩及质感主要由材料本身来表现，抑或通过色彩粉刷、喷涂进行细部装饰。随着建筑材料工艺的发展，加之现代主义风格的影响，作为大型公共建筑的铁路客站，亦在建筑材料的选择及使用上发生改变。

　　站城融合推动了客站空间的一体化发展，营造出整体性、大尺度、通透化的空间形态，使建筑材料更倾向于轻量化、细腻化、柔和化选择，以形成富有韵律、节奏舒缓、起伏流畅的建筑形态，并运用不同色彩、质地、纹理的装饰材料来丰富客站细部设计，以形成新颖的视觉效果。例如，使用透光、半透光、哑光等材料，按照不同的层次、比例进行组合，形成深浅交织、光影交错的空间效果，并配合光源追踪系统，与日照同步变化，可减少对电力资源的消耗，提高客站建筑的绿色设计。此外，通过改变材料的造型、外观及组合方式，亦可形成丰富的装饰效果。

　　例如，武汉站的中央主拱与侧翼结构采用了折射透光的复合屋面系统与漫射吸音的管帘吊顶的组合布局[①]，通过飘逸变幻的站顶界面构成双向延展的浪纹造型，以丰富的纹理韵律体现出"鹤羽翩然"的设计特色（见图4-5-14）。

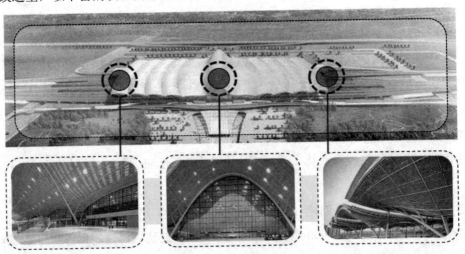

图 4-5-14　武汉站的建筑结构与形态设计

（图片来源：笔者绘制）

---

① 郑健、沈中伟、蔡申夫：《中国当代铁路客站设计理论探索》，人民交通出版社，2009，第122页。

4.建筑文化内涵的表达

文化的核心问题是人，有人方能创造文化、形成文化，文化是人类智慧与创造力的体现。[①]建筑作为人类文明的产物，不仅要具备良好的实用功能，还要体现出内在的思想性与文化性。一方面，建筑设计受历史背景、社会环境及物质条件的影响，体现出独有的社会特征与时代印记；另一方面，其在与场所空间的互动关系中建立起"精神共鸣"，体现出人的精神需求。铁路客站作为城市交通建筑，针对建筑设计中的文化表达，需要迎合不断变化的时代背景，树立"共融"的设计理念，运用建筑技术与材料工艺，引导客站建筑与城市文脉、人文风貌、地域特色、自然气候等有机结合，以新颖的设计手法与细腻的情感表达推动客站与城市在精神层面的相互融合。

（1）对城市文化的传承与衔接

客站为城市所包容，城市因客站而改变，作为重要的城市子系统，客站建筑既要满足城市内外交通需求，又要注重对城市文脉、地域特色等要素进行抽象表达与有机结合。站城融合的本质就是对客站与城市在协同发展中产生的问题、矛盾进行的协调与处理，而共同的文化特征亦是建筑融于环境的重要纽带。对文化的追求与表达有助于强化客站建筑与城市环境的关联性，体现相互的包容与接洽。

在对城市文化的传承上，建筑设计所蕴含的文化要素是对城市文化的现实写照，特色建筑的规模化建设有助于营造独特的城市环境，提升城市的文化内涵与环境品质。同时，城市文化并非一成不变，而是随社会发展不断更新，对城市文化的传承不能拘泥于纯粹的复刻与仿制，应辩证地看待城市文化的内在价值，在继承传统文化的同时，在客站建筑设计中注入新的文化活力，树立"古法今用，匠法传承"的理念，运用现代的建筑形式、结构技术、材料工艺对城市文化与地域特色进行再现与新生，使客站建筑体现出历史的厚重感、地域的特色化与时代的先进性。

---

① 程裕祯：《中国文化要略》（第 3 版），外语教学与研究出版社，2011，第 2 页。

（2）对地域要素的引入与表现

客站的建筑设计需要与城市环境中的地域要素紧密结合，使客站建筑设计体现出丰富的地域性与特色化。

其一，站城融合的发展使客站建筑必然与周边环境产生联系，包括城市、自然两方面。与城市的联系主要体现在站城关系的处理上，包括引导城市开发、协调城市发展、满足城市需求等。与自然的联系要以可持续发展观为指导，充分结合自然环境要素，引导客站建筑融入自然环境，成为自然景观的一部分。

其二，需要合理利用客站周边及铁路沿线的景观元素，如草畦、山林、湿地、沼泽、湖泊、江河等，通过添景、借景、透景等构景手法，形成远依天地、中倚楼阁、近傍池木的多层次景观体系，体现人工建筑与自然环境的和谐相融，构筑优美的站域景观。

其三，客站建筑设计需重视气候因素的影响。所谓"一方水土养一方人"，不同气候既造就了不同的自然环境，又影响了当地的人文习俗。如处于热带的海南省与处于寒温带的黑龙江省，其自然景观、建筑形态等都有很大不同。客站的建筑设计需要充分考虑气候因素，一方面是为更好地适应当地环境，通过绿色建筑理念，结合先进的工艺技术，引导建筑空间与自然气候相协调，并充分利用气候资源，打造绿色、舒适的客站环境；[①]另一方面，通过与气候元素相结合，也可创造出独特的建筑形态，体现客站建筑设计中的地域特色。

其四，人文化的客站建筑设计既是对当地民俗风情的体现与展示，又是对客站建筑设计的创新探索，需要在客站的建筑形态、空间规划、功能布局、陈设装饰等方面进行有针对性的设计，这样既丰富了客站建筑的设计风格与表现形式，又推动了建筑文化与地域文化的良好融合，体现出客站建筑的地域性、文化性与时代性特色。

---

① 靳聪毅、沈中伟：《浅析当代铁路站房设计中的地域文化特色》，《工业设计》2016年第10期。

五、站城融合发展下的客站建筑设计策略

站城融合推动了客站建筑与城市环境的相互融合，并紧密结合城市可持续发展需求，合理调整站城之间的依存关系与协同方式。客站建筑的设计策略主要表现为引导、协调城市空间的开发建设；通过设计理念的创新与建筑技术的进步来改善客站的形体结构；注重对客站及铁路资源的开发与利用；在客站设计中提高对地域、环境要素的引用。

（一）引导、协调城市空间的开发建设

铁路客站作为城市交通节点与活动中心，在引导城市开发、协调城市发展等方面具有重要作用，而合理、高效的客站建筑设计亦是其重要方式。

1.多样的功能开发

客站建筑是为满足铁路客运需求而诞生的，良好的交通功能始终是客站建筑设计的重要基础，因而在 20 世纪中期以前，虽然客站的建筑形态伴随时代发展产生了很大变化，但以交通服务为核心的设计初衷并未改变。客站的场地开发、空间规划、功能布局、流线组织乃至装饰设计都围绕交通需求而展开。

20 世纪 50 年代后，高速铁路的发展使站城关系日益紧密，客站的城市属性逐步提升，客站建筑设计在满足交通需求的同时，亦注重协同城市发展需求。通过合理的区位选址与站场规划，引导城市空间的合理开发；通过客站综合交通枢纽的构建，实现内外交通的集中换乘；通过完善客站功能体系，推动客站地区的更新发展，形成"多中心"城市形态。而在客站建筑设计中，则强调以人为本的设计理念，引入绿色、生态、科技元素，注重客站空间的细节设计，为旅客营造舒适、便捷的客站环境，从而推动客站与城市、民众的相互耦合，助力城市可持续发展。

如东京站作为日本首都的交通门户，周边云集了众多国际及本土企业，形成了以站点为中心的丸之内商业圈。21 世纪初，以塑造首都新形象为目标的东

京站八重洲口项目启动,项目在改善交通环境、扩充综合功能的同时,亦对客站历史建筑进行了妥善保护,并实现了功能开发、环境修缮与文物保护。项目为保证具有历史特色的站房建筑不受影响,降低了新建站体的中央高度,并促进了城市轴线的组织与更新;同时,站前广场也得以重整,扩大了广场规模、加大了空间进深,并强化了交通节点的衔接、换乘功能;此外,毗邻广场的步行者天桥架设了膜结构大屋顶,并添置了综合服务设施与景观系统,与广场共同组成公共休憩场所。项目通过多元化的功能开发,在土地紧张的城市中心区,实现了客站与城市的更新、再生(见图4-5-15)。

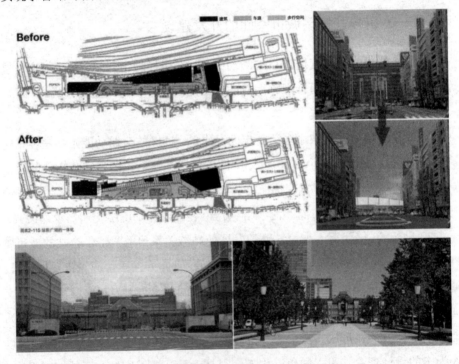

图4-5-15 东京站八重洲口项目促进了车站与城区的更新发展,
塑造起首都东京的新形象

(图片来源:日建设计站城一体开发研究会,《站城一体开发——新一代
公共交通指向型城市建设》,第127—131页)

2.灵动的建筑形体

传统客站建筑的内部呈现紧凑、封闭的空间形态，而外部界面与城市环境的接触较弱，站城联系并不紧密。随着建造技术、结构技术、材料工艺的进步，在高铁发展的背景下，客站建筑形体从单调、呆板转向灵活、生动。圆润的轮廓、流畅的线条、变幻的曲面、精巧的结构、通透的空间等成为客站动态化设计的体现。这种设计一方面迎合了高铁时代下的审美思潮，表现出交通建筑的动感与活力；另一方面亦提高了客站建筑对城市环境的适应力，推动了客站建筑与城市环境的良好融合。

如长沙南站通过动态的波形曲线来表现灵动的建筑形体（见图 4-5-16），使建筑结构通过外部造型得到自然表达，形成轻盈、灵动且富有特色的结构美感[1]，并使客站空间获得良好的视野感与清晰的导向性，提升了旅客的认知力与辨析力。

图 4-5-16   长沙南站的曲线型建筑形体是对湖南"山水洲域"地域特色的体现
（图片来源：笔者拍摄、绘制）

---

① 李春舫、熊伟、廖成芳等：《长沙南站》，《新建筑》2011 年第 1 期。

(二)通过设计理念的创新与建筑技术的进步来改善客站的形体结构

设计理念的创新为客站建筑设计提供了新颖的指导思想，而建筑技术的进步则为客站建筑设计提供了坚实的技术支持，二者相辅相成，理念通过技术进行实践论证，而技术通过理念实现创新发展。对于站城融合引导下客站建筑设计，理念创新与技术进步都是至关重要的。

客站建筑的更新发展需要设计理念的引导与支持，而理念源于现实，理念的创新得益于人们的思想进步与实践探索。客站建筑设计亦是如此，为满足站城融合及城市可持续发展需求，客站建筑设计理念必须创新，需要设计师辩证地思考站城之间的互动关系，将目光从单体建筑扩大到城市环境，去探索基于城市背景下的客站建筑设计，并通过充分的实践论证，不断修正和完善设计理念，以引导客站建筑设计的创新发展。

而建筑技术的进步则是客站更新发展的物质保障。一方面，结构技术的创新提高了客站建筑设计的灵活性与多样性；另一方面，新材料的应用在转变客站形态的同时，将多元化的环境要素引入客站建筑设计，以灵活、开放、动态的客站空间良好融合周边环境，推动客站与城市在环境中协调、共生。

如银川站以具有地域特色的尖券造型来打造外部界面与形体空间，通过对三联拱壳进行缠绕与编织，在抬升建筑中拱的同时适当延伸水平两翼，形成"翼展"的立面样式，以凸显客站形体结构并获得丰富的界面效果（见图4-5-17）；结合玻璃与石材交织的异型幕墙设计，以层层递进的方式彰显客站的建筑形体，体现出"典雅宁静、崇尚自然、和谐统一"的设计内涵。

图 4-5-17　采用尖券造型表现"翼展"效果的银川站建筑形态及细部设计
（图片来源：笔者根据洪柏等人的《尖券，又见尖券：银川火车站设计手记》
一文整理、绘制）

（三）注重对客站及铁路资源的开发与利用

悠久的历史、璀璨的文化、多彩的环境，都为客站建筑设计提供了丰富素材。客站建筑既是对社会面貌、审美思潮、价值观念、人文情感的抽象表达，又是对建筑技术、结构技术与材料工艺的具象表现。随着城市化发展，不少历史悠久的客站遭到破坏，对此，部分城市采取再开发及利用的措施，以保护具有历史价值与文化魅力的客站建筑，发掘其内在的功能价值，使其既是城市的文化符号，又与城市功能体系相协同，以助力站城融合及可持续发展。

1.保留建筑实体，实行转型发展

对于富有历史特色与艺术价值的客站建筑，通过保留其建筑实体，对其进行功能改造，可以使建筑空间、功能系统得到有效利用。这样可以在保护建筑文化、延续城市文脉的同时，使客站建筑获得新的发展机遇，实现转型与新生。

以辛辛那提联合车站为例，车站于 20 世纪 30 年代建成并投入使用，曾是美国内陆的重要枢纽客站。车站建筑为典型的装饰艺术风格，中央大厅的半圆拱顶高达 106 英尺（1 英尺＝0.3048 米），宽达 180 英尺，由德国艺术家温诺尔德·赖斯（Winold Reiss）绘制的描述辛辛那提城市历史的壁画镶嵌在站内墙壁上，地面则是由水磨石地板组成的装饰图案。外部为由石材、玻璃组成的对称式建筑立面，站前还有华丽的景观喷泉，体现出资本主义鼎盛时期的铁路客站所具有的奢华、繁荣特征及对社会发展、经济建设的勇气与信心。

受铁路衰退浪潮的影响，车站于 1972 年废弃关闭，为保护这座具有历史价值与艺术魅力的客站建筑，1973 年 5 月辛辛那提市议会通过了对车站文化价值认定及建筑保护的倡议，终止了车站拆除计划。此后，车站被改造为城市的公共建筑，车站的大部分空间被改为其他用途，设有城市博物馆、图书馆、电影院及铁路俱乐部，其高大、宏伟的建筑外观得到保留并作为醒目的城市地标矗立在辛辛那提城市中心（见图 4-5-18）。

图 4-5-18　辛辛那提联合车站建筑具有独特的历史价值与艺术魅力，
已成为城市地标与公共中心
（图片来源：根据互联网资料整理）

2.保留客站功能，进行优化升级

部分客站虽年代久远，但依然担负着内外交通客运的重任。对客站建筑的改造与利用，应在保留建筑实体的基础上，对其空间结构与功能系统进行优化升级，以满足城市发展、交通建设、民众出行的综合需求，引导历史建筑与现代生活全面接轨。

以纽约中央火车站为例。位于美国曼哈顿市中心的中央火车站，是纽约著名的地标建筑，车站于 1913 年投入使用，既是纽约繁忙的综合交通枢纽，又是城市的公共艺术中心，是美国铁路交通鼎盛发展的象征（见图 4-5-19）。车站占地 49 英亩（1 英亩≈0.404 7 公顷），设有 44 座站台及 67 条线路，每日可满足 500 余趟列车到发及 50 万人次出行，被称为"大中央火车总站"（Grand Central Terminal）；同时，车站又是纽约重要的公共艺术中心，评论家托尼·西斯（Tony Hiss）曾赞誉中央车站为一件华贵的建筑、曼哈顿中部最重要的一部分、工程上如天才般的杰作。[①]车站在保留交通要素的同时，融入了更多的城市元素，以触媒形式带动城市发展。车站周围建设有办公、餐饮、商业、居住等建筑，既改善了站域形象又提升了城市品质；此外，车站建筑具有极高的历史价值与艺术魅力，为典型的布杂学院式建筑（又称美术风格建筑），建筑正面顶端的仿希腊式雕像群与时钟是对古典文艺的复刻与表现，具有极高的纪念性与观赏性，是对美国社会思想与道德文化的体现（见图 4-5-20）。

图 4-5-19　纽约中央火车站的建筑形体及站前街景
（图片来源：根据互联网资料整理）

图 4-5-20　站顶仿希腊式雕像群及雕像时钟
（图片来源：根据互联网资料整理）

---

① 罗湘蓉：《基于绿色交通构建低碳枢纽——高铁枢纽规划设计策略研究》，博士学位论文，天津大学建筑学系，2011，第 124 页。

为适应城市发展需求，车站进行了多次升级改造，如 1903 年实施的改造计划，改善了车站的交通流线组织，并增强了车站的社会属性及城市功能，添设了文艺展厅、艺术画廊、铁路博物馆、电影院等。考虑到车站建筑具有极高的历史价值、文化特色及艺术魅力，政府部门于 1967 年以立法形式对车站进行保护，并于 1994 年再次进行改造，以期提升客流并扩大车站服务区，满足城市发展的综合需求。

在宽敞的中央大厅内，高大的拱形玻璃窗结合挑高的拱形穹顶，配合精美的大理石装饰，带来强烈、震撼的视觉感受；同时，中央大厅亦是车站活动中心，连接数个过厅及负层休闲区，可满足旅客从多个方向进入车站；此外，车站是纽约内外交通的换乘枢纽，旅客可通过主厅垂直到达地铁站台，实现内外交通在站内的衔接换乘。改造后的车站空间引入了更多商业功能，车站公共活动空间也得到扩大，满足了民众的综合活动需求。车站作为纽约的城市地标与历史建筑，通过数次改造得以长久延存，是对美国铁路的鼎盛历史及辉煌成就的弘扬与赞美，使到访车站的人们游走于摩登时代与古典文艺的交融之中，以穿越历史、品味现代、感受未来（见图 4-5-21）。

图 4-5-21　站内中央大厅及活动空间
（图片来源：根据互联网资料整理）

3.开发铁路资源，进行改造利用

对客站建筑进行保护利用的同时，还应注重对城市铁路资源的开发与使用。随着城市化发展，不少城市铁路停用、废弃。作为铁路设施的一部分，部分铁轨、桥梁、工房等经历了漫长历史，具有鲜明的时代特色与文化价值。通过合理开发，将其改造为城市公园、步行廊道，可以扩大城市公共场所与景观空间，这样做既是对工业文明与铁路文化的保护，又避免了拆迁造成的环境破坏与资源损耗，实现对城市环境的修复与更新。

以纽约高线公园为例，作为将铁路资源改造为公共空间的成功案例，纽约高线公园项目利用了城市废弃的高架铁路桥，通过保留原址、适度开发、耕织景观等方式，将铁路桥改造为绿色、生态的城市空中花园。

高线公园前身是建于 20 世纪 30 年代的曼哈顿货运高架铁路线，在非营利组织"高线之友"的呼吁下，通过相关部门的通力合作，铁路得以保留并改造为城市公园。项目在充分尊重原有环境的基础上，引入植被、花卉等景观元素，以"植—筑"的核心设计策略，将植物与建材按照不同的比例关系进行组合，使铁路桥的沧桑与绿植的生机融为一体，创造出丰富的空间体验。项目在"植—筑""景—城"等设计理念的引导下，成功利用既有铁路资源为城市开辟出绿色、活泼的户外景观空间，表现出自然与人工、历史与现实、新潮与质朴的交融之美（见图 4-5-22）。

图 4-5-22　将城市铁路高架桥改造为空中步行花园的纽约高线公园
（图片来源：根据互联网资料整理）

（四）在客站设计中提高对地域、环境要素的引用

在站城融合及城市可持续发展的背景下，客站的建筑设计亦强调对地域、环境要素的引入与利用，这既是对城市文脉、地域特色的传承与融合，又提高了客站建筑对当地气候环境的适应性与协调性，实现了客站与城市在环境中的协调、共生。

1.对城市文脉的传承

城市文脉是城市产生、发展、变化的有机时空背景①，对城市文脉的传承有助于提高建筑设计的文化内涵。铁路客站作为城市的交通中心，其区位布局与形态设计将对城市空间产生重要影响，因此选择何种建筑形体、采用何种建设方式、建立何种协调关系，成为站城融合发展下客站建筑设计的重要问题。而实现对城市文脉的传承是对上述问题的积极回应：一方面，城市文脉是对城市文化、地理环境、气候特征等要素的体现，对城市文脉的遵从就是对客观环境的认同，亦是推动站城融合的重要基础；另一方面，传承城市文脉应坚持与时俱进的原则，合理协调传统符号与时代元素，运用新思维、新技术及新材料，以创新的建筑设计融入发展的城市环境，这样既展示了新时代交通建筑的生机与活力，又是对城市文脉的延续和发扬。

例如，延安站是延安市的交通门户，其设计紧扣"通过式"发展趋势，准确把握到城市文脉的精髓，以形式结合功能的设计方式进行良好体现。

作为中国革命圣地的延安，是爱国主义、革命传统及延安精神的教育基地②，而窑洞既是对黄土文化的具象表现，又是对中国革命活动与延安精神的体现。客站建筑以窑洞为造型母题，以汉代门阙作为客站的主入口造型，以双层通高的中庭来衔接候车大厅与进站广厅，采用一体化的空间布局营造宽

---

① 郑健、沈中伟、蔡申夫：《中国当代铁路客站设计理论探索》，人民交通出版社，2009，第134—135页。

② 李燕梅：《延安市城市道路景观空间体系的构建》，《西北大学学报（自然科学版）》2012年第3期。

敞、明亮的站内环境，打造开放式、共享型的候车空间；同时，采用大跨度钢结构屋盖、预应力楼盖、"T"字形张悬钢梁结构等新型结构技术①，构建高大、通透的无柱式站台空间，与富有文艺气息的客站建筑良好结合，使客站建筑设计（见图 4-5-23）完美融合现代建筑技术与传统地域文化，这既是对延安城市文脉的传承与延续，又是对客站建筑设计的创新尝试。

图 4-5-23　延安站的建筑形态设计
（图片来源：笔者根据唐文胜的《延安火车站建筑设计》一文整理、绘制）

2.与地域文化的融合

建筑作为人类文明成果，生成于客观环境并带有显著的环境特征，即体现为对地域元素的表述，如自然气候、人文习俗、社会风尚等。铁路客站作为城市公共交通建筑，应在设计中引入、使用地域元素，实现对地域文化及城市文脉的尊重和传承；同时，推动建筑与文化的融合应是持续创新的过程，在利用新理念、新技术、新材料及新工艺的同时，不仅需要对客站建筑与地域文化的融合方式进行探索，还需要思考如何以地域文化为纽带实现站城之间的协调、共生。

例如，在武昌站的改造更新中，设计师紧扣"楚文化"主题，通过从"楚文化"历史工艺品中提取文化元素与借鉴古楚建筑设计元素等方式，实现了建筑形态与地域文化的良好融合。综合其设计理念，客站采用了经典的轴对称构

---

① 唐文胜：《延安火车站建筑设计》，《建筑创作》2009 年第 9 期。

图布局，以叠台形态强调古楚建筑的高台特征，以偏于红色的建筑色彩体现楚人尚赤之喜好，结合立体化的建筑结构，营造沉着稳重、富有气势的客站形象。[①]同时，客站形态与交通规划相耦合，高架车道与站房界面融为一体，使客站形成统一、连续的空间形态，结合丰富的界面装饰，呈现交错递进的空间层次感。客站建筑设计通过"古为今用""古今结合"的设计方式，不仅探索了古楚建筑的历史形态与文化符号，还与交通建筑的功能需求相结合（见图 4-5-24）。通过对新理念、新技术、新材料的运用，客站建筑设计在融合地域文化的基础上实现了创新发展。

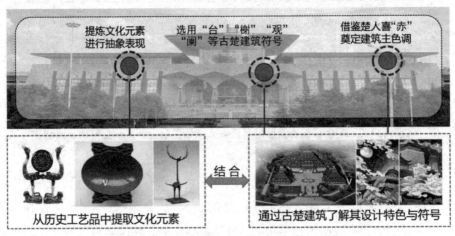

图 4-5-24　武昌站的建筑形态设计
（图片来源：笔者根据李传成、罗维的《武昌火车站建筑设计——
荆楚地域文化的浓郁体现》一文整理、绘制）

3.与自然气候的协调

自然气候是影响建筑设计的重要因素，客站建筑设计必须结合当地的自然环境与气候特征，实现与自然气候的良好协调。一方面其促进了客站建筑与当地环境相互融合，依据本地的风土人情，塑造具有地域特色的建筑形象；另一

---

① 李传成、罗维：《武昌火车站建筑设计——荆楚地域文化的浓郁体现》，《华中建筑》2006 年第 10 期。

方面也提高了客站建筑对当地环境的适应性与协调性，通过利用气候资源（如阳光、风力、水、空气等），结合生态、绿色的建筑理念与节能设计，降低环境污染，营造绿色、舒适的客站环境。

下面以三亚站为例进行分析。与我国的内陆省份不同，海南省地处热带北缘，全省长夏无冬且光温充足、日照强度大且多台风，这些独特的气候条件成为三亚站设计的重要参考。设计师以保护与融合为核心理念，在合理利用自然资源的同时尽量降低对环境的影响。同时，考虑到客站以旅游客流为主，因此需要营造轻松、舒适、开放、富有地域特色的客站环境。这样既可满足旅客的体验需求，又可塑造良好的"交通门户"形象，使客站生成于自然环境之中，充分利用特有的气候资源，实现与自然环境和谐共融。

在客站建筑设计中，优美、流畅的曲线型坡屋顶成为显著的建筑外观，屋顶三处顶点涵盖了主要的活动空间，双层通高的站内空间设计使热空气自然升至室内顶点，通过排风系统排出，形成良好的空气循环与恒温控制；同时，伸展的屋顶出檐随建筑形体高低变化，以遮蔽高大的玻璃幕墙，在降低站内制冷负荷的同时为旅客遮阳挡雨；客站屋顶的悬挑长度与轮廓线设计参照了太阳的照射角度，避免阳光直晒室内；曲线形屋顶使雨水自然流向坡面低处，收集后可作为中水进行利用。此外，客站的建筑界面采用石材、木百叶与玻璃幕墙的组合设计，既增强了建筑外观的轻松、活泼与乡土特征，又通过伸展的出挑屋檐、电动控制的幕墙窗口及竖向的木百叶立梃，对阳光、岛风及热空气进行采集利用，营造出舒适、怡人、生态的站内环境。客站以精致的细节设计探索了交通建筑与自然气候的协同设计策略，通过建筑技术语言良好诠释了现代交通建筑的地域性设计（见图4-5-25）。

图 4-5-25　三亚站的建筑形态设计

（图片来源：笔者根据刘世军等人的《现代交通建筑的地域精神——
三亚火车站方案设计》一文整理、绘制）

六、"强-弱"协调设计概念的引入

　　站前广场与客站建筑是站外空间的主体要素，其设计重心在于与城市环境的协调融合，而围绕站城融合引导下的客站建筑设计需求，二者的设计侧重各有不同，需要以其应用区位及与城市的协同方式来进行协调处理。

　　从二者的应用区位来看，站前广场以客站前部地面空间为基础，通过交通、环境、城市节点等功能的综合开发来强化与站房建筑及周边街区的整体联系，是站城外部环境的协调中枢。从与城市协同方式来看，其侧重对城市交通、环境及社会资源的有效吸纳与高效整合，并适度分担部分站内功能，从而淡化客站内外与城市空间的对立关系，以"弱化"形态体现其"开放、融合"的设计重心。因此，笔者将站前广场的规划设计总结为以功能协同为主导、整体侧重融于站房建筑与周边街区的"弱化式"设计概念（见图 4-5-26）。

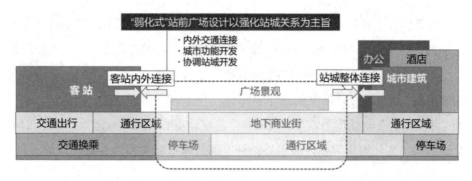

图 4-5-26　站前广场"弱化式"设计概念
（图片来源：笔者绘制）

客站站房作为站城融合的主导要素，是站外空间的视觉核心，对交通、环境及产业资源具有"聚向型"引导作用，其建筑设计的最终效果与客站设计定位、功能布局、空间结构、材料工艺、文化特色等综合要素相关。在协同方式上，客站建筑侧重以"城市门户＋副中心"的建设方式来融入城市环境并凸显其区域中心地位，以"强化"形态体现出"聚焦、主导"的设计重心。对此，笔者将客站建筑的规划设计归纳为以"中枢"形式为主导并协调城市环境的"强化式"设计概念（见图 4-5-27）。

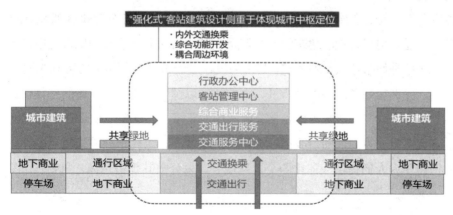

图 4-5-27　客站建筑"强化式"设计概念
（图片来源：笔者绘制）

站城融合引导下的站外空间设计应注重对站前广场与客站建筑的相互协

调，二者作为站外空间的主体要素在设计上应各有侧重：站前广场的设计重心在于强化站城空间在交通、环境、城市功能等方面的综合联系，从而缩短站城时空距离；而客站建筑作为客站空间核心，是内外交通、活动人口、产业资源的聚集点。因此，在站外空间设计中应引入"强-弱"协调概念，以体现站前广场"环境融合"与站房建筑"环境聚焦"的设计重心，从场地建设、功能布局、交通组织、文化表现等多方面引导站外空间与城市环境和谐共融。

第六节 基于使用者需求的
客站空间设计

　　围绕客站与城市的协同关系，无论是城市形态的演变发展，还是客站建筑的更新完善，人的精神、物质需求都对其产生了重要影响。实现建筑与环境的协调共生，就是引导人类活动与客观环境相互协调，在充分尊重客观环境的基础上，通过构建合理的建筑空间来满足人类的活动需求、推动城市健康发展。铁路客站是城市公共交通建筑，其规划设计必须强调人在客站场所中的体验与活动，强调客站场所的环境特性、人的活动以及含义的三位一体的整体性。[1]

　　一方面，推动站城融合要充分遵从场地环境，引导客站设计与城市环境有机协调；另一方面，随着我国社会经济快速发展、人民出行需求日益多样化，铁路需要为人们提供一体化的全过程服务，以释放其优势资源。[2]因此，客站

---

　　[1] 王烨、王卓、董静、杨玲：《环境艺术设计概论》2版，中国电力出版社，2015，第22-23页。

　　[2] 孙志毅、荣轶等：《基于日本模式的我国大城市圈铁路建设与区域开发路径创新研究》，经济科学出版社，2014，第120页。

是服务大众的公共交通建筑，其规划设计要综合考虑广大民众的各类需求，以民众的情感认知、行为习惯为重要参照，通过"以人为本"的理念来指导客站的空间设计，以满足民众的精神、物质需求，从宏观至微观的整体关系上实现站城、站民的全面协调，推动当代铁路客站的人性化设计。

一、高效、协调的外部空间设计

站外空间作为站城之间的过渡区域，是民众入站前及出站后的主要活动区域，并在站城融合的发展下逐步融入城市空间。而相比独立、封闭、围合的站内空间，站外空间范畴较为宽松，其界限相对模糊，与城市环境的联系更为紧密，在其设计中所考虑的民众需求要素也较为全面、综合。

（一）站前规划布局与建筑界面设计

站城融合提高了客站内外空间的开放式、共享式设计，站前区域亦成为城市公共空间，无论是交通旅客还是城市民众都会在此逗留、漫步，其活动流线分布于站前及周边街区。因此，站前广场与站房建筑应具有醒目的标示性与纪念性，成为站域地区的视线焦点，如视野良好的广场空间（城市密集建筑中的空白区域）、造型别致的站房建筑（空白区域中的核心建筑）、高耸醒目的站名字体（核心建筑的标识物）、形态各异的站前雕塑或钟楼（空白区域的次类标识物）、飞溅喷涌的池水喷泉（一般标识物）、连绵起伏的人造山石（一般标识物）、色彩缤纷的花卉植被（一般标识物）等均为站外空间的构成元素。

在一系列站外空间元素中，客站建筑因其高大、耸立的建筑形象往往成为人们视线的主要焦点，人们往往以站房为中心，环顾其周边环境，以形成对站外空间的整体认知。因此，应以客站建筑为中心建立与周边道路及建筑的多方向连接通道，方便在这些区域活动的民众快速到达客站，提高客站的可达性；同时，还可利用站前广场及其地下空间连通客站两侧的城市街区，以缓解因客站介入城市造成的城区分割与交通不便，提高站域地区步行系统的完整性与通达度，加速对此区域人口的分流与转移。此外，作为站域地区的核心要素，客站建筑的形态设计对旅客具有重要的引导作用。

受环境、交通、功能等要素的影响，客站的建筑形态各有不同，目前国内客站多为独栋式建筑，与周边城市建筑的联系性较弱，建筑形体以对称式为主，面向城市一侧的建筑界面多为横向布局，以城市环境为背景，向人们传递出展示、迎接、引导等讯息[①]；站房界面多由玻璃幕墙、柱架结构、站名字体等要素构成，在吸引人们视线的同时，亦通过局部的线条变化、曲面扭转、色彩对比等方式，提高了站房界面的设计感与吸引力，如成都南站（见图 4-6-1），使人们获得明确的方向感与导向性，以便了解所在区位与客站建筑的大致距离，并合理安排活动时间及行进速度，从而保障旅客的通行效率与活动秩序，也提高了站外空间的多样性与趣味性。

图 4-6-1　成都南站采用大跨度弧形界面，结合醒目的建筑色彩，
营造出飘逸、动感的视觉效果
（图片来源：笔者拍摄）

---

① 罗湘蓉：《基于绿色交通构建低碳枢纽——高铁枢纽规划设计策略研究》，博士学位论文，天津大学建筑学系，2011，第 136 页。

（二）与周边环境要素的良好协调

作为存在于环境中的客观事物，人和建筑都会受到环境要素的影响，并通过适当的调整来适应环境。铁路客站作为城市内的大型公共交通建筑，从其图纸规划到投入运营，始终都在与城市环境进行不断磨合、调整。其中，引导旅客活动与客站环境的良好协调，成为推动站城融合的重要环节。客站空间的环境要素，主要分为自然环境要素与社会环境要素。

自然环境要素是影响建筑构成的基本要素，是指非人类创造而影响人类生活生产环境并具备演化规律的物质成分，包括空气、水体、阳光、生物、岩土等，其综合产生的环境气候与气象活动，将直接影响人们的生活环境及活动方式。[①]作为城市交通枢纽的铁路客站，是城市人口的活动中心，自然环境产生的狂风、骤雨、暴雪、浓雾、尘霾、海啸、地震等自然灾害都会对客站运营与民众出行造成影响，如 2008 年中国南方雪灾、汶川特大地震及 2016 年豫北特大暴雨等气象灾害都对铁路交通及民众出行造成严重影响，对客站的运营管理与组织调度亦是重大考验。如 2008 年初因雪灾造成 10 万旅客滞留广州火车站，给车站的交通组织、人员疏导、运营服务、治安管理、行车调度等带来巨大压力。因此，客站设计应注重对当地气候的协调与适应，要考虑季节变更、气候变化对旅客活动带来的影响，对客站场地、建筑形态及功能设施有针对性地进行调整，以提高客站对特殊天气的应对能力，并通过节点疏散、编外候车、分段入站等方式缓解客流冲击，为旅客营造便捷、舒适的客站空间环境。

如海口站的建筑设计就充分研究了海南省的气候条件与地域特征（见图4-6-2）。考虑到当地湿热、多雨、日晒等气候特色，客站在构建"通过式"空间的基础上，将内外空间进行一体化布局，形成完整的建筑形态；同时，结合岭南建筑的风格特征，以通廊、庭院等建筑形式连接客站空间，简化了复杂的旅客流线。而站房建筑采取的室内与半室内的组合布局，可有效满足自然通风、采光遮阳等功能需求，提高了客站对当地自然气候的适应力。

---

① 张建涛：《基地环境要素分析与设计表达》，《新建筑》2004 年第 5 期。

图 4-6-2 海口站设计充分结合了当地气候特征
（图片来源：笔者根据曹亮功的《建筑地域性的解析与实践——
粤海铁路海口站建筑设计》一文整理、绘制）

社会环境要素主要指人类生存及活动范围内的社会物质及精神条件的总和，主要有政治、法制、经济、科技、文化等要素，构建和谐、稳定的社会环境亦需要完善的公共安全体系来保障。①站城融合的发展势必提高客站地区的人口密度与活动强度，预防、治理客站空间的各类安全问题，既是维护城市公共安全的重要举措，又为旅客安全出行及市民平安生活提供了重要保障。

入站安检是维护旅客的人身、财产安全的必要措施，保障了站内旅客的安全需求。而"3·01"昆明火车站严重暴恐案的发生使人们注意到站外空间在安全管理上存在的漏洞与隐患。此次暴力案件的袭击区域主要集中在站前广场、售票大厅、行李寄存处等人流密集区域。此次事件敲响了站外公共场所治安防控的警钟，使人们意识到站外空间的安全管理对维护城市公共安全的重要性。对此，以站前广场为主体的站外空间在规划设计中应注重对交通节点空间与站前空间的变量控制，如适度扩大节点空间尺度以提高人员通行量与通过速度（对于突发意外时人员疏散尤为重要）、注重下沉广场与地下街区的采光照明及通风设计、加强对人流密集区域的监控与临检等。这些措施既有助于增强民众活动的安全感与自信心，又提高了公安部门的监控能力，保障了站外空间的安全与稳定。

如笔者曾在郑州站西广场通行时，观察到站房出入口、售票大厅外、地下

---

① 李德志：《试论环境要素对公共管理的制约》，《长白学刊》2005 年第 4 期。

通道口等地点均驻有安保人员与巡逻车辆，并目睹了一场临时救助演习：一名"旅客"意外受伤倒地，巡逻车紧急鸣笛开赴事发地点，安保人员迅速对其实施救助并封闭现场。整个演练在无任何通知情况下突然展开，各单位协调配合、快速行动，尖锐的警笛、持枪的警卫、流畅的操作等，都给笔者留下了深刻的印象，在场民众亦给予高度认可并积极配合其工作，其对于震慑潜在不法分子、提升民众安全感是一种有效举措（见图4-6-3）。

图4-6-3　郑州火车站西广场的安保岗位与临时演习
（图片来源：笔者拍摄）

二、动态、灵活的内部空间设计

站内空间是旅客入站后的主要活动区域，相比广域、自由的站外空间，站内空间则受到建筑空间的约束，具有封闭性、围合性、限制性等特点，旅客须遵循客站指示并在规定区域内活动，在一定程度上受到了场地限制与管理约束。考虑到站内秩序的维护需求，对入站旅客进行必要的组织、管理是合情合理的。

与此同时，站城融合亦推动了站内空间的变革发展，在以人为本理念的引导下，站内空间逐步从"等候式"向"通过式"转变，功能区划从分散、独立转向集中、复合。在此基础上，对站内空间的尺度、形态、装饰及服务系统进行优化、改良，有助于提升站内空间设计的动态感与灵活性，使其更贴合使用者的物质需求、精神需求。

（一）合理的站内空间尺度

客流吞吐量、客站设计定位、交通组织、功能布局等要素都对客站的建筑形态及体量产生影响，并决定了站内空间的整体尺度。站城融合推动了客站空间一体化发展，站内空间从封闭、复杂的数个小尺度空间发展为开放、简洁的单一大尺度空间，使旅客更能全面、直观地了解站内环境；同时，一体化的站内空间并不意味着内部功能的混乱与缺失，而是基于旅客需求进行灵活布局。

如候车大厅作为旅客活动中心，不仅在横向尺度上要满足大规模旅客的候车需求，还要在竖向尺度上达到高大、通透、明亮的空间效果，以减少其给旅客的压抑感。服务区作为旅客的个人活动空间，具有自主选择性，通常设置在候车大厅的夹层或边沿区域，与熙攘的候车区相互分离，方便旅客使用选择（见图4-6-4）。对一体化的站内空间而言，合理的尺度是实现空间灵活利用、功能灵活布局、旅客灵活组织的重要保障，有助于形成灵活、高效的站内空间，迎合站城融合的发展需求。

图4-6-4　设置在候车大厅四周夹层及边沿地段的商业服务空间

（图片来源：笔者拍摄）

（二）简洁的站内空间形态

客站的建筑形体是基于内部结构而产生的，人们通过对建筑形体的初步观摩，即可知其内部空间的基本形态，以计划好入站后的个人活动。站城融合引导下的客站内部空间应带给人"复合而不复杂、简约而不简单"的感受,站内场所不宜出现遮蔽、曲折现象,并尽量简化设施内容以提高空间的完整性、统一性,通过动态、有序的形态设计,传递出清晰的空间信息,以对旅客进行方向引导。

如横向布局的矩形空间会带来迎接、展示的心理感受;纵向布局的矩形空间则带有明确的指引性与方向性;而富于变化的不规则空间既带来新奇、活泼的心理体验,又加剧了人们的陌生感与未知性,影响了人们的判断力与认知力。[①]在站内空间设计中,简洁的空间形态有助于提高旅客的识别、判断力,使入站旅客及时获知所在位置,并快速了解站内环境,降低了旅客因陌生环境产生的紧张、焦虑情绪,减少其在行进中的停顿次数与判断时间,提高了旅客的通行效率与活动秩序。

此外,站内空间的简洁形态并不意味着内部环境的空洞、乏味。本质上,站内空间作为室内环境会存在些许封闭感,加之从不同方位入站的旅客猛然踏入空旷的站内大厅,会因环境转换与场地增大的原因迷失方向感。每逢春运、小长假等出行高峰期,站内大厅都会出现孩童走失、老人走散等问题,即使是通过手机或儿童电话联系到对方,走失者也会因不熟悉所在区域而难以说明详细位置,不仅给客站工作人员及家属的找寻工作带来困扰,更会给不法分子可乘之机。对此,站内大厅的空旷区域可安置一些色彩艳丽、形态鲜明的装饰物(如生肖动物或吉祥物)或广告牌,以形成站内空间的视觉焦点,方便作为标识物进行查找与汇合,并提高站内环境的生动性。

近年来我国新建高铁客站、城际铁路客站多采取一体化、矩形式的建筑形态,建筑整体横跨于站台、股道上下侧,两侧界面为站房出入口,一体化的站内空间提高了旅客的认知、判断能力,根据票面信息以及引导标示,可快速到达指定的检票口,使旅客自觉、有序地组织活动流线及运动方向,既提高了旅

---

① 罗湘蓉:《基于绿色交通构建低碳枢纽——高铁枢纽规划设计策略研究》,博士学位论文,天津大学建筑学系,2011,第 136 页。

客的通行效率，又降低了客站的运营成本，改善了站内空间的整体环境（见图4-6-5）。

图 4-6-5　简洁、清晰的站内空间形态有助于提高旅客的组织能力与活动效率
（图片来源：笔者拍摄）

（三）柔和的站内空间装饰设计

人生的多数时光都是在室内度过的，室内空间承载了人的大部分活动，与人的生活联系密切。[①]通过对室内界面、色彩、光线、陈设、器具等要素的合理运用，可营造出温馨、舒适的室内环境，满足人们审美、品读等精神需求，给予人们在视、听、闻、触等感知上的良好体验。

站城融合的发展将大量活动人口带入客站，活动人口的增加对站内空间的设计品质有了更高要求。对此，站内空间应改变冷漠、灰暗、生硬的环境感，体现出关怀、柔美、温和的设计感，通过富有建筑语意、文化内涵、实用价值的装饰设计，提升站内空间的环境品质。

1.站内空间的界面表现

民众对站内空间的感受是综合、全面的，站内空间由底界面、侧界面和顶界面组成，不同的界面表现方式会带给民众不一样的感受。作为影响站内环境的重要因素，客站内部的界面设计需要综合考虑人们的物质、精神需求，通过

---

① 王烨、王卓、董静、杨玲：《环境艺术设计概论》2版，中国电力出版社，2015，第44页。

不同质感的界面材料结合丰富的界面变化，给人以耳目一新的视觉效果。

需要注意的是，对站内界面的设计表现要坚持适度原则，其表现手法及内容不宜过度抽象、晦涩难懂。结合客站作为公共建筑的定性，其界面设计应体现朴素、大气、开朗、乐观的设计感，或表现城市精神、或体现地域文化，使接触者心领神会、自然接受且心情愉悦、印象深刻。

如天津站南站房中央站厅顶部为高达 21 米的圆形穹顶，在顶界面的设计处理中，设计人员参照了西斯廷教堂的穹顶名画《创世纪》，对站内界面进行了创新设计，改为在穹顶绘制写实油画《精卫填海》，通过迎风搏击的精卫形象，表现出中华民族不畏艰难、奋发图强的博大气魄，极具艺术表现力与视觉冲击力，成为国内客站少有的穹顶壁画艺术与城市文化遗产（见图 4-6-6）。

图 4-6-6　天津站站房穹顶壁画《精卫填海》，具有极高的艺术价值与文化魅力

（图片来源：根据互联网资料整理）

2.站内空间的装饰色彩与运用表现

色彩是站内空间装饰的重要元素，丰富变化的色彩元素可烘托不同的设计主题，表达不同的设计风格与功能特性，产生直观、强烈的视觉效果。

在站内空间的色彩设计中，要考虑到色彩对空间定义、区域性质的体现，色彩选择、运用需要与客站形体、空间方位、旅客类别及其活动时间、分布区位等协调，以充分发挥色彩在环境中的作用。同时，色彩设计还要充分结合建筑材料的质感、纹理，体现出相同色或相近色的细微变化，避免因对比强烈产生心理不适。在材料的使用上，应尽量保持材料的本色、形态，减少人工处理的痕迹，使站内空间的色彩关系更为自然、朴实。此外，站内空间的色彩设计应加强对地域特色、气候环境及民俗文化的体现，通过不同的色彩选用、色调处理、明暗对比等方式呈现。

在站内空间装饰色彩的运用表现上，应坚持"浅系为主、深浅结合"的色彩选用原则与"三色协调"的色彩表现方式。"浅系为主、深浅结合"是指站内空间的主体色彩应以浅色系为主，在带来柔和的感官接触的同时，亦提高了站内空间的场所感、降低了对人工照明的需求；当然，还要通过适量的深色装饰对浅色界面进行色域收拢，以平衡站内空间的色彩配比，提高场所环境的真实性。此外，还要运用"三色协调"原则控制色彩数量，使站内空间装饰色维持在三种以内或同一种（不同明度），避免色彩数量过多带给人们杂乱、无序的环境感受，这一点对于站内空间及站外地下空间的装饰设计尤为重要。

如拉萨站以体现西藏民族文化为设计主题，在站内空间的色彩装饰中选取了藏式建筑常用的红、白、黄三色，通过对比的色彩关系、细部的木作装饰、通高的玻璃幕墙、高耸的承重立柱，营造出浓厚的藏民族风情，使旅客仿佛置身于传统的藏式宫殿之中（见图4-6-7）。

图4-6-7　拉萨站内部的色彩装饰以红、白、黄三色为主，体现出浓郁的藏民族特色
（图片来源：根据互联网资料整理）

3.站内空间的照明设计

对光线的合理运用也是站内空间设计的重点，良好的照明设计可为旅客营造清晰、舒适的站内环境。站城融合引导下的客站空间设计，强调对环境资源的合理开发与高效使用。利用自然采光成为站内照明的主要方式，其有助于减

少人工照明，降低客站能耗，是对客站建筑绿色设计的积极回应；但是，考虑到低层空间及夜间的照明需求，必要的人工照明十分重要。光线不足且可视性差的环境会加剧人的焦虑、恐惧心理，明亮清晰的照明环境则有助于提高人的安全感与自信心，良好的照明设计可以预防不法行为，使客站建筑充满活力，提高其吸引力与愉悦感。①

站城融合的发展推动了客站对纵向空间及周边站域的综合开发，客站地下空间的大规模开发与活动人口的增加提高了其照明需求。一方面，客站通过灯光照明保障人们活动的安全与便利，并利用光线的明暗变化对旅客活动进行引导；另一方面，自然结合人工的照明设计可提高站内环境的装饰性与趣味性，利用不同的光源及灯具，组成多种图案、色彩及动态效果，为旅客带来丰富的空间感受（见图4-6-8）。

图4-6-8　良好的照明设计有助于提高站内空间的安全感与装饰性
（图片来源：笔者拍摄）

4.观赏性与实用性相结合的室内陈设

陈设艺术是对站内装饰的深度美化，主要包括对器皿设施、艺术品、植物景观、水体、织物等陈设品的选择与布置，其目的是为旅客创造合理、舒适、文艺、美观的站内环境，并传递一定的思想内涵与精神文化，对站内空间形象的塑造、气氛的表达、环境的渲染具有重要作用。②客站的内部陈设应注重观

① 朱利安·罗斯：《火车站——规划、设计和管理》，铁道第四勘察设计院译，中国建筑工业出版社，2007，第105页。
② 王烨、王卓、董静、杨玲：《环境艺术设计概论》2版，中国电力出版社，2015，第75页。

赏性与实用性的良好协调,既要注重体现其城市主题与地域特色,又要注重改善站内环境、整顿空间秩序、丰富空间层次、提高旅客的环境体验。

如西安北站的二层候车大厅设置了由绿植、转盘、汽车共同组成的广告展台(见图4-6-9),与客站建筑的交通主题相映衬,体现出时代发展与交通进步带给人们的美好生活。

图 4-6-9　由绿植、转盘、汽车共同组成的广告展台

(图片来源:笔者拍摄)

(四)完善的站内综合服务系统

1.对器械设施的合理选择与规划布局

器械是辅助人们生活、工作的必需品,人们的日常活动与器械运用息息相关,器械在室内空间中占有很大比例,对空间效果的生成具有重要作用。

站城融合的发展丰富了站内器械设施的种类,包括自动售票机、信息栏、休息座椅、饮水器、充电桩、报刊栏、垃圾箱等设施,此类设施具有公共性、共享性特征,是客站服务体系的重要组成部分。因此,器械设施的形体尺度、安置数量、摆放位置要与站内空间及旅客流线良好协调。器械设施可用于功能区划与装饰设计,既可提高空间利用率,又可增强空间的观赏性与趣味性。

如休息座椅是旅客用于放松、休憩的主要器具,座椅的样式、数量及位置必须符合空间尺度与使用需求。大尺寸的座椅虽提高了舒适度,却占据了过多的场地空间,在数量上也无法满足高峰客流的使用需求,故多在贵宾候车室、母婴休息区等小众空间使用。同时，座椅数量与摆放位置也很重要，数量少则无法满足旅客需求，数量多则会挤占空间、干扰旅客通行并影响站内秩序。此外，座椅数量应结合高峰客流量设置，并临近检票口摆放，方便旅客检票乘车（见图4-6-10）。

图4-6-10 设置在检票口附近的休息座椅，既满足了旅客休息需求，

又不会影响客流通行

（图片来源：笔者拍摄）

2.全面、高效的站内信息服务系统

全面、高效的信息服务是旅客在站内便捷活动的重要保障。随着高铁时代的到来，站内的客流活动大幅增加，所产生的信息需求量也急剧增加。因此，构建完善的信息系统有助于客站信息的透明化、清晰化、全面化传递，使旅客对信息的获取和理解更为直观，以提高旅客的自我判断力与行动效率。

站内信息系统涵盖了办公、售票、广播、运输、监控等功能领域，成为专业化、复杂化的功能系统。互联网、大数据及人工智能的全面普及，进一步拓展了站内信息系统的传递渠道，使信息公开更为快捷，以方便旅客获取；同时，信息系统的智能化发展，也降低了客站管理的人力成本，改善了服务人员的工作环境与劳动强度，使站内信息服务更为智能、高效。

随着站内信息系统的智能化、自动化发展，旅客从求助于人工服务转向自主服务，通过阅读电子信息屏、标识图案与文字来获取信息。一方面，考虑到客流方向的多元化，站内标识系统应从顶、侧、底界面进行多角度设置，利用电子屏、指示牌、平面图等持续向旅客传递信息；另一方面，标识系统应采取标准化设计，避免因样式、风格、图案、色彩等差异给旅客的理解造成影响，同时，标识系统还应符合国际规范，采用统一符号与标准文字，文字应包括常见的中文、英文，个别地区可按照实际需求添加文字。此外，还应在标识系统中添加盲文、语音引导等服务，以帮助残障人士顺利出行，充分诠释以人为本、为民服务的人性化设计理念（见图 4-6-11）。

图 4-6-11　规范、统一的站内信息系统有助于提高旅客活动的自主性
（图片来源：笔者拍摄）

三、客站空间的人性化设计原则

一方面，站城融合推动了客站空间的变革发展，使客站内外空间在形态、功能、组织、管理等方面对接站城综合需求，并作为子系统与城市空间有机融合，积极引导现代城市的健康发展；另一方面，人是客观环境内的活动主体，其活动需求影响了建筑的生成和发展，客站的规划设计要与人的活动需求相耦合，通过以人为本理念，使客站空间更加符合人的思维方式与行为习惯，提高人们在客站中的舒适度、安全感与便利性，以体现对使用者的关怀与尊重，推动客站与城市、民众之间的良好协同（见图 4-6-12）。

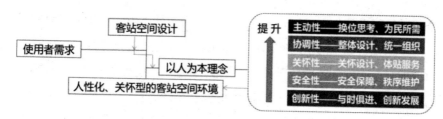

图 4-6-12　客站空间的人性化设计要点
（图片来源：笔者绘制）

（一）以人为本、主动服务原则

　　站城融合引导下的铁路客站将走向与城市一体化发展之路，继而客站空间的开放性、共享性特征将更加显著，所吸纳的人口规模将持续扩大；而随着城市快节奏运作对民众生活的影响，人们对客站的使用亦常态化、生活化。因此，建设人性化、服务型的铁路客站必须秉持以人为本、主动服务的原则，从客站设计构思、规划布局、功能组织、服务管理等方面主动对接民众，通过换位思考以探索民众在客站中的具体所需，使民众在客站中"想有所应、需有所给"，对客站从过去"被动应对"转变为"主动接受"，并将其作为日常活动场所的一部分予以认可、接纳。在客站设计中坚持以人为本既是协调人与客站的相互关系、引导客站功能开发及环境营造的基本原则，也是构建城市立体交通、保障民众交通生活的指导思想。

　　在客站空间设计中坚持以人为本，就是以民众为中心，通过合理的空间规划、功能布局、流线组织及环境营造来构建"安全、便捷、舒适、愉悦"的客站空间，全方位满足民众的综合需求，为其带来物质与精神上的双重享受，以吸引活动人口，提高客站人气与活力，推动客站优化更新及站城融合发展。

（二）整体设计、协调组织原则

　　实现以人为本、主动服务是客站空间人性化设计的总体目标，而实现这一总体目标需要对客站空间的设计定位、规划布局、功能组织等进行调整、优化，即坚持以整体设计为引导、以协调组织为保障，使客站以最佳状态迎接访客。

站城融合引导下的铁路客站作为城市的交通枢纽与活动中心，在设计定位上应考虑与城市生活的整体对接，从交通、社会、环境等各方面介入城市系统，提高客站对城市的开放性、与民众活动的契合度；而客站内外空间及功能系统则要以统一协调、高效组织的方式来接纳到访的民众，体现在出入快速、换乘便捷、功能多元、服务体贴、管理高效、环境优雅等方面，使客站成为开放、共享的城市公共场所。坚持整体设计、协调组织原则，既可以提高客站的外部可达性与内部通达度，减少旅客交通劳顿、保障其出行便利，又可以推动客站空间与城市环境的良好对接，迎合站城融合的发展需求。

（三）关怀设计、体贴服务原则

关怀设计是对以人为本的深入诠释，体贴服务是对客站功能组织的协调处理，以使其使用便捷、称心如意。传统客站设计侧重单一的交通服务，对旅客服务则以强制管理为主，客站多为旅客出行中的"闸口空间"。对旅客而言，减少站内停留、快速乘车离站多由落后的客站服务、破败的客站环境、混乱的客站治安与低效的运营管理所致，这些不足严重影响了客站的社会形象。

站城融合发展下的客站则向一体化、通过式、服务型转变，在保障旅客便捷出入的同时，亦也要提升客站空间的人性化设计，使旅客感受到环境的接纳力与亲和力。一方面，完善的服务设施与信息系统保障了旅客活动的便捷、自如，以缓和交通出行造成的慌乱、匆忙，提高个人活动的组织及协调能力；另一方面，良好的环境氛围可带给旅客必要的关怀感与安抚力，充满人文气息与地域特色的客站装饰提高了站内空间的文化感与艺术性，带来强烈的艺术表现力与视觉冲击力，使人仿佛置身于文艺殿堂。此外，良好的站内环境亦提高了旅客的安全感与舒适性，使旅客自觉树立社会公德意识，以约束不良行为并配合客站管理，维护了井然有序的客站环境。

关怀设计、体贴服务的本质在于以旅客为中心，引导客站设计与旅客的思维方式及行为习惯相耦合。客站应以通达的站前广场、通透的站内空间、柔和的站内环境、健全的服务设施、完善的信息覆盖等方式，确保旅客从抵站起到离站的最后一刻都会获得所需服务，使旅客的活动效率得到提升，提高旅客对客站环境及服务体系的认可与接受。客站空间的关怀设计与体贴服务有助于增强客站空间的亲和力与普适性，扩大客站服务系统的覆盖群体和辐射范围，营造开放、便捷、舒适、亲民的客站环境。

（四）保障安全、维护秩序原则

站城融合发展下的客站空间已成为重要的城市活动中心，客站空间的综合开发增加了客站环境的复杂性与不确定因素，客站功能的多元引入扩大了客站人口的规模。保障安全、维护秩序成为指导客站空间设计的重要原则。

一方面，客站空间的一体化发展与各功能区的协调组织，增强了人们对客站环境的认知与适应力，确保了个人的活动尺度及安全空间，避免混乱、拥挤产生的矛盾冲突；另一方面，亦要防范和治理潜在的安全隐患，避免突发意外与环境问题对旅客造成伤害，以保障客站安全、维护运营秩序。完善客站的细节设计，营造安全、舒适的客站环境，是对客站空间人性化设计的良好体现。

（五）与时俱进、创新设计原则

时代的发展、科技的进步，改变了人们的思维方式及生活习惯，站城融合引导下的铁路客站是对接城市发展、民众生活的“纽带”，其设计理念、功能组织与服务管理需要与时代同步、与生活接轨，并结合民众的个体化活动需求，对客站空间进行持续性的功能协调与设施更新。客站空间的创新优化要始终贯穿其规划设计的全过程，使民众在客站内的各类诉求都能得到积极回应。

第七节　本章小结

　　本章在立足前文有关客站设计定位、规划建设及站城协同方式的研究基础上，围绕站城融合引导下客站规划设计的关键要素展开研究，即探讨了客站规划设计应从哪些方面、以何种方式推动站城融合的问题。对此，本章围绕铁路客站这一站城融合中的核心要素，在立足站城交通、社会、环境等协同方式及融合层次的基础上，从客站内外空间两部分展开分析，主要包括对内外交通资源的吸纳与整合、对客站交通流线的一体化组织、对站内空间的集中开发与综合利用、对融入城市环境的站外空间的设计、基于使用者需求的客站空间设计等关键性设计要素。

　　交通协同作为站城融合的根本基础，重点在于对内外交通资源的吸纳与整合，全面对接城市路网有助于提高客站出入效率，对城市公交的全面引入既是对前者的优势巩固又是构建客站交通枢纽的重要资本，而与客站空间形态的良好结合及协调有序的交通组织是建设客站交通枢纽的必要保障。在此基础上，提出换乘大厅与换乘单元的引入是确保客站枢纽建设与站城交通协同的关键举措，应优先考虑其规划设计。

　　而客站枢纽的构建亦需要良好的交通流线组织，通过分析构成流线的交通主体、方式及分布区域，提出一体化的客站交通流线组织，是确保客流通行、集散并提高客站服务的有效举措。采用出入流线协调化、换乘流线高效化的组织方式，有助于客站空间从"等候型＋管理型"向"通过型＋服务型"发展转变。

　　站房建筑是客站规划设计的主体要素，对站内空间的形态整合与功能优化则是助力站城融合的重要方式，以高效、快捷的交通空间为基础，以便捷、舒适的服务空间为支撑，结合综合、集约的纵向空间开发，构建起立体、多元、灵活的站内空间系统，与站外空间及周边街区全面对接，推动客站枢纽的设计优化与更新发展。

　　积极推动站外空间融入城市环境，既是对站内空间开发建设的外部延伸，又是引导站城环境融合的重要举措。站外空间包含从交通、环境、城市节点等方面进行综合开发的站前广场以及与城市环境协调融合的站房建筑设计，结合二者在设计中对"功能"和"形态"的不同侧重，本节提出将"强-弱"协调设计概念引入站外空间设计，以"弱化式"设计引导站前广场从功能、环境等方面融入站城空间，以"强化式"设计提高站房建筑的设计感与标示性，使站外空间在设计中主次分明，协调有序，推动客站内外空间与城市环境系统相融、和谐共存。

　　最后，本章对客站与人的协同关系展开研究。客站是服务于民的公共交通建筑，其空间设计要紧密结合民众的活动需求，以高效、协调的外部空间与动态、灵活的内部空间来共同推动客站空间的人性化设计，从环境改善、服务升级、管理优化等方面引导客站空间设计从"强制管理、被动调整"转向"关怀服务、主动优化"，以树立良好的客站形象，构建客站与城市、民众的整体协同关系。

第五章　当代铁路客站的
发展模式及站城关系研究

　　以铁路客站为代表的城市交通枢纽，是城市的交通门户、形象窗口、交通换乘组织中心及城市活动聚集的重要场所。①随着城市化发展、人口增加及交通量的提升，站城关系变得愈发紧密，推动了客站向立体化、复合化、综合化的方向发展；同时，客站作为城市的交通中心，在高铁交通建设背景下迎来了新的发展机遇，并取得了一定的建设成果。要想实现城市可持续发展的战略目标，就必须构建完善的城市交通体系，推动作为交通节点的客站枢纽与城市空间融合发展。因此，围绕站城融合引导下的铁路客站规划设计，需要进行全面、系统的分析与研讨。本章通过对国内外客站案例进行对比分析，对其站场选址、场地开发、空间规划、功能布局、环境营造等方面的特点及创新性进行归纳总结，在其成功经验的基础上，结合时代背景及现实国情来共同探讨站城融合引导下的铁路客站规划设计策略。

---

① 刘冰、周玉斌、陈鑫春主编《理想空间·29，城市门户——火车站与轨道交通枢纽地区规划》，同济大学出版社，2008，序言。

第一节 我国铁路客站的"交通节点"发展模式及特点分析

随着我国高铁事业的飞速发展，以高铁为主导的交通客运体系正逐步成熟、完善，铁路交通与城市发展的联系日益紧密。本节将围绕我国铁路客站的发展模式及站城协同关系，通过选取具有代表性的客站进行研究，分析客站建设带给城市、民众的影响与改变，对符合我国现实国情的客站发展模式进行积极探索。

一、我国铁路客站的发展现状

当前我国已进入新型城镇化阶段，许多中心城市正向都市圈及城市群形态转变，城市扩张推动了城市空间不断蔓延，吸引了大量人口与产业资源；与此同时，城市亦面临着人口膨胀、交通拥堵、环境污染、资源损耗等问题。因此，树立绿色的城市发展理念、探索城市可持续发展道路，并营造舒适、健康的城市生活环境，需要构建以公共交通为主导的城市交通体系，以完善城市交通结构，优化城市功能布局，改善城市生态环境，并引导城市形态的健康发展。铁路客站作为城市的交通枢纽与活动中心，既承担着内外交通衔接、换乘等重任，又汇集了大量人口、资源，是完善城市交通体系、推动城市更新发展的关键节点。因此，推动客站与城市融合发展成为城市紧凑化建设及可持续发展的重要举措。

根据《中华人民共和国国民经济和社会发展第十三个五年规划纲要》《铁路"十三五"发展规划》，至 2020 年末，全国铁路营业里程达到 15 万公里，其中高速铁路达到 3 万公里，要大力发展城市群交通及城市交通，建设一批开放式、立体化的综合交通枢纽，推进同台、立体换乘，加强城市枢纽之间的高效连接，实施公共交通优先，鼓励绿色出行，并依托交通枢纽发展城市综合体，推进枢纽地区的整体开发。[①]

二、"交通节点"模式的实例分析

本节以上海虹桥站、北京南站、深圳福田站、重庆沙坪坝站作为研究对象，这些客站所在的长三角、京津冀、珠三角、成渝经济圈是我国经济核心区域，在其城市群及都市圈内已初步形成立体化、复合化、综合化的交通运输网络，城市的基础设施齐全，公共服务体系完善，社会生活环境良好，客站在交通、社会、环境等方面与城市、民众形成了紧密联系。客站的合理建设对于城市健康发展、区域优化更新、城市环境改善、民众便利生活等具有积极意义；同时，作为城市综合交通枢纽，许多新理念、新技术、新方法在客站设计中得到大胆尝试与创新应用，通过总结其成功经验与实践方式，不仅对新时代客站的站城融合发展具有指导意义，还能对当前客站在规划设计、开发建设、运营管理上的不足进行修整与完善。

（一）上海虹桥枢纽

1.枢纽的设计定位与选址规划

上海市位于华东沿海地区，是我国国土的东部突角，由于城市东面临海、北依长江，所以城市的开发腹地主要面向西部。[②]虹桥综合交通枢纽（以下简称"虹桥枢纽"）位于上海市闵行区，项目总面积约为 $26.3\,km^2$。庞大的交通枢纽群由机场航站楼、高铁客站、磁悬浮客站、交通广场等组成，集合对外交通、

---

① 中华人民共和国国家发展和改革委员会：《中华人民共和国国民经济和社会发展第十三个五年规划纲要》，人民出版社，2016，第 70 页。

② 刘武君：《虹桥国际机场规划》，上海科学技术出版社，2016，第 14 页。

对内交通、内外交通衔接、集中换乘等枢纽功能，成为包含航空运输、高速铁路、城际铁路、城市轨道交通、公交巴士、出租车及社会车辆等在内的现代化大型综合交通枢纽。

　　虹桥枢纽的建成，不仅推动了我国交通建筑形式的创新发展，更依托其交通优势，形成以枢纽为中心的城市活力区域，对于激发沪西地区的经济活力、构建社会主义现代化国际大都市发展框架、推动以上海为中心的长三角城市群发展等具有重要意义（见图5-1-1）。①

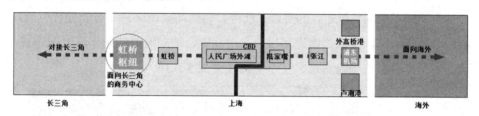

图 5-1-1　虹桥枢纽与上海东西向的城市发展轴的协同关系

（图片来源：笔者绘制）

　　作为集合"空、轨、路"等交通方式于一体的城市交通枢纽，虹桥枢纽所要承担的客流通行、中转、换乘业务是巨大而复杂的。设计之初，设计人员曾预测至2020年，虹桥枢纽的铁路发送量将达到1.2亿至1.4亿人次/年，客流集散规模将达到110万人次/日，每日产生12至15万车次的道路交通量。而实现在同一枢纽内的综合化交通衔接、复合化功能布局以及规模化客流集散，在国内尚无完全成熟的案例可供借鉴。②针对虹桥枢纽的设计建造，规划师与设计人员以科学发展观为指导，树立了"地区和谐、有序发展"的总体理念，提出了枢纽功能定位及设施布局——枢纽本体立体换乘、交通组织城市设计——大虹桥枢纽区域发展研究的规划策略。③在此基础上，制定了

---

① 纪立虎：《在探索中和谐有序发展——上海虹桥综合交通枢纽规划解析》，《规划师》2007年第11期。

② 罗湘蓉：《基于绿色交通构建低碳枢纽——高铁枢纽规划设计策略研究》，博士学位论文，天津大学建筑学系，2011。

③ 同①。

虹桥枢纽的地区结构规划,明确了交通枢纽的主体功能及内部交通系统的规模与格局,并确立了虹桥枢纽的总体结构模式。

2.枢纽的内外交通整合措施

作为城市综合交通枢纽,对于交通资源的整合、协调至关重要,虹桥枢纽汇集了地铁、低速磁浮等城市轨道交通系统,结合各方向的客流出行需求,采取了"三横两纵"的布局方式(见图 5-1-2);同时,根据"上层进站、下层出站"的客流组织模式,设置了高架车行道路系统与地下人行通道系统,使枢纽在地上、地下空间实现东、西贯通;此外,利用高架道路系统有效连接枢纽核心区与城市路网,采取"南进南出、北进北出、侧向连通"的车流组织方式,确保高架道路系统顺畅通行、互不干扰(见图 5-1-3)。

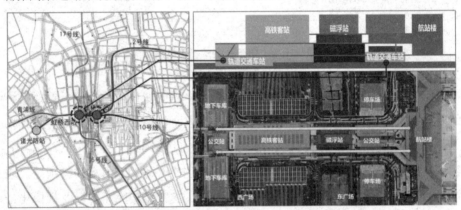

图 5-1-2　虹桥枢纽的城市轨道交通系统规划及设施布局

(图片来源:笔者绘制)

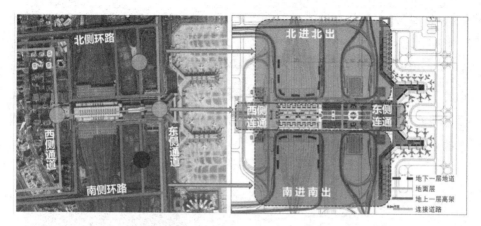

图 5-1-3 枢纽道路交通系统规划

（图片来源：笔者绘制）

3.枢纽的功能布局与流线组织

虹桥枢纽的主体建筑群采用东西向一字型布局，庞大的枢纽综合体内涵盖了航站楼、高铁客站、磁浮客站以及地铁客站等交通功能区（见图 5-1-4），围绕"上进下出"的客流组织模式，枢纽的功能定位与流线组织主要集中在三个层面。

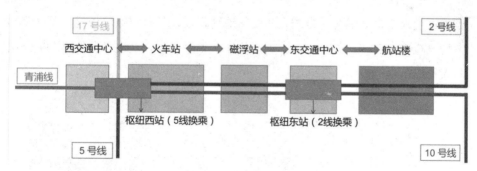

图 5-1-4 呈一字型布局的虹桥枢纽交通功能区

（图片来源：笔者绘制）

高架层面（10 m）为旅客进站层，将高铁站厅、磁浮站厅、东广场及航站楼大厅一体连接，搭乘公交车、出租车及社会车辆的旅客可在本层经南北两侧的人行通道进入候车区。作为可容纳 7 000 人的候车大厅，分为西侧的普铁、城铁候车厅及东侧的高铁候车厅，以高效分流旅客，避免流线交叉造成混乱（见图 5-1-5）。而售票点则设置在大厅各出入口处，与入站旅客流线协同布局，提高旅客通行效率。大厅内还设有各类服务设施（零售点、休息区、咨询台、寄存处等），并将商业服务区安置在夹层空间，为旅客提供便利服务。而枢纽西北、西南两侧为辅助办公楼，在与枢纽保持联系的同时亦提供了独立的办公环境。

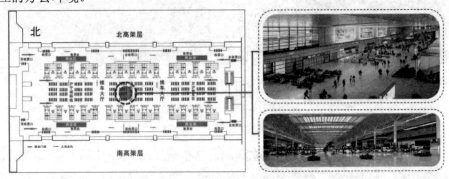

图 5-1-5　虹桥高铁客站的高架候车大厅
（图片来源：铁三院提供、笔者绘制）

枢纽地面层（0 m）与城市路网连接，东西两侧为地面进站厅与贵宾室，通过垂直换乘衔接其他交通方式，西面与地铁相连，东面与磁浮相通，而铁路站台均设置在地面层，旅客可在此乘降列车（见图 5-1-6），此层也是巴士换乘层与人行广场。

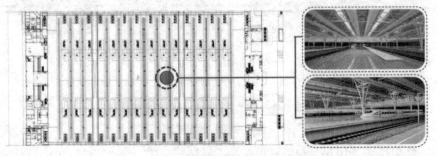

图 5-1-6　虹桥高铁客站的地面站台层
（图片来源：铁三院提供、笔者绘制）

　　地下一层（－10 m）为枢纽通道层，主要连接航站楼、高铁、地铁、磁浮等交通功能区，西侧是地铁换乘大厅，外侧为出租车上客通道。地铁站台设置在－16 m层，引入2号线、10号线、17号线，共设三座岛式站台，旅客可同台换乘其他线路（见图5-1-7）。

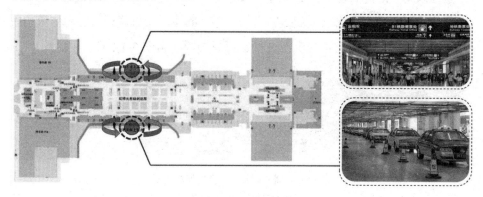

图5-1-7　虹桥高铁客站的地下通道层及出租车港
（图片来源：铁三院提供、笔者绘制）

　　通过在枢纽内构建立体化、多元化、协同化的交通系统与功能体系，以保障内部交通组织及功能运作的高效、协调。

　　上海作为国家中心城市，汇集了经济、金融、贸易、科技、文化、教育等重要资源，吸引了众多外来人口并产生了大量交通需求，而虹桥高铁站作为枢纽的重要组成部分，其设计必须紧密结合客流的活动需求，通过清晰、明确的站内空间形态结合完善的标识系统，使旅客快速了解站内环境。对此，相关部门统一设计了客站标识系统，对站内空间形态、动静态标识、服务设施、信息系统等进行协调，通过有机的空间组织与统一的标识系统，既提高了旅客的方向感与判断力，又形成了整体的客站环境，提高了客站的服务水平与环境品质。[1]

---

　　[1] 罗湘蓉：《基于绿色交通构建低碳枢纽——高铁枢纽规划设计策略研究》，博士学位论文，天津大学建筑学系，2011，第184页。

4.枢纽建筑形态设计

在建筑形态设计中，对速度的体现成为设计的灵感来源，简洁、流畅的建筑形体是对列车速度及时代进步的象征，建筑造型注重形体之间的穿插、咬合，并通过倾斜、错位的建筑界面营造动态化的形体感与视觉效果。而规整的横向线条使建筑立面展现出交通建筑特有的动感、韵律，并与建筑形态、体量相映衬，将交通的活跃与建筑的沉稳进行了良好协调（见图 5-1-8）。

图 5-1-8　虹桥枢纽的建筑形态设计

（图片来源：笔者拍摄）

枢纽建筑对环境资源进行了合理收集与高效利用，通过大面积的玻璃天窗强化内部采光，减少了大规模人工照明带来的资源消耗与成本开销；并利用自然采光、通风，营造出宽敞、通透、明亮、清晰的站内环境，在降低能耗的同时提高了旅客的舒适感。

5.枢纽设计中的创新性技术运用

根据综合化、一体化、复合化的规划布局，虹桥枢纽在设计中开展了大跨度空间结构、列车通行对站内环境的影响、大型地基与基建设施、锯齿形索结构玻璃幕墙等专题研究①，并通过模拟分析客流活动，获得仿真的行人活动数据，用以指导客站空间的规划设计；同时，在客站建成使用后，还引入热力成像系统对站内客流情况进行实时监控，以合理疏导客流，保障客站安全运营。此外，客站空间还采用了许多新型节能技术，如通过光导照明技术进行地下空间自然采光，通过自然能源采集结合空调系统进行恒温调控，利用 CFD（计算流体动力学）模拟调节空调系统以提高其利用率等。

---

① 方健：《京沪高速铁路上海虹桥站新建站房设计》，《时代建筑》2014 年第 6 期。

6.站城协同关系分析

对内外交通的吸纳、整合是虹桥枢纽的设计亮点，其开发建设是对上海西部、华东地区以及全国交通的有力支撑。虹桥枢纽作为集航空、铁路、城轨、公交等交通资源在内的现代化综合交通枢纽，依托良好的交通资源与优越的地区环境，成为辐射上海西部以及长三角地区的活力核心，有助于强化主城区与周边地区的交通联系，推动长三角城市群内部的协调发展，将"交通节点"发展模式从地区、城市、市域三个层面进行了深入贯彻。

一方面，内外交通资源的高效整合既是对虹桥枢纽的功能完善，又促进了枢纽系统与城市空间的融合发展，其缩小了内外交通站点间的时空距离，优化了枢纽的交通结构，丰富了枢纽的服务功能，推动了城市的更新发展，形成了新兴的城市交通门户及区域中心；另一方面，虹桥枢纽通过构建高效、立体的综合交通体系，提高了民众出行、换乘的便利性，减少了其交通出行的周转与波折，并通过一体化的建筑空间营造了简洁、通透、开放、舒适的内部环境，体现出"以人为本、为民服务"的设计宗旨。

（二）北京南站

1.客站的设计定位与选址规划

北京南站作为我国第三代铁路客站的代表，其设计建造对我国大型客站枢纽的发展具有探索、示范作用。客站位于北京市丰台区，站场北邻南二环、南接南三环，周边为住宅、办公及商业功能区。作为城市综合交通枢纽，北京南站的建设内容包括综合站房、地下汽车库、站房南北侧独立综合楼、高架环形桥和构成站房整体层面的站台雨棚。站房主体面积达 25.2 万 m²，雨棚建设面积约 7.1 万 m²，高架道路达 2.3 万 m²，预计至 2030 年客流量达到 28.7 万人次/日。[①]客站共设 13 座站台 24 股道，承担着京沪高铁、京津城际、普速等铁路

---

① 王睦、吴晨、周铁征、王莉：《以火车站为中心的综合交通枢纽——新建北京南站的设计与创作》，《建筑学报》2009 年第 4 期。

客运，并引入城市轨道交通（地铁4号线、大兴线、14号线）、公交车、出租车、社会车辆等多种交通。客站设计综合体现了"功能性、系统性、先进性、文化性、经济性"的发展需求。

2.客站对城市环境的介入方式

站房与铁路对城市空间的介入、分割，是站城融合发展的棘手问题。为此，北京南站在设计之初，通过建筑与线路的优化布局，实现对城市格局的尊重与融合。受场地环境与线路走向的制约，客站站场与正向的城市格局形成42°夹角，若采用棱角分明的建筑形体则过于刻板、突兀，难以融入周边环境，继而站房采用了圆润、灵活且方向感较弱的椭圆形体，以缓解场地空间与城市格局的衔接矛盾，从而弱化大体量站房与周边环境的冲突，使站房建筑整体融入城市空间并从各个方向呈现良好的视觉效果（见图5-1-9）。①

图 5-1-9　北京南站建筑形态及总体规划布局
（图片来源：王睦、吴晨、周铁征、王莉，《以火车站为中心的综合交通枢纽
——新建北京南站的设计与创作》及互联网资料整理）

---

① 王睦、吴晨、王莉：《城市巨构·铁路枢纽——新建北京南站的设计与创作》，《世界建筑》2008年第8期。

3.客站与城市交通的衔接方式

实现站城交通衔接、提高客流集散能力是推动站城融合的重要方式。为此，北京南站在引入综合交通的同时，通过立体化、多方向衔接，以构建客站综合交通体系；并依托垂直换乘系统，引导综合交通在 4 个方向（北、东、西、西南）、3 个层面（地上、地面、地下）有效对接城市路网，确保站城交通全面衔接。客站采用上进下出、下进下出及等候式与通过式相结合的流线组织模式，以提高客流通过效率（见图 5-1-10）。

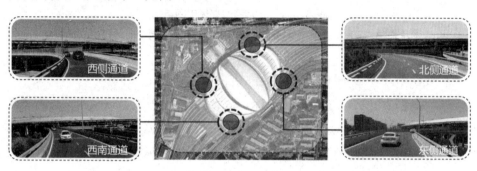

图 5-1-10　北京南站的立体交通衔接规划
（图片来源：笔者绘制）

与客站交通体系相对应，客站建筑采取分层化功能布局，椭圆形的高架层（9 m）为进站层，搭乘出租车及社会车辆的旅客由高架环路直达进站层，经东西两侧入站口进入候车大厅（9 m）。站台层位于地面，南北两侧为搭乘公交赴站的旅客进站厅。地下层分为地下一层（−11.75 m）的换乘大厅及汽车库，地下二层、地下三层的地铁站台及社会车辆停放的夹层空间（−7.8 m），地铁站台之间设有中转通道，方便旅客快速换乘（见图 5-1-11）。

图 5-1-11　北京南站立体空间结构
（图片来源：王睦、吴晨、周铁征、王莉，《以火车站为中心的综合交通枢纽
——新建北京南站的设计与创作》）

4.客站建筑空间的规划布局

客站建筑由综合站房、地下车库、站房南北侧的独立综合楼组成，高架候车厅（9 m）中央为相对独立的候车区域，按照客运性质分为高铁、城铁、普速区，南北两侧为通高的共享空间，地面进站厅与地下换乘大厅由扶梯连接，开放、通透的站内环境提高了旅客的方向感与判断力（见图 5-1-12）。同时，售票点结合旅客流线进行布局，在高架进站层及地下换乘大厅共设 8 处人工售票点及 76 处自动售票机，并根据客流峰值进行灵活调整。商业空间设于高架进站厅及地下换乘大厅，并在候车厅设有休闲服务区。此外，客站亦强调公共空间的舒适性设计，注重营造场所空间的流畅性与连贯性：站顶采用双向曲面设计，宽大的玻璃采光带横跨屋顶，使站内空间高大通透、清晰明亮；站台空间采用优美的双曲屋面，结合精致、轻巧的 A 型结构立柱，使站台空间富有动感、韵律，营造出丰富的环境效果，给旅客带来精彩的视觉体验（见图 5-1-13）。

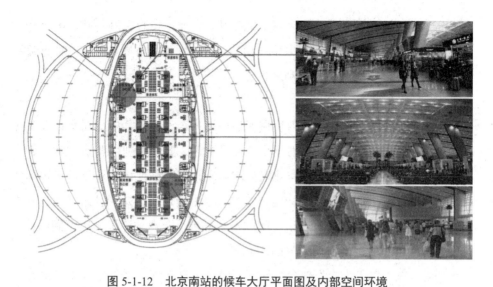

图 5-1-12　北京南站的候车大厅平面图及内部空间环境

（图片来源：孙明正、潘昭宇、高胜庆，《北京南站高铁旅客特征与接驳交通体系改善》，
《城市交通》2012 年第 10 期）

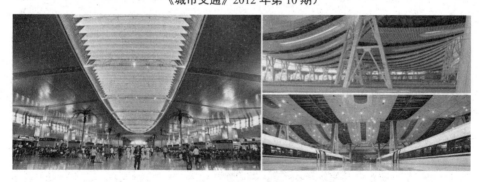

图 5-1-13　北京南站内部建筑界面及站台空间

（图片来源：同上）

5.客站设计中的创新性技术运用

北京南站作为新时代铁路客站的先行者，在设计方法、建造技术等方面实现了诸多创新，如：采用大型结构分析程序 MIDAS、SAP2000 对"站桥合一"的客站结构进行计算分析，确保结构在复杂环境中的安全性；在客站雨棚设计中，设计师采用了轻巧、美观、精致的悬垂梁结构，既获得了安全的结构体系，

又提高了建筑设计的美感；在客站节能设计中，通过市政电网与热、电、冷三联供＋污水源热泵及太阳能发电系统相结合的能源供应方式，实现了对能源的梯级利用和可再生能源的开发利用。①

6.站城协同关系分析

由于场地环境的限制，如何协调周边环境并合理融入其中，成为北京南站的设计重点。在与城市空间的协调中，由于缺乏必要的控制性要素，面对杂乱的周边环境，客站设计之初就将建筑形态与站外空间进行协同设计，使其成为所在区域的控制中心，并结合场地环境与线路走向，对客站形体进行"柔化"处理，缓解站场斜向布局对城市空间的不利影响，合理顺应了城市空间结构，实现了与周边环境良好协调（见图5-1-14）。

同时，在"以人为本"理念引导下，通过构建立体、综合的客站交通系统与全面、完善的客运服务系统，北京南站满足了旅客出行及换乘需求，为其提供了全方位服务，营造了便捷、舒适的客站环境，保障了旅客顺利出行，成为京南以及京津冀重要的交通节点。

图5-1-14　通过客站形体的"柔化"处理，实现与周边环境良好协调
（图片来源：笔者绘制）

---

① 王睦、吴晨、王莉：《城市巨构·铁路枢纽——新建北京南站的设计与创作》，《世界建筑》。

（三）深圳福田站

1.客站的设计定位与选址规划

福田站作为深圳高铁枢纽的重要节点，是亚洲最大、列车通过速度最快的全地下火车站，其既是广深港客运专线的口岸车站，又是由港入境的交通门户。[①]客站位于深圳福田中心区中部，总建筑面积 14.7 万 m²，设 4 站台 8 线，共有 36 个出入口。客站定位为珠三角地区重要的城际交通枢纽及深圳市重要的综合交通中心，包含高铁、城铁、地铁、公交车、出租车等交通方式，具备现代化、综合化的交通换乘、接驳能力。随着深港两地交通需求的提高，福田站的建设对完善深圳高铁枢纽、发展深港一体化交通、深化深港合作等具有重要意义。

2.客站对场地空间的利用方式

客站设计之初计划将高铁引入城市中心，依托其交通优势发展城市综合交通枢纽，更好地为城市服务。因此，如何有效整合各类交通资源、合理组织旅客流线、确保旅客便捷换乘，成为设计师面对的重要问题。考虑到周边人口密集、高楼林立、土地稀缺，为减少客站开发带给城市的不利影响，福田站采用地下车站形式，客站深度 32 m，为三层站体结构，地下一层为轨道交通与城市公交换乘区及售票区，地下二层为出入大厅及辅助办公区，站台层位于地下三层，形成全地下式客站空间及步行系统，通过衔接周边公共建筑及地下空间，形成"地下人行、地面车行"的交通格局（见图 5-1-15）。

---

① 宗传苓、谭国威、张晓春：《基于城市发展战略的深圳高铁枢纽研究规划——以深圳北站和福田站为例》，《规划师》2011 年第 10 期。

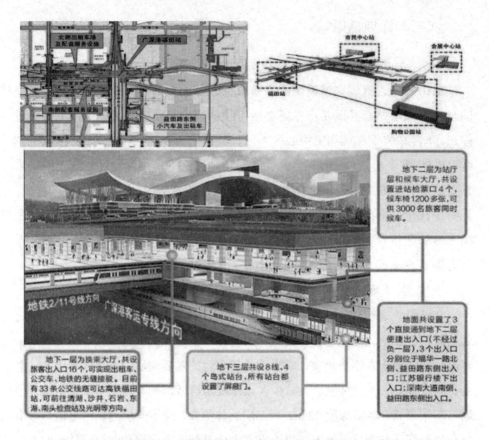

图 5-1-15　福田站的总体布局及地下空间形态
（图片来源：宗传苓等，《深圳市福田站综合交通枢纽规划研究》，2010 年
中国大城市交通规划研讨会——中国城市交通规划会及互联网资料整理）

3.客站的内外交通整合措施

客站确立了以轨道交通接驳为主导的策略，将铁路交通与城市轨道交通进行对接，引导轨道交通就近设站，通过 7 条纵横交错的轨道交通线路与 10 座车站接驳福田站，构筑核心的枢纽接驳体系。其中，1、2、11 号线车站设置在地下二层，3、4 号线与 2 号线（市民中心站）及国铁设置在地下三层，客流在地下一层进行综合换乘，通过自动步道、扶梯等衔接各车站（见图 5-1-16）。

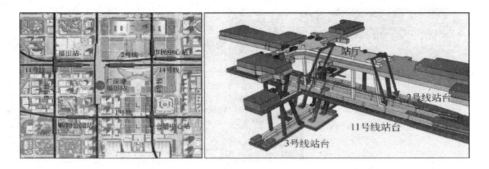

图 5-1-16　福田站与城市轨道交通的接驳与换乘设计

（图片来源：覃矞等，《深圳市福田站综合交通枢纽规划研究》，

《城市快轨交通》2011 年第 10 期）

　　城市公交作为客站的辅助接驳方式，主要为铁路客流提供服务，公交站场充分利用既有设施进行布局，在福田站东南侧益田东路设置公交首末站，引导不同方向的公交线路对接不同的出入口与车道，使客流快速抵达客站大厅（见图 5-1-17）。出租车港紧密结合旅客流线，在深南大道北侧设置即停即走的乘车点，在南侧地下设置等候式接驳站场，在益田路东侧设置开敞式站场，满足不同方向的客流需求（见图 5-1-18）。

图 5-1-17　福田站公交首末站布局及立体换乘组织

（图片来源：宗传苓等，《深圳市福田站综合交通枢纽规划研究》）

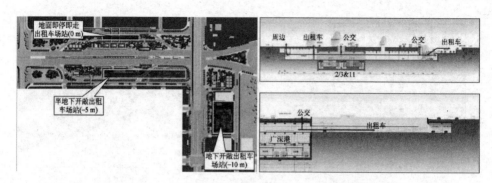

图 5-1-18　福田站的出租车接驳布局与换乘流线组织

（图片来源：覃矞等，《深圳市福田站综合交通枢纽规划研究》）

　　值得注意的是，考虑到客站周边紧张的城市空间与交通压力，客站在交通接驳中对社会车辆进行了一定限制，没有新建大型停车场，而是利用周边的城市停车场（市民广场、深交所），兼顾客站接驳、停车需求，并通过联络通道与客站保持联系。

4."还地于城"的站顶空间建设

　　由于采取地下客站形式，福田站既无高大的站房建筑，也没有宽大的地面站场，通过"还地于城"的建设方针在站顶空间恢复城市原始景观（深南大道及市民广场景观系统），将客站出入口、风亭等地面建筑进行美化处理，与周边道路、广场景观良好协调（见图 5-1-19）。

图 5-1-19　福田站建成后的深南大道及市民广场景观

（图片来源：笔者拍摄）

5.客站设计中的创新性技术运用

　　作为城市中心区的地下综合交通枢纽，福田站枢纽的设计建造依托科技攻关，采用了大量新技术、新材料与新工艺，如：采用仿真技术对站点客流、车流及疏散组织进行模拟，对客站的使用效果进行预评估；通过使用钢管柱、劲性混凝土梁等提高客站结构跨度；引入空气净化装置，提高站内空气质量；采用 LED 为主的照明及标识系统，以降低能耗、提高使用寿命，营造清晰、明亮的站内环境。[①]

6.站城协同关系分析

如何将城市交通节点引入市中心一直是困扰城市发展的难题，福田枢纽的规划设计是对新时代站城融合的有益尝试。作为集内外交通于一体的城市交通枢纽，客站改变了传统的地面建筑形式，通过全地下开发，将站房、站台、线路等移入地下空间，避免占用地面空间、干扰城市环境；同时，积极引导内外交通在客站空间进行全面对接，结合立体交通换乘系统，提高旅客通行、换乘效率，减少其交通周转与换乘波折，实现了"零换乘""通过式"的设计初衷；此外，客站设计亦重视对环境的保护与修复，在客站建成后积极修复地面空间，恢复城市景观，有效改善了城市生态环境。

客站枢纽从交通、社会、环境等方面实现与城市的良好协调与融合发展，对完善深圳高铁枢纽、优化城市交通结构、推动区域更新发展、增强珠三角及深港地区交流等具有重要意义。

（四）重庆沙坪坝站

1.客站的设计定位与选址规划

沙坪坝站作为成渝客运专线进入重庆主城区的首站，是重庆"三主两辅"客运枢纽体系的"两辅"枢纽之一（见图 5-1-20）。客站于 2012 年 12 月实施改造，一期工程于 2018 年 1 月投入使用。客站所在的沙坪坝区位于重庆市西部，是城市商贸、文化中心，社会经济发展良好，同时也是重庆交通拥堵的主要区域，所产生的交通问题与土地利用问题成为困扰城市健康发展的瓶颈。随

---

① 沈学军：《我国第一座地下综合交通枢纽——福田枢纽》，《华中建筑》2011 年第 6 期。

着成渝客运专线的建设，沙坪坝站作为重庆交通体系的主要支点，不仅要整合区域交通资源，打造现代化的城市综合交通枢纽，还要与城市开发相结合，通过引入城市配套功能，与周边产业合理对接，将客站枢纽升级为城市大型综合体，以适应城市未来的发展需求。

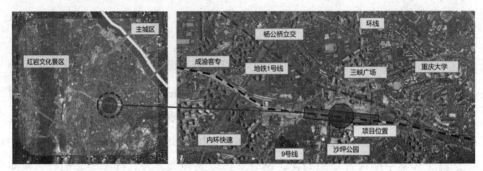

图 5-1-20 沙坪坝客站枢纽所在区位

（图片来源：笔者整理绘制）

至 2018 年 1 月，已建成的客站建筑面积达 1.4 万 m²，站场上盖面积达 4.9 万 m²，站场规模为 4 站台 9 线，可满足高峰每小时 4000 人次的出行需求（见图 5-1-21）。

图 5-1-21　已投入使用的客站一期工程

（图片来源：笔者拍摄）

2.客站的规划建设

沙坪坝站作为重庆主城区内重要的综合交通枢纽与城市综合体，其改造建设主要为满足城市交通、环境两方面的功能需求。

在交通需求上，客站既要成为集高铁、地铁、公交车、出租车及社会车辆于一体的现代化综合交通枢纽，满足多种交通的"零换乘"需求，又要对区域路网进行协调、完善，以强化枢纽交通的组织能力，改善站域交通环境。

在环境需求上，位于城市中心的客站枢纽一方面要改变单一的功能设计，通过物业开发适度扩展自身的商业空间，并合理利用客站上层区域，通过物业开发以积极对接周边的城市产业，打造新时代的城市地标建筑；另一方面要合理延续城市景观空间，积极改善和保护城市生态环境。

对此，客站的总体规划以"缝合＋织补"城市环境为主导，客站设计为高架上跨式，通过将交通设施引入地下，结合内外交通的立体化衔接，引导客站与城市环境有效对接（见图 5-1-22）。

图 5-1-22　沙坪坝客站枢纽规划效果图

（图片来源：中铁二院工程集团有限责任公司）

3.客站与城市的道路衔接组织

在站城交通衔接组织方面，客站枢纽以体现综合交通快速集散为重心，统合枢纽运作、道路开发及过境服务等需求，构建起高效、完善的客站道路系统。

通过新建站西路与站东路及天陈路下穿通道、新建站南路与东西两侧连接路、改建站西路与站东路及天陈路南北段，以快速分离过境交通、高效疏导站点车流，形成东、西快速连接与整体循环运行的客站道路系统，确保站城道路的高效通行与顺畅衔接（见图 5-1-23、5-1-24）。

图 5-1-23　沙坪坝客站枢纽道路布局

（图片来源：李佳、黄晶、李冬奎、席强，《重庆沙坪坝综合枢纽交通组织方案研究》，
《铁道工程学报》2016 年第 4 期）

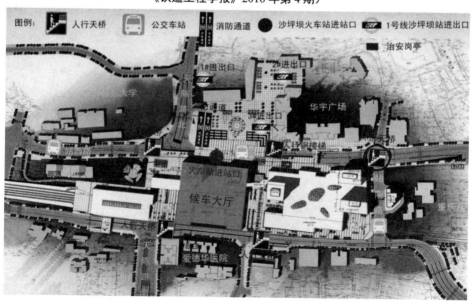

图 5-1-24　沙坪坝客站交通组织示意图

（图片来源：笔者整理）

4.客站的建筑规划设计

在客站建筑设计方面，通过"交通＋建筑"一体化设计，将客站地下空间作为综合交通立体换乘的核心区域，总体分为七层，根据成渝客专、地铁标高、各交通站场建设需求及实际地质条件，枢纽地下空间每层可使用高度约为 7 m。[①]地下交通空间集合了步行系统、换乘大厅、铁路站台、地铁站台、公交港、出租车港、地下停车场等设施；地面层为站厅层，由站房与广场组成，旅客由此入站；负一层为公交港、社会车辆通道及地下车库，并与站东路平行对接；负二层为出租车港与铁路站台；负三层为地下停车场，设有地下通道连接外部三峡广场与铁路出站换乘厅；负四层为换乘大厅与出站通道，主要负责旅客集散与换乘；负五、六层为供上盖物业所使用的地下停车场；负七层为轨道交通 9号线站厅并设有与 1 号线及环线换乘的通道（见图 5-1-25）。

---

① 彭其渊、姚迪、陶思宇、李岸隽、王翔、颜旭：《基于站城融合的重庆沙坪坝铁路综合客运枢纽功能布局规划研究》，《综合运输》2017 年第 11 期。

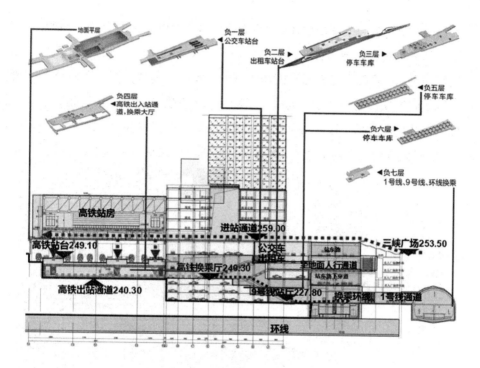

图 5-1-25　沙坪坝客站枢纽空间结构

（图片来源：笔者整理绘制）

5.站内交通换乘组织

在客站枢纽的换乘设计方面，考虑到沙坪坝站作为综合交通枢纽所承载的交通换乘压力，继而采取功能模块化的划分方式，将地铁、公交、出租车及社会车辆引入独立的各层功能区并建立各自的流线组织，以确保综合交通之间互不干扰、独立运作；并通过 27 组换乘扶梯及通道，强化综合交通之间的无缝衔接、换乘，将铁路交通与城市交通在立体化的枢纽内部进行整合。这是对作为城市综合交通枢纽的客站设计定位的有效回应。

6.站外空间设计

在客站外部空间设计方面，考虑到客站站场与周边城市用地存在 8 m 左右的高差，站外空间的规划设计以"缝合＋织补"城市环境为主导①，通过开发地下空间来化解客站与周边城区的高度差异，以弱化站城之间的空间隔阂、强化其空间联系，积极引导枢纽空间与既有的三峡广场公共空间体系相对接，增强站城之间的立体交通联系；同时，借助客站上部物业开发，构筑起高达 48 层的双塔式商业大楼，打造商业化的城市综合体，在有效利用客站上部空间的同时，筑成高耸的城市地标建筑，增强客站枢纽的形式感与标示性（见图 5-1-26）。

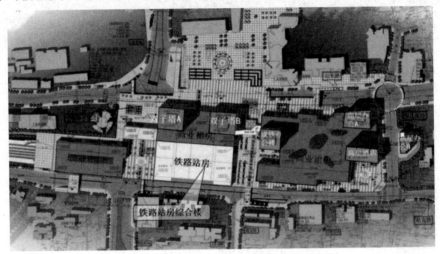

图 5-1-26　沙坪坝客站枢纽外部空间规划

（图片来源：中铁二院工程集团有限责任公司）

7.客站的创新性设计

沙坪坝客站枢纽改造工程是国内首次在铁路客站上部加盖城市综合体并尝试协同开发的实践案例，项目利用既有客站进行改造建设，以立体开发的方式，充分利用客站上部空间、城市地下空间及周边道路空间，将交通枢纽与城市综合体进行一体化整合，依托高效、便捷的交通优势提升客站的自身价值，以吸引产业入驻、完善配套城市功能、激发站点及周边的发展活力，在最小化

---

① 程鹏、王志：《城市交通基础设施建设与土地开发一体化探索——以重庆市沙坪坝火车站改造概念性城市设计为例》，《综合运输》2011 第 4 期。

索取环境资源的同时，将社会资源进行了最大化整合，形成了紧凑、立体、高效、完善的客站功能体系，推动了站城之间的有机融合与协同发展。沙坪坝客站枢纽改造工程是我国对站城融合领域的积极探索与创新实践，具有引领与示范意义。

8.站城协同关系分析

沙坪坝客站枢纽项目依托高铁建设机遇，以城市中心的老旧车站改造为契机，致力于解决城市交通、土地利用、综合开发等问题。继而其规划设计深入贯彻了站城融合理念，充分考虑了交通、社会、环境等多方需求，将客站枢纽的功能范畴与影响范围扩大至整个城市，而不再定义为单一的交通门户，成为推动"交通节点"向"区域中心"转型的创新尝试。

实现与城市空间的紧密贴合以及与城市环境的良好协调是客站规划设计的重要目标，因此客站枢纽通过立体开发的方式以合理利用其上下空间，在地下空间发展客站综合交通体系及换乘系统，在上层空间通过物业开发与招商引资发展城市综合体，使客站枢纽充分融合了交通、商业、休闲、酒店、办公等功能，在整合内外交通、融合城市环境、提升站域活力、推动经济发展的同时，引导客站枢纽从"以交通功能为主"发展为"以服务城市为主"，实现"站为城享、城为站荣"的设计宗旨。

三、"交通节点"模式的特点分析

改革开放以来，我国铁路事业发展迅速，推动了铁路客站的更新建设，而高铁时代的到来，又将客站设计带向更高领域，使客站发展进入了全新阶段。自2004年《中长期铁路发展规划》实施以来，截至2022年末，全国铁路里程已超过15.5万公里，其中高速铁路里程已达4.2万公里，建成运营的高铁客站达1800余座。客站大规模的新建与改造，为我国铁路客站的规划设计、开发建设、运营管理等积累了宝贵经验，不断推动着铁路客站的更新发展。

结合当前我国铁路客站的发展现状及站城关系,总体而言,宏观的地区、城市发展需求是客站规划设计的引导因素,通过高效、快捷的铁路交通强化地区、城市之间的交通联系,以带动区域经济发展是其首要目的;同时,高铁时代下的民众出行对客站提出了更多交通需求,内外交通及活动人口的聚集使客站成为城市交通中心,继而建设综合交通枢纽成为当前我国铁路客站的发展趋势。因此,从站城融合的角度来看,我国铁路客站与城市的协同关系尚处于交通协同的初级阶段。而良好的交通功能是推动客站与城市融合发展的重要前提,对内外交通资源的全面吸纳与高效整合则是客站融于城市的重要方式,这一点无论在上海虹桥站、北京南站等大型客站枢纽,还是福田站、沙坪坝站等中小型枢纽上都体现得十分明显。与此同时,站城之间的合作空间正在逐步拓展,如福田站的地下式客站建设方式与沙坪坝站的顶层物业开发,都是引导站城双方迈向社会、环境协同的重要一步,是对我国站城融合发展的创新尝试。

综上所述,我国铁路客站的发展模式可定义为"交通节点"型,即构建以客站为主体的城市综合交通枢纽及区域交通中心,通过客站枢纽整合城市内外交通,优化城市交通结构,带动区域经济发展,引导城市合理开发,并提高其地区辐射力与影响力。该发展模式具有以下特点:

(1)客站的功能定位与规划设计紧密协同城市发展策略,城市交通的改善与更新发展是其建设的主要目的。

(2)与城市道路系统有效对接并引入城市综合交通,注重站城交通的全面衔接,构建高效、便捷的客站综合交通枢纽。

(3)客站的交通组织、空间规划及功能布局,采取立体化、复合化的设计方式,以满足站场开发、客流通行及换乘需求。

(4)站内空间向"一体化、通过式、服务型"模式转变,树立以人为本理念,注重内部细节设计,客站空间的安全性、灵活性、可视性及舒适性得到提升。

(5)协同城市的可持续发展战略,重视环保理念与节能技术的应用,以降低能耗、减少污染,缓和对城市环境的干扰与影响。

（6）注重对客站建筑的创新设计，积极尝试新风格、新工艺、新结构、新材料在设计中的应用；注重融合城市环境、传承历史文脉，体现建筑设计的地域性、文化性、艺术性及时代性特征。

第二节　日本铁路客站的"区域中心"发展模式及特点分析

一、日本铁路客站的发展现状

日本作为高密度人口的发达国家，在其狭小的国土及城市内建立了完善的铁路交通网络及服务系统。铁路交通及客运车站在城市发展及民众生活中扮演着重要角色，一方面向人们提供了高效、便捷、安全的交通出行方式；另一方面，客站良好的集聚效应亦为城市功能结构的更新及城市空间的开发扩张提供了充足动力[1]，有效推动了紧凑城市的建设发展。以轨道交通车站为中心形成的集约化城市已成为日本城市结构的特色之一。[2]

---

[1] 罗湘蓉：《基于绿色交通构建低碳枢纽——高铁枢纽规划设计策略研究》，博士学位论文，天津大学建筑学系，2011，第196页。

[2] 日建设计站城一体开发研究会：《站城一体开发——新一代公共交通指向型城市建设》，中国建筑工业出版社，2014，第10-11页。

二、"区域中心"模式的实例分析

第二次世界大战后至 20 世纪 80 年代末，以日本为代表的部分亚洲国家及地区实现了经济腾飞与繁荣发展，其铁路交通建设成果显著。与我国不同，此类国家及地区的城市化水平较高、社会经济良好、城市发展较为成熟，同时也存在面积狭小、人口众多、资源匮乏等特点，并产生了交通拥堵、环境恶化、资源紧张等问题。因而此类国家或地区的城市多采取集约化发展方针，通过建设紧凑城市，构建以客站枢纽为核心的城市交通网络及服务系统，以整合城市交通资源，完善城市交通体系，引导城市结构优化与良性拓展，并深入发掘客站枢纽的功能性与价值性，从而满足城市发展与人员流动的需求，推动客站与城市保持良好的协调关系，实现站城之间的高度融合。

（一）日本新横滨站

1.客站的设计定位与选址规划

横滨作为日本第二大城市，拥有 370 万人口，城市面积达 435 km²，其位于关东地方南部，毗邻东京湾，被视为东京的外港，是日本重要的国际港口都市。新横滨地区作为横滨的城市中心，在 1964 年东海道新干线开通以前，还是一片充满自然气息的田园地带，依托新干线开通的良好机遇，新横滨地区进行了一系列城市基础建设与功能开发（见图 5-2-1）。以新横滨站为中心，积极配合周边的城市交通建设，有效提升了所在地区的交通便捷性，吸引了大量商业、企业、IT 产业及科研部门入驻，凭借良好的交通资源、完善的城市功能及优越的生活环境，使新横滨站客流量平稳上升，成为城市交通枢纽与活动中心。

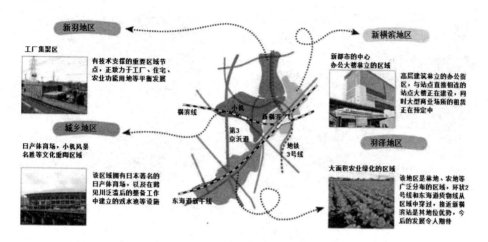

图 5-2-1 新横滨地区的总体建设规划

（图片来源：李文静，《日本站城一体化开发对我国高铁新城建设的启示

——以新横滨·站为例》，《国际城市规划》2016 年第 3 期）

2.客站空间的规划布局

为了进一步提高交通便利性、加强站点服务能力、完善客站功能体系、吸引更多机构进驻，2008 年新横滨站改造项目顺利竣工，使客站成为集交通、商业、餐饮、娱乐、酒店等于一体的城市综合体，亦成为横滨市综合交通系统的枢纽中心。

客站大楼采用立体化的空间结构与复合化的功能布局，实现地面、地下空间一体化开发，其中地面一至二层为交通广场、客站设施及部分商业空间，三到十层为主要的商业空间，十一到十七层设置办公、宾馆等功能，客站地下空间设有公共停车场。客站以完善的服务设施与高效的功能布局，有效满足了交通旅客与城市民众的各类需求，也成为区域发展的有力"触媒"（见图 5-2-2）。

图 5-2-2　新横滨站大楼及内部的规划布局
（图片来源：笔者整理绘制）

3.客站空间的交通组织

站内空间是人活动的主要区域，在规划上综合考虑了人的活动及需求尺度。高达十层的内部中庭与二层交通广场紧密相连，使内外空间形成一体化的活动空间；二层的交通广场设置为通高 2 层、高度为 7.5 m 的开放式空间，内接轨道交通换乘通道，外接站前人行天桥，是内外交通客流的通行、换乘空间（见图 5-2-3）；站前人行天桥作为连接二层交通广场与周边街区的步行通道，与站内交通流线对接，以疏导站点客流、缓解交通堵塞，保障客站人口的顺畅通行（见图 5-2-4）。

图 5-2-3　客站的内部中庭与交通广场
（图片来源：日建设计站城一体开发研究会，《站城一体开发——
新一代公共交通指向型城市建设》，第 92 页）

图 5-2-4   客站的站前人行天桥
（图片来源：同上）

4.站外空间设计

客站的外部空间将站前公园、林荫道、水系、绿植等景观要素进行整合，形成特色化的城市景观节点，并注重在人口密集的客站地区建立完善的步行系统，将客站步行系统与城市步行系统进行整合，打造以站点为中心的步行生活圈，以提升站城发展活力。通过站外空间一体化开发建设，提高了客站地区的洄游性与功能性，以构建城市的交通中心与活力中心。

5.站城协同关系

围绕站城之间的协同关系，新横滨站注重提升客站空间的城市属性与交通活力，强调其"交通节点"功能与"城市场所"功能的有效协同，以良好的资源整合、要素联动与环境营造，吸引了大量的活动人口与产业资源，以彰显站点特色并成为城市的区域中心与活力地带（见图 5-2-5）。

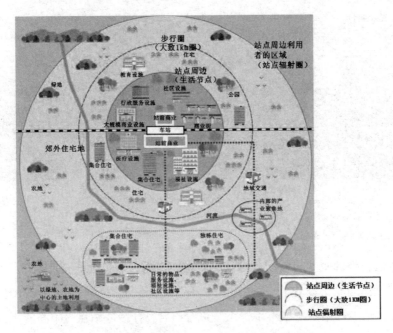

图 5-2-5　以新横滨站为中心所形成的功能辐射域
（图片来源：李文静，《日本站城一体化开发对我国高铁新城建设的启示
——以新横滨站为例》）

（二）日本京都站

1.客站的设计定位与功能布局

京都作为日本历史文化名城，被誉为"千年古都"，拥有近 150 万人口，其位于日本列岛中部，地形狭长且三面环山，特殊的地理环境使城市发展受到很大限制。京都车站作为京阪神地区的客运中心，既是内外交通的衔接中枢，又是城市活动的聚集中心，继而对车站功能有着较高的综合性需求。车站竞标要点于 1990 年 1 月发布，包含更新公共交通系统、提高旅客服务能力、焕发城市活力以带动城市发展等三大要点[①]，同年由原广司设计事务所提交的设计

[①] 赵嵌：《时空转换 虚实对接——日本京都火车站的景观设计》，《园林（仲冬版）》2005 第 12 期。

方案中标，车站工程于 1997 年 7 月竣工。

建成后的京都车站成为日本第二大火车站，车站总建筑面积约 24 万 m²，地上部分 16 层，地下 3 层，新干线、城市轨道交通、公交巴士等在此交汇（见图 5-2-6）。车站定义为大型的现代城市综合体，除交通功能外，还包含酒店、餐厅、商业街、百货中心、剧场、美术馆、市政办公等功能，使车站从纯粹的交通建筑转变为城市活动中心，其交通功能仅占总建筑面积的 1/20，将更多的建筑空间用于城市功能开发①，以提升车站空间的内在价值，激发站域发展活力，推动城市更新发展（见图 5-2-7）。

图 5-2-6　京都车站整体形态

（图片来源：京都站官方网站）

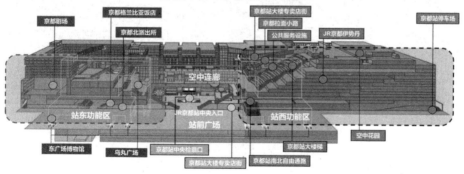

图 5-2-7　京都车站的内部规划

（图片来源：笔者绘制）

---

①　卜菁华、韩中强：《"聚落"的营造——日本京都车站大厦公共空间设计与原广司的聚落研究》，《华中建筑》2005 年第 5 期。

2.客站的交通组织

狭小的城市空间与巨大的交通需求，使京都站作为城市活动中心，在交通组织、功能协调等方面需要以人的尺度进行考虑，将人的活动需求作为车站设计的重要参考。从站城关系来看，由于车站深入城市腹地，既限制了车站的发展空间，又强化了站城的空间联系，通过整合内外交通资源，可以构建起完善、高效的客站交通体系及换乘系统，方便民众的交通出行（见图5-2-8）。例如，站前广场作为巴士与出租车泊港，集合了数十条巴士线路，按照站点规划分为四大区域，配合清晰的标识系统，方便民众乘车；此外，广场也与站内空间紧密连接，方便民众中转、换乘。

图 5-2-8　集多种交通方式于一体的京都车站

（图片来源：根据互联网资料整理）

3.站内空间设计

车站内部由一个大尺度的中庭空间充当建筑核心，作为室内外及各层空间的衔接中心，各功能区由此延展并叠合布局，庭内的自动扶梯将人们快速分流至各层功能区，时刻保持稳定的站内秩序。东侧功能区设有旅馆、博物馆、剧场等，西侧为百货中心、美术馆等，东西两侧采用不同的升高方式，东侧为台地式，台地间通过自动扶梯连接，西侧为宽大的弧形台阶，其尽端为开敞的观光平台，引导人们从室内走向户外，俯瞰美丽的城市风光（见图5-2-9）。半开敞式的空间设计整合了车站内外空间及各功能区，营造出活力、动感的城市公共空间，使车站空间融入城市环境，与城市发展相互协调。

图 5-2-9　京都车站内的博物馆、剧场、弧形台阶及观光平台

（图片来源：京都站官方网站）

4.站城协同关系

京都车站的设计大胆前卫、富于创新，充满现代主义与未来色彩的车站建筑既与古朴雅致的京都风貌形成时空交织，又高效利用了紧凑的城市空间，带给人们强烈的视觉冲击力。车站设计注重空间引导与立体开发，将内外空间与功能系统进行整合，以构建完善、高效的车站功能体系，满足城市发展及民众需求，并传递出车站特有的现代感与人文性，充分发挥其"触媒"效应，实现与城市空间的良好融合、协同发展。

三、"区域中心"模式的特点分析

经过不断的探索实践，日本的铁路交通网络和客站枢纽已经与城市空间形成良好的协同关系，高度的城市化水平、紧凑的城市空间与快节奏的社会生活成为客站设计的共性背景，引导客站采取集约、高效、综合的发展方式，以利用好每一寸空间，容纳更多的交通方式及服务系统，实现资源的高效整合与功能的良好协调，发挥最佳的总体效益。因此，客站普遍采用立体化的建筑空间及复合化的功能体系，尤其注重对城市功能的引入与协作，使客站成为满足民众多样化需求的城市综合体；同时，客站亦是城市的综合交通枢纽，将铁路交通与发达的城市交通系统紧密衔接，满足了大规模交通人口的流动需求。站内以大面积的换乘大厅为核心，采取通过式空间设计，协同铁路交通的"公交化"运营，以提高客流通行、集散能力，确保客站交通功能的充分发挥，这一点在新横滨站、京都站等客站设计中都有所体现。

总体而言，日本铁路客站以"中枢"形式融入紧凑的城市空间，且注重土地资源的高效开发与集约使用，并强调客站功能的统一整合与良好协调；客站多位于城市中心，其周边多为繁华的商业区或熙攘的生活区，因此日本铁路客站可定义为"区域中心"发展模式：将客站引入城市中心进行开发建设，以整合城市交通资源，优化城市交通结构，并对客站空间实施立体化、综合化开发，构建以客站为主体的城市综合体，依托良好的交通功能及完善的城市功能，吸引大量活动人口及产业资源，以成为城市的区域中心，提升城市的发展活力。该发展模式具有以下特点：

（1）客站选址多位于城市中心地带，注重对城市资源的整合与利用，形成以客站为主体的的城市区域中心，以提升客站地区的开发活力，带动城市更新发展。

（2）重视对客站功能的综合开发与高效整合，注重交通功能与城市功能的良好协调，以建立完善的客站交通体系与综合化服务系统，形成以客站为主体的城市综合体。

（3）强调换乘空间的重要性，通过构建大面积、通透、清晰的换乘大厅，增强人们的场所感与可视性，提高客流的集散、换乘效率。

（4）客站设计充分考虑人的需求，人性化特色显著，注重营造宜人的空间环境，建立完善的步行系统并与各功能区顺畅衔接，提高人们的通行效率与环境舒适度。

（5）一体化的建筑形态，构建以客站为主体的城市综合体，需要对客站各功能区进行高效整合，并与周边城市建筑相互衔接，以提高客站与周边环境的联系性；此外，客站不强调独特的建筑风格，而是与周边建筑环境相互融合，体现客站建筑的公共性与亲和力。

第三节　欧美铁路客站的"城市触媒"发展模式及特点分析

一、欧美铁路客站的发展现状

工业革命推动了铁路的诞生与发展，铁路在欧洲历史发展中扮演了重要角色，经历了萌芽、壮大、衰败的曲折历程，见证了欧洲列强的崛起与衰落，推动了北美大陆的拓展与统一。20世纪40年代以后，受到公路、航空等交通方式的影响，世界铁路运输的市场份额逐年下滑，铁路一度沦落为"夕阳产业"，并在欧美发达国家被拆除[①]，许多客站因此关闭或废弃，客站周边环境变得破

---

① 左辅强、沈中伟：《高铁时代》，科学出版社，2012，第25页。

败、萧条。随着高铁技术的探索、发展，尤其是日本新干线的顺利开通与成功运营，推动了铁路交通的复兴，法国、德国、瑞典、意大利等国家相继开展了高铁建设，铁路客站也迎来新的发展机遇。由于欧美国家的铁路事业起步早、发展成熟、客站与城市契合程度较高，加之可持续发展战略的提出，使其客站多通过改造、更新的发展方式，以保留历史悠久的客站建筑，满足城市发展及民众交通需求，以"城市触媒"的模式激活所在区域的发展动力，推动站城融合、协同发展。

二、"城市触媒"模式的实例分析

（一）德国柏林中央车站

1.客站的设计定位与选址规划

柏林中央车站作为德国在二战后最大的国家建筑工程，于 2006 年 5 月建成使用，车站选址于柏林市中心的莱尔特车站旧址上，是一座现代化、综合性的城市交通枢纽。车站建筑面积为 9 万 m²，共分为上下 5 层，顶层与底层分别为东西方向的高架站台（12 m）与南北方向的地下站台（−15 m），中间三层为换乘层及商业空间，车站东西两侧还建有高达 70 m 的 12 层双塔楼，设计为办公场所及城市酒店。作为城市综合交通枢纽，车站承接了多种城市交通方式，并通过换乘大厅进行垂直交通换乘，车站线路采用高架与地下结合的建设方式，以避免过度占用城市土地、分割城市环境（见图 5-3-1）。

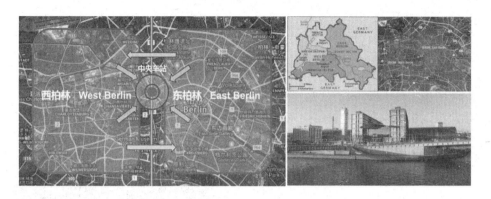

图 5-3-1　车站的选址规划及建筑外观

（图片来源：笔者绘制）

2.客站建筑的整体设计

客站建筑的整体形态呈十字型，由站台玻璃棚顶与横跨在高架线路上方的双塔楼共同组成，站台空间顺应铁路走向呈半弧形的玻璃长廊，而与站台交叉的客站大厅则由开敞的站厅空间与通透的玻璃界面构成，与站前的施普雷河畔及国会大厦等周边景致交相呼应（见图 5-3-2）。

图 5-3-2　客站的建筑形态与周边环境

（图片来源：根据互联网资料整理）

3.客站交通的规划组织

客站交通系统包含铁路客运交通、城市轨道交通、城市公共交通、私人交通等多种交通方式。按照立体化的客站布局模式，铁路长途列车、城市地铁及停车场集中在车站地下空间，城市公交、出租车、社会车辆、旅游车辆、自行车及步行系统设置在地面层，城际列车与区域列车则安排在地上二层，各交通方式之间通过大跨度的自动扶梯系统衔接，以缩短旅客的通行距离与换乘时间，提高其通行、换乘效率（见图5-3-3）。

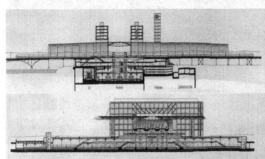

图 5-3-3　车站的建筑结构与交通组织
（图片来源：根据互联网资料整理）

站内大厅与站外街区通过抬升的平台空间进行过渡，既强化了站厅与街区的联系，又避免了道路交通的干扰、影响，并为旅客构建了开放、独立、完整的广场空间，满足其休闲、游览、娱乐等活动需求，实现站外空间与城市空间的良好融合，创造了共享型公共活动空间。

4.客站空间的规划布局

该客站是柏林重要的城市活动中心，客站大厅的地下一、二层设置为商业空间，两侧塔楼的一至三层亦用于商业开发，共集中了80余家各类店铺，为城市创造了900多个就业机会；同时，两侧塔楼的上部是办公空间与酒店设施，德国联邦铁路公司总部也设置于此；此外，客站地下一层及夹层被用于辅助办公空间与设备用房。客站各功能区通过立体交通系统进行衔接。

客站大厅设计为5层通高的整体空间，具有良好的空间感与可视性，使各层环境直观、清晰地呈现在旅客眼前，不仅提高了旅客的方向感与识别力，也能通过高大的玻璃界面与钢架结构，将自然光线引入站内，改善了站内采光，结合太阳能电池板等节能技术的应用，降低对人工照明的需求；而站旁的大型水池在夏季担负着降温去暑的作用，体现出客站设计中的绿色理念（见图 5-3-4）。

图 5-3-4 清晰、明确、通透的站厅内部环境
（图片来源：根据互联网资料整理）

客站空间注重人性化设计，充分考虑人的尺度及需求，如为提高客流通行效率、降低旅客疲劳感，车站采用以电梯为主导的垂直交通系统，其中自动扶梯多达 54 部，标准电梯有 43 部，此外还有 6 部垂直观光电梯，用以保障站层之间的快速通达（见图 5-3-5）。同时，电梯、扶梯均有盲文标识及语音系统，方便特殊人士使用；标识系统也配有简化的图形符号，避免旅客因语言问题造成困扰；客站提供全覆盖的无线网络与网吧服务，满足旅客上网需求。

此外，客站还设有汽车、自行车租赁服务，旅客可在站台将自行车带入列车，方便旅客的交通出行。

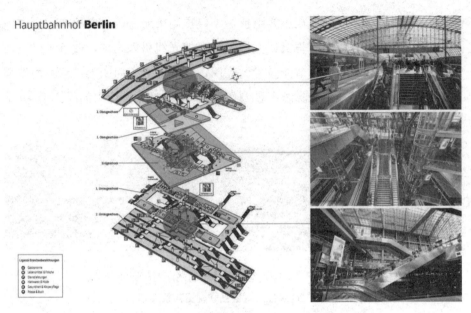

图 5-3-5　便捷、高效的站内电梯系统
（图片来源：根据互联网资料整理）

5.站城协同关系

受历史因素影响，冷战时期分裂的东、西柏林拥有柏林东站与动物园站两座车站，"两德"统一后政府决定在莱尔特车站的原址上新建综合性枢纽车站，为此柏林中央车站贯彻了"让民众方便的同时对城市无妨害"的新理念①，良好地整合了城市交通及社会资源，巩固了松散的城市结构，修补了分裂的城市空间，推动了站城融合与更新发展，成为当代柏林的城市中心及欧洲的铁路枢纽。

（二）瑞典马尔默中央车站

1.客站的建设背景与设计定位

马尔默作为瑞典第三大城市，是历史悠久的北欧工业重镇，近年来马尔默正处于传统工业向科技产业转化的更新期。为营造生态宜居的城市环境、实现

---

① 荣朝和：《柏林中央车站的建设理念与启示》，《探究铁路经济问题》2009 年第 3 期。

城市可持续发展，政府制定了"低碳交通、绿色出行"的发展规划，以大力发展城市公共交通、鼓励自行车出行，构建高效、完善的城市公共交通系统，马尔默中央车站即是其公共交通网络中的重要节点。

作为瑞典第二大火车站，马尔默中央车站的日均客流量达 4.5 万人次，由此搭乘火车经厄勒海峡大桥仅需 30 分钟即可抵达丹麦首都哥本哈根，是瑞典南部重要的铁路交通枢纽。①客站始建于 1856 年，历经数次改造，客站成为古典的罗马式建筑、钟塔、高科技的站厅与月台相结合的新老建筑组合体，客站空间回荡着古今交织的历史气息与时代旋律（见图 5-3-6）。

而 2010 年的改造工程目的是将客站打造为城市交通换乘中心，将更多公共交通系统引入车站，提高民众对公共交通出行的选择与使用，并推动客站及周边地区的综合开发，以激发站域活力，成为引导城市更新发展的有力"触媒"。

图 5-3-6 充满历史气息的客站建筑与简洁现代的站厅、站台
（图片来源：根据互联网资料整理）

---

① 胡映东：《低碳交通下的马尔默中央车站改造与设计》，《华中建筑》2013 年第 5 期。

2.客站建筑的整体设计

2010 年 12 月，改建后的客站以崭新面貌呈现在世人面前，客站完整保留了充满古典韵味的站房建筑，并运用简洁的形体空间与结构形式构建起现代感十足的玻璃大厅，与古老的站房建筑相互衔接，展现出形式与功能的完美组合。

客站的一字形玻璃大厅北端面向港区北侧缓缓抬升，呈现特有的动感与张力，并在北广场中形成具有体量感的建筑形态，成为地铁与铁路站台出入口的标志性建筑；而大厅南端则悄然隐于古老的车站建筑背后，呈现张扬与内敛、轻盈与沉稳交织的建筑特色（见图 5-3-7）。

面对北欧地区纬度高、气温低、日照不足等气候特征，通透的玻璃大厅可将阳光引入站内，在改善站内采光、降低能耗的同时，亦为旅客带来明亮、清晰的客站环境与温暖、舒适的出行体验（见图 5-3-8）。

图 5-3-7　客站的整体规划设计

（图片来源：根据互联网资料整理）

图 5-3-8 通过玻璃界面将阳光引入站内，营造温暖、舒适的站内环境

（图片来源：根据互联网资料整理）

3.客站交通的规划组织

构建高效、便捷的客站交通系统是车站改造的主要目的，而客站交通配套设施是其改造重点。车站大厅作为交通主通道，长 130 m、宽 30 m，大厅一侧是对接铁路交通、城市地铁及地下城际铁路的出入口，通过交通长廊将站内轨道交通与站外的公交车站、停车楼、自行车设施等衔接，实现各交通方式之间的"零换乘"（见图 5-3-9）；大厅的另一侧则是车站的综合服务区，包含了商业、餐饮、休闲等服务设施，通过明确、清晰的功能区划，对站内客流进行了有效的组织与疏导，保障了旅客活动的平稳、有序。

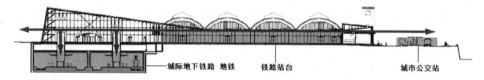

图 5-3-9 车站的交通组织与衔接

（图片来源：笔者绘制）

4.站内空间规划

站内空间采取与欧洲其他客站较为相似的改造方式，即复合化的功能开发模式，在满足旅客交通出行需求的同时，亦对站内服务设施进行升级，构建起复合化、综合化的客站服务体系，以满足旅客的各类需求；同时，对站房建筑进行适度开发，将充满古典气息、历史特色的建筑空间改造为城市公共活动场

所，供民众休憩、交流、娱乐，使客站建筑与城市环境更加契合，成为民众日常生活的一部分。

5.站城协同关系

通过对马尔默中央车站的更新改造与综合开发，将城市内外交通进行良好整合，构建起综合化客站交通体系，使客站成为城市重要的交通枢纽与换乘中心，满足了民众的出行、中转及换乘需求。马尔默中央车站的改造注重对历史建筑的保护、利用，在完整保留其历史风貌与文化特色的同时，通过新技术、新工艺、新材料的运用，构建起简洁、现代的客站大厅，体现出交通建筑特有的时代感与速度性。通过综合化的功能开发使客站成为城市活动中心，与民众活动需求相协调，发挥良好的"触媒"效应，创造出更多的就业机会，吸引了更多的企业入驻及产业开发，带动了客站地区的更新建设，实现了站城融合与协同发展。

三、"城市触媒"模式的特点分析

作为铁路的先行者，欧美国家的铁路客站在高铁建设的背景下，通过新建（如柏林中央车站）或改造（如马尔默中央车站）的方式，实现了铁路交通与城市空间的良好协同。城市内部分拥有悠久的建筑历史与深厚的文化底蕴的客站，通过合理开发与利用，依然能满足民众的交通出行需求，带动周边区域的更新发展，为城市复兴再添活力。

与我国及日本不同，欧洲作为铁路诞生之地，铁路客站的建设年代较早，与城市已形成良好的契合关系，铁路既是城市对外交通又是其内部交通的一部分，利用客站进行日常交通出行已成为普通民众的生活方式，客站成为其日常活动场所之一。受历史文化与经济差异的影响，欧美民众倾向于慢节奏的生活方式与悠闲的交通出行及城市环境①，客站更像是与时代接轨的"社会窗口"而不是各类交通汇集的"中转站"。对此，欧美城市的站城融合更侧重于利用高铁等现代交通对客站及城市进行"激活"，通过对客站空间及功能系统进行整合、优化与再开发，使客站成为城市的活力中心与"动力引擎"，为古老的城市空间注入新动力，并推动城市的更新发展。

因此，欧美国家的铁路客站可定义为"城市触媒"发展模式，即通过客站的改造建设，以整合各类交通资源，优化城市功能结构，改善城市空间环境，推动站城融合与更新发展。该模式具有以下特点：

（1）注重对客站功能的综合开发与复合布局，以发挥其"触媒"效应。构建综合化的客站功能体系有助于吸引人口、资源，是提高客站的城市属性、发挥其城市效应的重要基础。通过协调站城发展关系，将客站定义为激发城市活力、促进更新发展的重要引擎，以充分发挥客站的"触媒"效应，实现站城之间的协调、共生。

（2）注重内外交通的衔接与整合。欧美国家的铁路客站强调铁路交通与城市交通的无缝衔接，将综合交通引入客站内部，结合立体的客站空间与高效的换乘系统，实现内外交通的全面衔接与快速转换。

（3）注重对客站建筑的保护与利用。欧美国家的许多客站建筑都具有悠久的历史与深厚的文化底蕴，通过保留客站建筑，进行修复与再利用，既是对历史建筑及城市文脉的保护与延续，又合理利用了客站建筑空间，充分发挥其内在的功能价值，以迎合时代发展及社会需求。

---

① 王一举：《分析慢城理论在小城镇规划建设中的应用》，《建筑设计管理》2017 年第 12 期。

第四节　不同客站的规划设计特点
及站城关系的差异性分析

受不同的自然、社会因素影响，各国铁路客站的发展模式及站城关系有所不同，客站的设计定位、规划布局、功能结构、建筑形态等各有其特点，随着高铁时代到来，客站设计及站城关系又步入了新的发展阶段。总体而言，围绕不同国家铁路客站的规划设计及站城协同关系，可分为以中国为代表的"交通节点"发展模式、以日本为代表的"区域中心"发展模式，以及以欧美国家为代表的"城市触媒"发展模式。通过对其设计特点及站城关系的差异性进行分析、总结（见表 5-4-1），可对不同国家铁路客站的发展模式形成全面、清晰的认识。

表 5-4-1　不同国家的铁路客站的规划设计及站城关系的对比

规划设计及站城关系		中国	日本	欧美
国家背景	高铁发展目的	提高运力，改善交通，加强地区交通联系，推动经济发展，巩固国防	提高运力，扩大运能，强化地区交通联系与经济合作、发展	提高运力，增强竞争力，降低能耗，完善综合交通体系，推动城市更新发展与经济振兴
	建设模式	节点型	中心型	更新型（触媒）
城市环境	城市化水平	整体水平较低，处于快速增长中	城市化水平高	城市化水平较高
	城市道路系统	不发达，道路系统的立体化、协调性不足	发达，道路系统完善，道路结构清晰，注重人车分流	发达，注重高密度、微循环的路网建设
	城市公交系统	不完善，公交系统的协调性较低	完善，公交系统类型健全，协同性较高	完善，倡导公交优先，并给予政策支持

规划设计及站城关系		中国	日本	欧美
城市环境	城市土地利用率	整体偏低，集约与粗放模式相结合	整体较高，注重土地资源的高效开发与集约使用	整体较高，注重土地资源的高效利用与再开发，贯彻"精明增长"理念
	城市发展形态	集中式与分散式并存	紧凑型，强化都市圈与城市群的紧密联系	紧凑型，倡导绿色城市主义
设计定位	客站功能定位	强调内外交通衔接及对外交通的通达力与辐射力	强调对综合交通系统的整合与协调，对城市功能进行补充、完善	强调对城市中心区的功能调整与活力激发，推动城市空间的更新发展
	城市交通定位	区域交通、城际交通	区域交通、城际交通、城市交通	区域交通、城际交通、城市交通
规划布局	客站选址	多建设于城市周边区域，少数位于城市中心区	城市中心区及周边区域	城市中心区
	规划方式	单一建筑，与周边环境存在一定隔阂	建筑综合体或组合式建筑群，与周边环境相融合	单一建筑，注重与周边环境协同发展
	布局模式	组合式	一体式	组合式与一体式相结合
	流线模式	以等候式为主，向通过式逐步过渡	通过式	通过式与等候式相结合
	内外空间衔接	出入口设置单一、明确	出入口为多方向、多层面布局，内外空间的通达性较强	多出入口布局，注重内外空间的衔接性与通达性
站外空间	广场形态	公共型、大面积、独立式站前广场	面积紧凑，与城市交通系统有效衔接，多为交通广场	面积适中，多为城市公共活动场所

规划设计及站城关系		中国	日本	欧美
站外空间	机动交通组织	通过平面、立体相结合的道路系统组织车辆通行	采取立体化道路系统，并注重对公交系统的引入	采取平面、立体相结合的道路系统组织车辆交通，强调与铁路交通的"零换乘"
	非机动交通组织	广场空间为主要的通行空间	通过立体化的步行系统出入客站	从周边街区经广场进入客站
	外部空间形态	注重与城市道路系统的有效衔接	注重与城市空间的整体协调	注重与城市环境的整体融合
站内空间	内部环境	从复杂、封闭转向简洁、清晰	复杂、清晰	简洁、清晰
	功能布局	以交通功能为主，服务功能为辅	交通与服务功能相结合，并在使用后根据需求进行灵活调整	结合城市发展需求，进行客站功能的综合开发与布局
	入站大厅布局	平面与立体相结合	平面与立体相结合	以平面为主，结合立体交通布局
	入站安检	有	无	无
	客流构成	出行旅客	出行旅客、城市民众	出行旅客、城市民众
	换乘组织	以换乘大厅为主，辅以站台通道换乘	中转大厅结合站台换乘	站台通道换乘
	换乘模式	垂直交通换乘	垂直交通换乘	垂直交通换乘
	细节设计	注重安全性、效率性	注重舒适性、便利性	注重舒适性、便利性
	内部空间形态	单一型、大面积、一体化空间	立体化、复合型空间	一体化、组合型空间

规划设计及站城关系		中国	日本	欧美
建筑设计	建筑理念	以可持续理念为指导，注重绿色设计，体现其生态性、文化性与地域特色	注重建筑的多用途设计，强调站城融合、协同发展	注重绿色设计、轻量化设计，强调对客站建筑的保护与修复
	建筑风格	融合地域特色的现代建筑风格	与城市公共建筑相似的现代风格	现代建筑风格或历史建筑
	建筑材料	玻璃、钢材、金属材料、混凝土	玻璃、钢材、金属材料、混凝土	玻璃、钢材、金属材料、混凝土
	建筑形态	大体量、大跨度的独栋式建筑	建筑综合体形式	独栋式与综合体相结合
站城关系	客站运营模式	以管理型为主，逐步向服务型转变	服务型	服务型
	交通功能	城市内外交通的衔接与换乘	城市内外交通的衔接与换乘	城市内外交通的衔接与换乘
	城市功能	城市交通枢纽	交通枢纽与商业中心相结合	交通枢纽、公共活动场所
	活动人口	交通客流为主	交通客流、城市民众	交通客流、城市民众
	触媒效应	整合城市交通资源、优化城市交通体系与功能结构，构建城市综合交通枢纽，引导城市健康发展	整合城市交通资源，完善客站功能体系，高效利用城市土地，注重城市核心区再开发，构建以客站为主体的区域中心	整合城市交通资源，完善客站功能体系，激发客站地区的发展活力，推动区域经济发展，促进城市中心区的更新与再生

（资料来源：笔者整理）

坚持在铁路客站的规划设计中树立科学发展观，即要根据现实国情、经济水平、城市环境及民众需求，选择合适的客站发展模式。我国庞大的人口基数与增长的交通需求，使客站成为城市重要的交通门户与换乘中心，因此"交通节点"的发展模式是基于当前我国国情而确定的，只有充分满足城市发展、民众出行的交通需求，才能奠定好站城融合的重要基础——交通协同。通过整合内外交通资源，可以优化城市交通系统，完善城市交通结构，缓解城市交通问题，助力城市可持续发展，这一点与日本及欧美国家的客站模式相似。而客站作为实施站城融合的核心要素，随着城市化的发展及其可持续发展战略的调整，势必对客站设计及站城关系提出新的要求，客站发展模式必须紧密结合城市、民众的综合需求，通过科学、灵活、动态及人性化的规划设计，使客站体现出功能性、先进性、时代性、关怀性及前瞻性特色，并结合发达国家的建设经验，综合考虑当前及未来的发展道路，以引导新时代铁路客站的科学发展与站城关系的良好协调。

第五节　不同的客站发展经验
所带来的启示

作为城市的公共交通建筑，客站的规划设计与城市发展策略、经济水平、交通条件、地理环境及民众需求息息相关，而高铁时代所掀起的新一轮发展热潮集中在西欧与东亚地区，包括德国、法国、瑞典、日本等发达国家与中国等发展中国家。由于各国的环境资源、经济实力、交通条件、城市化水平等各有不同，继而在铁路发展、客站建设及站城关系的处理上各有侧重。本章通过对欧美、日本及我国具有代表性的客站案例进行分析，总结其中的成功经验与创新特色，并结合现实国情，以期对新时代铁路客站的规划设计策略提供有益指导。

一、构建完善的城市公交系统并良好衔接客站枢纽

良好的交通功能是推动站城融合的基础条件，其包括内外交通两方面内容。对城市而言，高铁建设强化了地区及城际间的交通联系，有助于提高城市对外交通水平，助力城市经济发展。随着我国高铁时代的到来，许多城市都积极争取高铁过境，并将高铁客站（包括新建的综合客站，如宜昌东站、周口站等）设置在新城区，积极发展以高铁客站为核心的高铁新区，以改善城市交通、激发城市活力、带动经济发展。与欧美国家、日本在城市内部发展客站枢纽的方式不同，我国的新建客站多位于城市周边，由于各城市公共交通水平不同，造成新建客站的可达性与通达度差别较大。

总体而言，受限于城市公共交通水平的制约，我国新建客站与城市中心的交通联系普遍较弱，造成客站人气低迷、活力不足，难以吸引城市人口及社会资源；同时，由于高铁交通提高了站点客流量与换乘需求，客站空间亦从传统的等候式转向通过式。因此，要充分发挥客站枢纽的交通优势，城市公共交通必须得到强化与完善，并与铁路交通良好衔接，以确保站点客流的快速集散与高效换乘。

一方面，城市轨道交通系统具有速度快、运量大、效率高、准点、环保等优势，成为完善城市公共交通系统及客站交通体系的重要组成部分。而目前在我国枢纽城市中，只有北京、上海、广州等少数城市拥有完善的轨道交通系统，成都、武汉、天津等城市的轨道交通系统尚处于建设阶段，西安、郑州、长沙等城市的轨道交通系统仍处于起步阶段，城市轨道交通与客站枢纽的协同率有待进一步提升。另一方面，我国铁路客站作为城市交通门户，拥有宽广的场地、宏大的建筑，但对城市公共交通系统缺乏统一组织与细节管理，公共交通之间

衔接不强、换乘不畅，加大了民众使用的复杂性，加剧了民众活动的困难度，不符合人性化、服务型的客站发展需求。随着我国铁路交通"公交化""通勤化"发展，构建全面、完善的城市公共交通系统既有助于完善客站交通体系、促进站城交通全面衔接，也是建设公共交通都市、推动城市可持续发展的重要保障（见图5-5-1）。

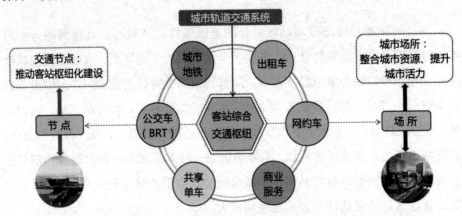

图 5-5-1　完善的城市公交系统是构建客站综合交通枢纽的重要支撑
（图片来源：笔者绘制）

二、强调客站功能的综合开发及与周边地区的协同发展

"天下商埠之兴衰，视水路舟车为转移"，体现出交通运输对经济发展的重要性，尤其是与城市化进程中的经济活动相辅相成、相互影响。[①]良好的交通功能是推动客站建设、城市发展及站城融合的重要基础，但当前我国铁路客站多为单一的交通建筑，其设计定位与服务功能以满足交通出行为主，使站城

[①] 孙志毅、荣轶等：《基于日本模式的我国大城市圈铁路建设与区域开发路径创新研究》，经济科学出版社，2014，第94页。

关系仍处于交通衔接的基础层面，单调的客站环境缺乏对旅客及市民的吸引力，影响其逗留时间与消费欲望，亦难以吸引产业进驻与投资开发，降低了客站地区的人气与活力，对城市发展的助力作用甚微。

随着高铁交通建设与《国务院关于改革铁路投融资体制加快推进铁路建设的意见》的出台，站城关系上升到新的高度，客站作为城市重要的交通节点与换乘中心，站域地区依托铁路建设得到快速增值，并由"以国养站""以站养路"的传统模式发展为"以站扶商""以商养站"的新型模式①，这里所指的"商"不仅包括客站自身的商业成分，还包括根据 TOD 原则在客站周边实施的协同开发，通过进行商业、金融、服务业、住宅、娱乐、教育、医疗等城市功能的混合开发，构建全面、高效的城市功能体系，提高对城市人口及产业资源的吸引力。②在这一方面，日本的站城一体化开发经验及铁路经营模式（见图 5-5-2）值得我国学习与借鉴。

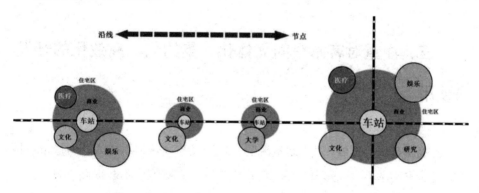

图 5-5-2　日本的站城一体化开发经验及铁路经营模式
（图片来源：笔者绘制）

随着站城融合的持续深入，客站与城市、民众的联系将愈发紧密，而民众的需求、选择对客站综合开发具有重要的引导作用，良好的业态开发与服务环

---

① 罗湘蓉：《基于绿色交通构建低碳枢纽——高铁枢纽规划设计策略研究》，博士学位论文，天津大学建筑学系，2011，第 222 页。

② 张育南：《轨道交通影响下的大都市空间尺度》，《城市快轨交通》2007 年第 6 期。

境能吸引大量客流，提高客站地区的人气、活力。因此，客站综合开发需要从整体的站城关系入手，实现统筹安排、协调一致、共同发展。一方面，客站作为城市交通中心，聚集了大量活动人口，为客站发展提供了重要的客流资源；另一方面，客站及周边区域的综合开发也会对城市人口产生辐射与影响，以维持充足的人气与持久的活力，防止荒芜的客站环境造成的产业萧条与人气流失。此外，我国铁路客站以独栋建筑为主，宏大的站外空间使站城之间存在明显的界限与隔阂，加之铁路部门的封闭管理，降低了站城之间的联系性及对民众的吸引力。因此，需要进一步提高客站建筑的开放性与亲和力，强化客站空间与城市环境的相互联系，通过构建完善的客站功能体系，对周边地区的城市功能进行补充，以促进站城之间的功能协调与环境融合；同时，还要注重对城市环境的合理开发与高效利用，良好的自然及人文环境有助于改善客站形象，提高客站人气，促进站城环境的良好融合。

三、注重对客站空间立体化、集约化、高效化的开发与使用

随着城市化的发展，对土地资源的合理开发与高效利用成为助力城市可持续发展的重要举措。一方面，随着城市人口与建筑密度的不断提高，城市内部可开发的土地资源逐步减少，难以满足城市发展与民众生活的各类需求；另一方面，随着经济社会发展，党中央及政府部门密切关注民生问题，党的十九大报告明确指出"人民是历史的创造者，是决定党和国家前途命运的根本力量。必须坚持人民主体地位，坚持立党为公、执政为民，践行全心全意为人民服务的根本宗旨，把党的群众路线贯彻到治国理政全部活动之中，把人民对美好生活的向往作为奋斗目标，依靠人民创造历史伟业。"在我国新型城镇化发展的背景下，为妥善解决城市发展、民众生活的各类需求与土地资源日趋紧张的尖

锐矛盾，必须坚持对土地资源的合理开发与高效利用。

　　与此同时，随着城市交通需求量的提高，实施城市公共交通系统的综合建设与道路系统的立体开发，成为缓解交通压力、治理道路拥堵、改善城市环境的重要举措。此举可有效分担交通人口与路面车流，改善民众出行条件，提高其对公共交通出行的认可与选择，并降低私家车使用率，实现绿色交通出行。此外，城市道路的立体化建设能提高城市土地利用率，降低土地资源消耗。例如，成都快速公共交通系统采用全程高架的建设方式（见图5-5-3），既提高了公共交通系统的运行效率，又降低了对地面交通及周边环境的干扰与影响。

图5-5-3　线路及站点均为高架建设的成都快速公共交通系统
（图片来源：笔者拍摄）

　　随着高铁时代的到来，我国铁路客站的立体化程度正逐步提高。首先，通过立体化的客站交通组织，将各类交通方式引入复合化、分层化的客站空间，并依托垂直交通换乘系统，实现内外交通的全面衔接与高效换乘；其次，通过顶层、地下空间一体化开发，有助于提高客站空间利用率，如部分客站采用"站桥合一"的建筑结构与高架化的线路股道，节约了土地资源并降低了对周边环境的干扰与影响；最后，随着铁路交通"公交化""通勤化"发展，客站空间亦从"分散化""等候式"转向"一体化""通过式"，推动了客站空间的综合开发，其立体化、复合化程度有所提升。但相比日本等发达国家，我国交通建筑的立体开发程度与综合利用率仍有较大差距，其体现在内外空间开发及功能布局等方面。例如，日本以城市综合体形式发展客站枢纽，不仅提高了客站空间的功能性与利用率，还将站外广场、步行系统、公共交通系统及站内空间进行整合，通过垂直电梯、人行天桥、地下通道进行对接，以实现客站内外空间一体化衔接，不仅提高了客站空间的开发程度，还提高了站城之间的衔接力度与融合程度，确保了城市空间的连续性与完整性，对我国铁路客站的站城融合发展具有良好的借鉴意义。

第六节　本章小结

高速铁路具有速度快、运量大、效率高、绿色环保等优势，成为不少国家用以改善交通、提高运力、发展经济、治理环境的可行之策。铁路客站作为高铁网络节点及城市交通中心，也迎来了新的发展机遇。实现站城融合与协同发展，需要以城市的经济水平、交通条件、资源环境及民众需求为参考，使客站的规划设计更具科学性、合理性、灵活性及关怀性，实现客站与城市、民众良好协调。目前我国铁路客站的"交通节点"发展模式，与我国城市化水平、经济实力及交通需求有关，相较欧美发达国家、日本等国家的客站发展模式及站城协同方式，我国的站城关系仍处于交通协同的基础层面，客站多为城市交通中心与节点枢纽。随着我国城市化发展、经济水平与交通能力的提升，我国铁路客站的发展模式及站城融合程度必将迈向更高层次。本章通过参考、借鉴欧美及日本在客站发展及站城融合中的成功经验，结合我国城市及民众的现实需求，可以引导我国铁路客站的良性设计、协调站城之间的发展关系，使我国铁路客站的规划设计更具前瞻性与科学性。

第六章　新时代铁路客站的
规划设计策略及发展方向

随着站城关系的日益紧密，客站的设计理念、交通组织、功能体系、建筑形态及发展方向都产生了重大变化，积极推动站城融合已成为紧凑城市建设及可持续发展的重要保障。在高铁时代背景下，客站的规划设计必须充分融合各类城市要素，根据不同的客站类型进行科学规划与灵活设计，以紧密协同城市交通、良好协调城市环境、合理满足民众需求，推动站城动态化衔接、系统化融合。本章立足于前文研究基础及相关结论，通过总结站城融合引导下客站规划设计的理念、原则、流程及客站的构建形态，形成新时代的客站规划设计策略，并探索了不同类型客站的发展方向。

第一节　新时代铁路客站的
规划设计理念

与传统客站的设计理念不同，站城融合的发展使客站不再局限于对单一功能的过度关注，而是从站城之间的整体关系入手，注重与城市交通、社会环境及民众生活的相互协同，使客站枢纽全面融入城市空间，成为助力城市发展的重要引擎，具体而言，客站的规划设计主要由可持续理念、协同理念及以人为本理念来共同引导（见图 6-1-1）。

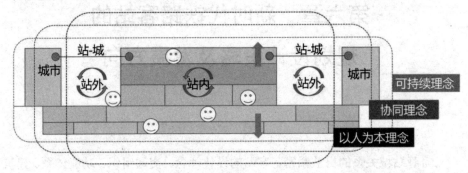

图 6-1-1　新时代客站规划设计应由可持续理念、协同理念、
以人为本理念共同引导
（图片来源：笔者绘制）

一、可持续理念

实现可持续发展作为当代城市的共同目标，应在城市建筑的规划设计中得到全面贯彻。可持续理念在建筑设计中追求与环境相融，降低环境负荷，注重对环境资源的合理开发与集约使用，以提高建筑与环境的融合力及适应性，建立与场所环境的有机联系，实现建筑与环境的平衡发展。[①]铁路客站作为城市交通枢纽与活动中心，与城市环境联系紧密，应在客站的规划设计中全面贯彻可持续理念，对客站的设计定位、站场选址、土地开发、建筑规划及功能布局等进行规范指导，提高客站枢纽与城市空间在环境、功能、资源等方面的统一性与协调性，降低客站介入城市产生的干扰，延长客站枢纽的建筑寿命与使用年限，确保站城关系的良好协同与长远发展。

---

① 彭一刚：《建筑空间组合论》，中国建筑工业出版社，2008，第 73 页。

二、协同理念

协同理念提出子系统之间通过复杂方式进行相互协调与竞争，实现了系统从无序到有序的发展，其以统一的观点处理系统之间的相互关系，以促进宏观水平上结构与功能的良好协调，并提高其整体运作效率与协同效益。[①]在城市化问题日益严峻的今天，推动紧凑城市建设及可持续发展，需要以城市交通为支撑、以客站枢纽为立足点、以站城之间的交通协同为基础，建立客站与城市、民众的整体协同关系，从单一的交通协同发展为站城功能的全面协同，即包括基于城市发展需求合理完善客站功能体系、基于城市环境需求合理规划客站空间形态、通过客站枢纽的合理发展推动城市更新发展三个方面，以形成良好的站城协同关系、提高站城融合的整体效益。

此外，协同理念应全面融入客站的规划设计，对站城交通衔接、站内空间开发及站外空间设计中的各类要素进行协调、整合，推动客站空间从"平面型＋分散化＋等候式"发展为"立体型＋一体化＋通过式"，以进一步强化客站交通优势、丰富其功能体系、改善其空间环境，使其更加符合站城融合及城市可持续发展的整体需求。

三、以人为本理念

以人为本作为科学发展观的核心，就是以最广大的人民群众及其根本利益为本，强调全心全意为人民服务，注重服务的最大化、公平性与民主性，保障和满足人民群众的身心健康与利益需求。[②]铁路客站是城市的公共交通建筑与

---

① 崔叙、沈中伟、毛菲：《大城市铁路客站邻接区用地构成及强度研究——基于协同学的国内外大城市铁路客站邻接区用地解析和规划思考》，《规划师》2015 年第 S2 期。

② 李慎明：《以人为本的科学内涵和精神实质》，《中国社会科学》2007 年第 6 期。

大众活动场所,其规划设计必须全面贯彻以人为本理念,为人民群众提供"全方位服务",通过便捷的交通系统、完善的服务体系、舒适的客站环境及人性化的管理方式,营造安全、高效、便利、舒适的优良环境,满足人们在物质、精神上的双重需求,使客站从"被动管理"向"主动服务"转变,这既有助于改善客站自身的发展方式,又是对其人性化、关怀性设计的体现,还是扩大客站枢纽的服务范围与影响力、增强民众的认同感与选择性、提高站点地区的人气活力并推动站城融合与协同发展的重要保障。

第二节　新时代铁路客站的
规划设计原则

　　客站是站城融合的核心要素,其规划设计必须以系统性原则为指导,以推动二者在交通、社会、环境等方面的良好协同。具体而言,客站的规划设计要以协调城市环境为基础、以助力城市发展为目标、以满足民众需求为保障。

一、以协调城市环境为基础

　　城市环境为客站规划设计提供了必要的空间资源,是满足客站发展的先决条件。客站的规划设计必须以城市的整体环境为基础,与城市形态及发展策略相协调,通过合理选择客站场址,对客站空间进行集约开发与高效利用,对客站的建筑形态及功能结构进行优化设计,并推动绿色技术在客站设计中的应用,以提高站城之间的协调性与适应性,尽量降低对城市环境的干扰,减少对城市资源的占用与消耗，引导客站空间良好融入城市环境，与城市空间有机协调。

（一）客站场址的合理选择

铁路客站作为城市的交通枢纽与活动中心，承担着内外交通衔接、换乘及城市综合开发等重任，考虑到铁路及客站的建设周期较长，会占用大量土地资源，大规模建设施工会对城市环境、民众生活、自然生态造成影响，因此无论是引入城市中心，还是建于城市周边，客站选址都要以地区、城市、站域的实际环境为基础，包括城市形态、功能区划、经济水平、交通结构、人口分布、地理环境等，与城市发展策略、土地利用方式及自然环境相适应，紧密对接城市道路系统、公交系统、服务系统及环境系统。以客站为立足点推动区域更新、经济发展、交通建设与环境保护，积极引导城市健康发展，避免因选址不当制约城市发展、加重城市负荷、破坏城市环境。

如新石家庄火车站（见图 6-2-1）就考虑到既有站址场地有限、拓展空间不足、铁路分割城区等不利因素，采取另择站址、整体搬迁、铁路下穿等方式，将新址设于市南二环附近，与市中心保持一定距离，以获取更大的发展空间，降低客站建设造成的各类影响，并将分割城区的铁路引入地下，推动了地面城区的修复与更新，使新客站在交通、城建、环境等方面实现与城市空间的良好协调。

铁路入地工程

老站房

新站房

图 6-2-1　新石家庄火车站工程通过整体搬迁、铁路下穿等方式，
使客站获得了充足的发展空间，并降低了对城市环境的干扰

（图片来源：笔者绘制）

（二）土地资源的集约利用

作为城市的交通枢纽及活动中心，客站需要大量土地资源，以满足站场、线路的开发建设，而城市化发展造成城市用地紧张，难以为客站提供充足的土地资源。因此，对土地资源的合理开发与集约利用成为客站规划设计的关键问题。客站建设的土地供给量与城市需求息息相关，客站选址必须充分考虑城市的整体环境与发展形态，相关部门在进行规划设计时，必须坚持集约化的土地开发理念与使用策略，通过构建立体化的客站空间提高土地开发强度，结合复合化的功能布局提高空间利用率，引导客站从传统的平面扩张转向高效的立体延伸，以优化客站的建筑形态与空间结构，降低土地资源消耗量，缓解因客站介入城市所造成的干扰。

土地资源的集约利用是实现站城融合的重要基础，其不仅能提高客站土地的开发强度与综合利用率，构建起立体化的客站空间与复合化的功能体系，又能良好协调城市的整体环境，符合紧凑城市建设及可持续发展需求。

（三）建筑形态的优化设计

站城融合贯彻了土地利用的集约化理念，推动了客站空间的立体化、复合化发展，使客站形态从传统的"平面＋分散＋封闭"转向"立体＋一体＋开放"，改变了站城之间的对立关系，引导客站建筑主动融入城市空间，成为城市系统的重要组成部分。为实现客站建筑与城市环境良好融合，需要改变单调、呆板的建筑形体，运用新型建筑结构、材料及技术，创造优美、流畅、精致的建筑形体，以改善客站的整体形象与环境品质，成为城市的形象窗口。此外，客站设计亦要注重对地域要素的引入：一方面，建筑形态的设计要传承城市文脉、体现地域特色、彰显人文风貌；另一方面，客站建筑要充分遵从当地的气候环境，并在技术支持下提高对气候环境的适应性与协调性，注重对气候资源的合理开发与使用，以改善建筑与环境的交互关系，助力站城环境融合与协调共生。

（四）绿色技术的全面应用

建筑作为城市空间的构成单元之一，与城市环境、民众生活联系紧密。倡导绿色技术在建筑设计中的应用，有助于降低能耗、节约资源、保护生态，为人们提供健康、舒适的户内空间。铁路客站作为体量庞大、功能复杂的交通枢纽，承载着高强度的交通、人口活动，势必产生巨大的能耗与污染；与此同时，随着交通技术发展及人们出行活动的频繁，对于交通出行的舒适性需求不断提高。因此，客站的规划设计应全面贯彻可持续发展观，扩大绿色技术在其开发建设中的应用，以降低能耗、减少污染、节约资源、保护环境，提高客站建筑与城市环境的适应性与协调性。为人们营造绿色、健康、舒适、温馨的客站环境，其绿色技术以节能为主旨，主要包括场地节约、能源节约、建材节约等。①

场地节约是指对客站土地资源的合理开发与集约利用，以节约土地资源，降低过度占用与消耗，提高土地的开发强度、使用效率与利用价值，此方面已在前文中进行解析，此处不再赘述。

能源节约是指客站设计中的节能策略，通过收集和存贮自然能量，使客站建筑与周边环境形成自循环系统，减少对人工设备的使用，以降低能耗、减少污染、改善环境，提高站城环境的协调性与适应性。客站节能策略主要包括对建筑空间的优化设计、对自然资源的采集与利用两大方面。对建筑空间的优化设计即通过优化客站建筑的外部形体与内部结构，提高客站对环境的适应力，以降低能耗、提高节能。如通过体型系数引导建筑形体设计、通过温度分区指导站内空间规划、通过协调的建筑结构与窗墙比，提高建筑的自然采光、通风条件等。对自然资源的采集与利用主要包括自然采光、自然通风、自然控温、新型玻璃幕墙应用、可再生能源利用（如光伏发电、风力发电、太阳能利用、地热能利用、生物质能利用等）、水资源（中水、雨水）收集利用等。

建材节约是指在客站设计中对绿色建材与复合材料的使用，包括可再生性材料、可循环材料、植物纤维建筑材料、绿色装修材料等，并在客站设计之初制定绿色材料的技术策略与管理制度。在确保安全的前提下，扩大其应用范围，以改善建筑形态与使用环境，提高施工效率，减少作业工期，实现建筑节能。

二、以助力城市发展为目标

实现客站空间与城市环境的良好协调，是推动站城融合的重要基础，而客站作为城市公共交通建筑，具有鲜明的时代、社会属性，与城市发展、民众生活联系紧密。站城之间的交互关系是动态的、发展的，传统的客站设计注重体

① 李学：《中国当下交通建筑发展研究（1997 年至今）》，博士学位论文，中国美术学院环境艺术系，2010。

现其交通特色与门户形象，而城市化发展与高铁时代的到来，推动了客站枢纽从交通节点转向城市中心，既强化了客站枢纽的交通功能，又使其承担起更多的城市功能，引导客站枢纽与城市运作相互协调，构建起良好的站城协同关系。

（一）客站功能与城市发展相互协同

站城融合推动了铁路客站的综合发展，在完善客站功能体系的同时，又提高了客站空间的使用效率，客站的发展活力来源于功能的多样化、复合化，客站空间融合城市职能，通过功能的相互协同、配合，能产生更大的功效职能。[①]

一方面，随着城市交通发展，越来越多的交通方式汇集于客站，使客站成为城市交通中心，换乘大厅与换乘单元的建设使内外交通紧密衔接，提高了客流的集散、换乘效率。因此，构建以客站为主体的综合交通枢纽，有助于加强城市内外交通联系，促进人口流动、推动区域开发、带动经济发展。

另一方面，便捷的客站交通带来了大量人口，增强了客站地区的人气、活力，并提高了人们对客站枢纽的各类需求，使客站承担起更多的城市功能，在保障交通功能的同时，将餐饮、住宿、休闲、娱乐等城市功能引入客站，结合开放化的客站空间，不仅满足出行旅客的交通需求，还面向城市居民提供生活服务，与其日常生活相契合，提高了客站对城市的综合影响力与经济推动力。

（二）客站空间与城市空间相互融合

日益紧密的站城关系强化了客站空间与城市环境的相互联系。一方面，站外空间与城市街区直接相连，承担着交通衔接与人口集散等重要功能，传统客站基于此类功能需求，多采取大尺度、大体量的站外空间，以满足春运等客流高峰期的需求；与此同时，巨大的站外空间亦隔阂了客站建筑与城市环境的联系，弱化了站城之间的交流与合作。随着城市化发展与高铁时代的到来，协调

---

① 王蓉、胡望社、刘欢：《建筑综合体中城市化公共空间活力的探讨》，《中外建筑》2006 年第 3 期。

城市环境、协同城市发展成为引导客站规划设计的重要因素。客站的立体化开发与复合化布局，既降低了对土地资源的需求量，促进了站城交通的全面衔接，提高了客站运作效率，也弱化了对站外空间的土地需求，推动了客站内外空间及城市环境的相互融合，加强了站城空间的紧密联系。

另一方面，随着客站的城市属性不断增强，客站空间的开放性与包容性逐渐提高，使其与周边环境融为一体，由单一的交通空间转变为多元的活动场所，在保障交通出行的同时，可提供更多的城市服务，具备良好的可达性、洄游性与功能性，为交通旅客及城市居民共同服务，以吸引更多活动人口及社会资源，形成重要的城市活动中心。

（三）对城市环境空间的优化与更新

合理的客站规划设计对于城市环境的优化与更新具有积极效应，主要体现在对城市分割形态的修复与融合、对城市公共空间的治理与改善、对城市景观空间的尊重与协调等方面。

1.对城市分割形态的修复与融合

传统客站的开发建设集中在地面，巨大的客站建筑及漫长的铁路线占用了大量土地资源，穿城而过的铁路阻碍了城区开发与交通建设，影响了城市发展的完整性与平衡性，并产生城区分割、交通受阻、发展受限、环境破坏等问题，给紧凑城市建设及可持续发展造成很大困扰。

站城融合强调客站与城市的协调、共生，结合高铁发展的时代背景，客站及线路的设计理念与建设方式有所改变。站内空间的立体开发与站外空间的模糊处理，可以强化站城空间的衔接与融合，降低对土地资源的过度索取；同时，铁路则通过高架或下穿方式，"还地于城"，降低对沿线环境的干扰。此外，客站枢纽的介入改善了城市交通结构，并对城市交通资源进行整合、协调，采取公交优先、人车分流、立体分流、立体泊车等方式，改善了客站交通环境，提高了客站枢纽的运作效率。

2.对城市公共空间的治理与改善

随着城市化快速发展，城市土地资源逐步萎缩，使城市公共空间变得狭小、拥挤，可供人们活动的户外场地日益减少，影响了民众的生活环境与身心健康。而站城融合发展下的客站空间采取立体化、整体式的开发模式，既节约了土地资源，又创造出更多城市公共空间；同时，通过地下空间的合理开发与良好组织，可以转移城市功能并释放出更多的地面资源，用以扩大城市公共空间，改善城市生活环境。此外，利用客站枢纽介入嘈杂混乱、缺乏活力的传统城区，有助于激发城市活力、提高发展动力、创造新的发展机遇。

3.对城市景观空间的尊重与协调

客站空间作为重要的城市节点，应在其规划设计中注重对城市环境的保护，以及对自然景观的尊重、协调，将体现地域特色及自然风貌的景观元素进行提炼、整合，以构建缤纷多彩、秀美宜人的客站景观空间，与既有的城市景观融为一体，结合特色化的站房建筑，形成独特的景观节点与城市地标，既能提升客站的整体形象与环境品质，又对城市景观起到承接和延续作用。

三、以满足民众需求为保障

铁路客站是城市公共交通建筑，其规划设计的本质是为人服务，通过满足城市、民众的综合需求，营造良好的城市生活环境，促进城市更新发展。因此，客站规划设计需全面贯彻"以人为本"理念，将民众需求作为引导其规划设计的重要因素，通过高效的交通体系、完善的服务系统、舒适的客站环境，为民众出行及日常活动提供安全、便捷、健康、舒适的交通场所与活动空间，构建人性化、服务型的客站枢纽，提高民众的认可度，为客站带来充足人气，提升客站的经济收益与发展活力，保障站城融合的长久、稳定。总体而言，满足民众需求的客站规划设计，主要涉及交通、服务、环境等领域，如便捷的交通换乘系统、高效的交通流线组织、完善的客站服务体系及良好的客站空间环境等。

（一）便捷的交通换乘系统

发展客站枢纽的目标之一就是发挥其良好的交通功能，达到改善城市交通、强化内外交流、方便民众出行、优化城市环境等目的。

在内外交通的衔接组织上，客站设计应从站城交通衔接入手，积极吸纳、整合内外交通资源，使客站成为城市交通中心。通过对客站周边道路系统进行立体开发与协调组织，利用高架引桥、地面匝道、地下隧道等立体方式，结合立体分流、人车分流等疏导方式，与客站建筑有效对接，将旅客直接带入客站，减少在站外空间的步行距离与停留时间，提高其通行效率；同时，铁路交通的"高速化"发展与"公交化"运营，推动了站内换乘大厅与站外换乘单元的构建，使客站从"等候式"转向"通过式"、从"分散化"转向"一体化"，减少了站内旅客的通行距离与等候时间，推动了站城交通的无缝衔接与高效换乘。

在综合交通的换乘组织上，通过将综合交通引入客站内部，分层、分区设置其站点及泊位，并通过垂直换乘系统进行衔接，利用换乘大厅、换乘单元引导旅客分流，以提高旅客换乘的选择性与便利性，有助于站点客流的快速集散与"零换乘"需求，使客站作为城市综合交通枢纽发挥其良好的交通功能。

（二）高效的交通流线组织

构建客站综合交通枢纽，需要对引入的综合交通进行协调组织；同时，客站综合开发使其从单一的交通建筑转向综合的城市枢纽，推动了客站交通流线的多元化、复杂化发展。因此，实现高效的交通流线组织，有助于确保客站交通的有序运作、顺畅通行，保障交通活动的效率性与安全性，维护稳定的客站环境。

首先，内外交通的顺畅衔接是客站交通组织的基础环节，站城交通的"无缝对接"及"零换乘"使人们通过机动交通直接入站，利用换乘大厅及换乘单元进行中转，避免聚集在站前广场与客站出入口引发混乱。其中，换乘大厅作为人们通行的中转空间，应尽量简化空间内容，体现良好的可读性与引导性，提高人们的方向感与判断力，以减少逗留时间、提高通行速度。而换乘单元作为各交通站点的换乘综合体，应具备完善的衔接通道与标识系统，以避免客流拥堵、确保顺畅换乘。

其次，站内流线的主次分化与协调组织是确保客站交通组织的重要环节，客站枢纽的综合开发将人们的活动引入站内空间，因此站内交通流线组织要紧密结合站内功能区划，根据人流量变化来分化客流，将客流活动的集中区域作为设计重点，尽量缩短通行距离、提高通行效率，满足人们的活动需求；同时，要与次要流线及活动区域统一组织，以保障流线之间良好衔接，避免其交叉、重叠造成混乱，确保站内空间的通行效率与活动秩序。

最后，客站流线组织应注重人性化设计，通过"以人为本"理念进行引导。应注重对客站交通组织的细节管理，在缩短旅客换乘距离与通行时间的同时，通过引入视、听、触等智能化信息系统，结合自动步道、扶梯、电梯等装置，以保障旅客通行秩序、提高其换乘效率，维护有序的客站交通环境。

（三）完善的客站服务体系

站城融合的发展使客站的城市属性日趋显著，除核心的交通功能外，客站的综合开发亦提高了其功能的多样性与空间的丰富性，这种城市化的站内空间既服务于客站自身，又具有城市空间环境的性格特征或某些城市空间的构成形态[①]，所形成的客站服务体系，主要包括为交通旅客服务的内部商业区、为城市民众提供开放性服务的公共商业空间。

一方面，客站内部商业区是对传统客站服务的继承与延续，此类商业区尺度较小，由固定店铺与流动摊贩组成，为入站旅客提供必要的商业服务，如百货零售、餐饮、茶歇等，此类商业区主要集中在候车大厅及站台区域，对接旅客流线，与站外空间的关联性不强；另一方面，开放性的公共商业空间不仅满足交通旅客的服务需求，还面向城市民众提供各类服务，通过多元的商业空间

---

① 王蓉、胡望社、刘欢：《建筑综合体中城市化公共空间活力的探讨》。

与丰富的服务内容，吸引了大量消费人口。随着客站空间的综合开发，部分客站的商业空间已经与周边城区融为一体，如地下商业街区、商业建筑等，实现了站城空间的平行过渡与功能衔接。

客站通过完善的服务体系，既提高了对交通旅客的服务能力，增强了站内服务的便利性与趣味性，又合理利用了客站建筑空间，改善了客站功能结构，提高了客站的经济收益；并通过合理组织客站交通流线，确保旅客、市民流线的独立运行、互不干扰。此外，开放的客站商业空间能够吸引城市民众，既可以带来充足客源与丰厚收益，又为民众提供了开放的公共活动场所，扩大了城市公共活动空间，强化了站城之间的合作关系，推动了站城融合的深入发展。

（四）良好的客站空间环境

站城融合的发展提高了客站空间的开放性与共享性，使客站功能系统得到完善，而便捷的交通功能与丰富的商业功能在为客站带来充足客流的同时，也提出了更高的环境要求，体现在对客站环境的改善，对城市发展的协同，对民众体验、活动需求的尊重以及对其场所安全感的满足等方面。[①]围绕客站空间环境的良好塑造，主要包括客站内外环境两部分。

客站外部环境以广场空间为主，传统的客站广场多作为客流集散与车流组织的交通空间，具有大尺度、大体量、平面、广域等特征，而站城融合则推动了客站空间立体化发展，将交通衔接、换乘组织等活动移至客站内部，释放出更多的广场空间作为城市公共活动场所，通过开发地下商业街、休闲公园、景观小品等，与周边城市环境立体融合，在改善站外环境、提升客站形象的同时，为民众提供了舒适宜人、充满趣味的公共活动空间。

客站内部环境以建筑空间为主，由候车空间、商业空间、办公空间、辅助空间等组成，其中候车空间、商业空间是客流集中区域。因此，在站内空间的

---

① 罗湘蓉：《基于绿色交通构建低碳枢纽——高铁枢纽规划设计策略研究》，博士学位论文，天津大学建筑学系，2011，第238页。

环境塑造中，首先要根据不同空间的功能定位，对其尺度、形态进行合理界定与明确塑造，给人以良好的场所感与可视性，提高人们的认知、分析、判断力；其次，结合人们的体验需求，对站内界面、色彩、照明、陈设、器具、信息系统等进行统一设计、协调布局，使站内环境更贴合民众的体验需求，提高站内空间设计的人性化与关怀性；最后，站内环境要充分满足民众的安全需求，通过客站交通的有序组织、功能空间的合理布局、服务设施的协调安置、安全隐患的有效防治、突发意外的及时处理等，从精神、物质两方面保障人们的身心健康，营造安全、舒适的站内环境。

第三节　新时代铁路客站的规划设计流程

对站城关系的合理把握是新时代铁路客站规划设计工作的重点，其前期不仅需要科学的理念、原则予以指导，还需要在后续工作中贯彻站城协同的总体思路，以合理安排各阶段的工作内容，形成系统的规划设计流程。在此基础上，笔者通过前文对站城协同方式及客站规划设计关键要素的研究，结合国内外案例的分析，总结出客站规划设计的相关要点，并基于其互动关系构建功能结构，从而获得对新时代的客站规划设计形态的整体认知。

客站的规划设计是一项科学、严谨的工作，随着站城关系的日益紧密，铁路客站已不再是满足对外出行的交通建筑，作为城市系统的重要组成部分，客站的规划设计必须建立在整体的站城关系上，结合城市实际条件来衡量客站的设计尺度，引导客站功能体系更贴合城市的实际需求与发展策略。对此，结合当前我国城市化水平及交通发展现状，新时代铁路客站的规划设计应包含前期策划、初期方案、设计优化、工程建设、运营管理与使用后评价、改造与更新等六个阶段，而站城融合作为主导思想应贯穿客站规划设计的全过程，使每个阶段都紧密贴合城市需求，以引导客站系统融入城市，与城市发展相互协同。

一、前期策划：基于城市需求引导客站设计定位

交通是城市健康发展的命脉，对城市而言，新的交通联系意味着新的发展机遇，而铁路客站的建筑是交通与城市的衔接点，其规划设计往往被给予诸多厚望。作为铁路工程的配套项目，客站的发展形态与沿线城市的经济水平及实际需求相关，当铁路工程启动可行性研究后，沿线客站的规划设计应同步进入前期构想阶段。这一阶段分为两部分：一是铁路部门根据国家发展需求来规划线路走向及途经城市，并制定沿途城市的客站项目；二是地方政府应与铁路部门保持沟通，及时获取工程规划的最新进展，力争线路过境，同时要综合考虑站点设置对地区发展及城市开发的积极意义，结合当地实况对客站项目进行预期构想，并与铁路部门通力合作，争取客站项目落实。

在前期策划阶段，首先要对客站项目所在区域进行现状调查及规划分析。现状调查是指对城市既有的地理环境、功能区划、人口分布、交通结构、发展形态等进行了解，目的是获得所在城市的真实信息，总结出客站建设的优劣条件，引导客站项目选择最为合适的建设区域。而规划分析则是对客站建成及运营前景的初步展望，目的是使客站的规划设计更符合城市的发展需求。其次，在初步分析站城关系的基础上，要明确客站的设计定位，是满足城市交通而打造综合交通枢纽还是迎合城市开发塑造"副中心"型综合体，设计定位对于客站规划设计至关重要，其将影响客站系统的运作成效与站城关系的协调程度，因此必须结合前期分析结果来进行，以确保客站的设计定位更为准确、合理。最后，要对客站的交通需求量进行科学预测，在立足城市发展策略、城市经济水平、城市交通结构、民众出行需求等要素的基础上，将客站交通需求量

控制在合理的范围内，并保留一定的设计冗余，以此引导客站的等级确立、规模衡量、功能开发等工作，使客站项目最大化符合城市未来的发展需求（见图 6-3-1）。

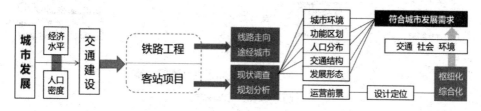

图 6-3-1　基于城市发展需求的客站前期策划

（图片来源：笔者绘制）

二、初期方案：依托设计草案体现站城协同关系

进入初期方案阶段，客站的规划工作将从图表信息转向设计草案，在前期可行性研究的基础上，设计部门应提出客站项目的总体规划，并基于总体规划的需求，将客站项目引入可视化阶段，即初步的设计草案。设计草案可依据总体规划进行灵活调整，形成多套方案用于对比参考，并通过图纸、视频、模型等方式进行展示；同时，客站的整体规模应初步成型。初期方案的制订，既是对前期构想的塑形尝试，也是对项目可行性研究结果的评估，可看作对站城协同关系的体现与调整，为的是引导客站功能体系与实际需求进一步耦合，以避免因客站功能体系的不合理设计造成供求关系失衡问题（见图 6-3-2）。

例如，徐州东站作为京沪高铁、徐兰客专及徐连客专的交汇点，在设计之初为总建筑面积 1.5 万 m²、设 7 站台 15 线的规模。而客站启用后客流量持续攀升，高峰时期因站房空间不足旅客甚至要在站外候车，客流量已远超设计承载。对此，铁路部门又制订了扩建计划，将现有客站面积扩大到 4.5 万 m²，增设 6 站台 13 线，以满足持续增长的客运需求。徐州东站的扩建计划仅在其建成数年后就迅速展开，在体现出我国高铁客流增长显著的同时，也反映出客站总体规划与实际需求未能达成平衡，对客流量的预计存在较大差异，进而影响了客站功能体系的前瞻性设计。

图 6-3-2 依托设计草案体现站城协同关系
（图片来源：笔者绘制）

三、设计优化：推动客站各功能要素协调、整合

在确立初期方案的基础上，要对客站项目的设计要求进行细化，以方便设计单位对草案进行修改，提供更为翔实的设计方案。客站规划设计在这一时期应进入完型阶段，客站的场地形态、建筑形体、功能布局、交通规划、流线组织等需得到确定，设计部门应妥善处理各要素的协调问题，并通过媒体适时公布项目进展，通过微博、微信、报刊、电视等传媒广泛征求民意，以对设计方案进行最终完善，从物质、精神两方面满足民众需求，最大化契合城市、民众的总体需求。

在此方面，日本铁路交通的建设发展长期以来颇受民众支持、拥戴，其得益于对民意的重视与采纳，其通过组织民众参与和体验新线路、新客站的设计开发，并在设计中主动融合、体现当地的民俗特色与时尚元素，树立起良好的亲民形象，获得了广泛的社会认同与民意支持，其成功经验值得我国借鉴与学习。[1]设计优化是客站项目从图纸走向现实的转型阶段，需要在设计中科学、严谨地协调站城关系的平衡性，引导各方要素达到相互协同与总体稳定，以实现站城融

---

[1] Congyi Jin, Zhongwei Shen, "The development and reference of Japanese railway culture," *Journal of Education and Culture Studies*, vol.1(2)(2017): 93-98.

合的效益最大化。(见图6-3-3)

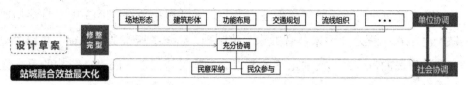

图6-3-3 通过设计优化协调客站各功能要素
(图片来源：笔者绘制)

四、工程建设：降低对城市环境、民众生活的影响

客站项目启动工程建设标志其规划设计由抽象形态转为具象形态。建设阶段也是对客站设计方案的实践评估，考虑到建设场地与设想环境存在一定的差异，客站的施工建造会对周边环境造成较大影响，可能会遇到自然、社会方面的阻力，需要相关单位通力合作，尽力克服困难。设计单位要及时对反馈问题进行修正，建设单位要及时对工程问题予以解决，铁路部门要合理调度列车班次、保障旅客出行，市政部门要妥善处理建设施工带来的各类影响。各方协调配合，才能有效降低客站施工对环境、社会带来的不利影响，确保客站工程的顺利推进。(见图6-3-4)

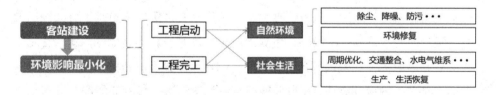

图6-3-4 确保工程建设的环境、社会影响最小化
(图片来源：笔者绘制)

大型市政工程在施工阶段产生的扰民问题已成为社会的关注焦点，施工单位在确保工程进度的前提下要合理安排作业周期，避免因超时施工干扰民众作息，并根据工程进度及时撤出现场，尽快恢复周边街区的生产生活。以地铁项

目为例，2012 年 4 月广州地铁六号线项目因延长工时，对周边居民生活造成干扰，接连发生使用钢珠枪袭击作业工人及设备的极端事件；2013 年 9 月郑州地铁一号线在工程末期因未及时拆除工地围挡，影响了城市交通出行，遭到周边商户、居民的抗议。这反映出相关部门对于建设施工造成的不良影响的重视程度有待提高。

五、运营管理与使用后评价：多方合作保障客站平稳运作

客站项目在建设完工后，经过铁路部门与市政部门的协调整备，即具备了运营条件，而考虑到客站等级、规模的不同，不少客站项目分多个建设阶段，通常客站运营后其建设工程并未全部结束，往往要经过数月甚至数年才能完工，这就需要相关部门保持良好协调，确保建设工程与客站运营、城市运作协同进行，有条不紊地维系到工程全部完工。

而投入使用的客站工程（部分或全部）则进入运营管理阶段，这一阶段是对前期设计、建造成果的验收，通过实际使用结果来验证客站的设计方案是否合理、调整修正是否得当、开发建设是否完善、运作使用是否良好，并通过综合评估进行总结。当然，从辩证唯物主义角度来看，新事物的诞生势必经历曲折、漫长的发展过程，站城融合引导下的客站规划设计亦是如此，新的客站工程必然是汲取先前经验而开展的，其又会因环境差异面临新的问题，即使运营前的全部工作都顺利完成，在投入使用后依然要经过一段时间的磨合才能达到最佳状态，这就需要设计者、建设者及管理方保持合作，全程参与客站建设并对实际问题进行处理，一方面可以对客站的运营管理提供建设性意见，另一方面可以对迄今工作进行经验总结，并上升为理论成果，以指导今后的实践工作。（见图 6-3-5）

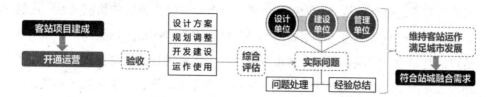

图 6-3-5　通过多方合作保障客站平稳运作

（图片来源：笔者绘制）

　　铁路客站规划设计是一项全面而系统的工程，而站城融合是不断发展的过程，如何保障客站正常运作并与城市保持良好协调关系，需要相关部门对客站建成使用后的运作状态进行阶段性评估，并建立相应的评价体系，如使用者——建成环境、交通组织、功能协调、服务管理等，从交通功能协调性、运输需求适应性、城市功能协同性等方面对客站的前期规划、设计调整、开发建设及运营管理等工作进行总结，不断丰富和完善有关客站规划设计、更新发展的研究内容。[①]

六、改造与更新：立足时代发展，确保站城动态协同

　　变化和发展是事物传承、延续的永恒主题，铁路客站亦是如此，作为站城融合引导下的客站规划设计，只有不断调整、完善自身形态与功能体系，才能与城市发展保持动态协同，这一点始终贯穿客站规划设计的全部过程，在客站建成使用后仍然要根据阶段性评估进行调整、改造，以引导新建客站的设计优化、推动既有客站的改造更新。从我国铁路交通的发展现状来看，至 2018 年底，全国运营的铁路客站共有 2 247 座（不含乘降所）[②]，半数以上的客站建成于第六次铁路大提速前，不少客站的现有规划已无法满足城市当前的发展需

---

　　① 靳聪毅，沈中伟：《城市轨道交通综合体建构体系及技术研究》，《科技创新与应用》2017 年第 21 期。

　　② 数据来源：根据 12306 官方网站采集、统计。

求，只有通过合理的改造与调整，才能与城市发展维系良好的协同关系；而随着我国高铁时代的到来，新型高铁客站与城际铁路客站迎来建设热潮。总结现阶段的客站设计经验，并结合城市发展的综合需求进行改造与更新，既有益于新型客站的设计建造走向成熟，又有助于既有客站的改造与更新趋于完善，以全面推动我国铁路客站规划设计迈向站城融合的新时代（见图 6-3-6）。

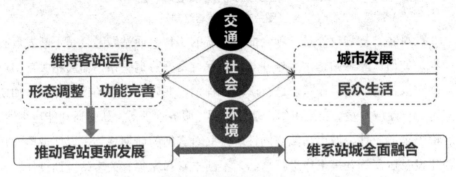

图 6-3-6 通过改造、更新保障站城动态化协同

（图片来源：笔者绘制）

第四节 新时代铁路客站的构建形态

从新中国成立前的蹒跚前行到改革开放后的飞速发展，我国铁路客站的设计建造伴随铁路交通的跨越式发展已日趋成熟，结合对国外成功经验的学习与先进技术的引进，各类新型客站在短短十余年间如雨后春笋般挺立在神州大地之上，展示出中国铁路高速发展的迅猛势头。与此同时，交通与城市的互动关系也在城市化发展、高铁交通建设、民众需求提高的现实背景下提出了更多的探索方向，并引发了人们的深入思考。对此，新时代的铁路客站在"交通站点"的基础上已然拥有了更多发展空间，适时推动站城有机融合、协同发展，有助

于强化客站在交通、社会、环境等领域与城市的协同关系，从而系统、科学地引导客站规划设计，并对城市发展、交通建设、民众生活等需求作出积极回应。总结站城融合引导下客站的功能结构关系，有助于对新时代客站的构建形态形成清晰认识。

一、交通功能的强化与完善

交通枢纽并非站城融合引导下客站规划设计的全部内容，但却是其重要的基础内容。良好的交通功能是确保客站对活动人口、产业资源有效吸附的前提条件，客站枢纽的建设既是对当下高铁交通建设及其与城市灵活互动的体现，又是系统整合城市内外交通的重要契机。全面引入高铁、普铁、地铁、公交车、出租车、长途巴士、社会车辆等交通方式，可以使客站固有的交通功能得到强化。充分利用客站空间立体开发与换乘系统的构建，有助于强化内外交通的衔接换乘能力，最大限度发挥客站交通的功能价值（见图6-4-1）。

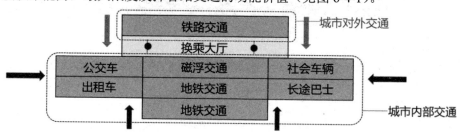

图 6-4-1　对内外交通的吸纳、整合是体现客站交通优势的重要基础

（图片来源：笔者绘制）

二、客站空间的立体开发与综合利用

当代城市的紧凑化发展提高了对土地资源的综合利用率，而客站对于内外交通资源与城市产业资源的吸纳亦要求其具备充裕的空间容量与协调能力，以建立功能完善、换乘便捷、服务多元的现代化枢纽综合体。开发客站顶层与地下空间，可以节约土地资源、降低环境影响、提高内外空间利用率，有效吸纳交通、商业、餐饮、休闲、酒店、办公等功能并进行立体叠加与复合布局，有助于优化客站空间的构建形态、提高客站功能体系的运作效率、回应城市可持续发展的总体需求（见图6-4-2）。

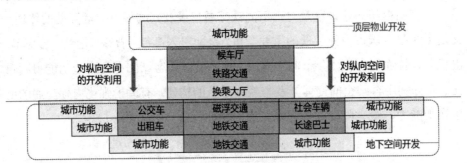

图 6-4-2　客站空间的立体化、综合发展是对城市可持续需求的有效回应

（图片来源：笔者绘制）

三、客站内外空间的开放式设计

民众的参与和互动是助力客站功能综合开发的重要因素，传统客站的单一功能与封闭形态难以使民众产生除交通出行外的活动需求。因而，站城融合引导下的客站既需要综合化的功能开发，亦需要内外空间的开放式设计。所谓开放式设计是通过收缩、整合客站交通空间，将客站出入口从建筑界面收入建筑内部，在建筑内外过渡区域形成大体量、通透化的"灰空间"；站前广场则以城

市公共空间的构建形态从地面、地下与客站及城区保持联系，结合城市功能的引入与综合交通的衔接，有效扩大民众的视野范围、漫游区域，提高民众的活动兴致，既提升了客站的活动人气，又推动了站城空间的一体化连接（见图6-4-3）。

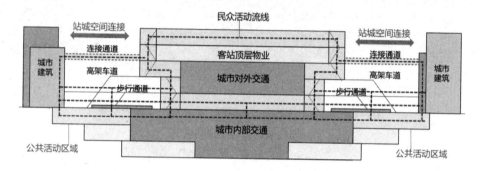

图 6-4-3　客站内外空间的开放式设计有助于推动站城空间一体化连接
（图片来源：笔者绘制）

四、城市功能的引入与整合

枢纽性与综合性是现代交通建筑的两大特性，体现为对交通功能与城市服务的集合、协调。[1]完善的客站交通功能在带来充足客流的同时，也成为其引入城市功能的重要契机。客站活动人口的增加意味着多元化需求的产生，通过将休闲、餐饮、酒店、办公、市政等城市功能引入客站，能够对上述需求产生积极回应，确保客站维持旺盛的人气与持久的活力；同时，对城市功能的引入也使客站摆脱了单一功能的定位束缚，使其与城市建立起多功能互动方式，提高了客站对现代社会生活的适应力，迎合了城市经济的发展需求，符合了城市紧凑化发展对单一建筑多功能开发的需要，是我国交通建筑未来发展的重要方

---

①李学：《中国当下交通建筑发展研究（1997 年至今）》，博士学位论文，中国美术学院环境艺术系，2010。

向（见图 6-4-4）。

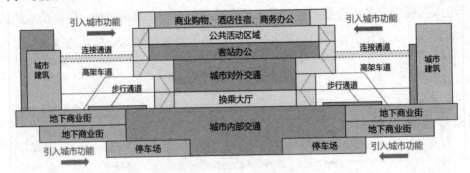

图 6-4-4　对城市功能的引入推动了客站业态多元化发展、
符合站城多功能协同需求
（图片来源：笔者绘制）

五、打造与生活接轨、与时代同步的客站空间环境

　　随着铁路交通多元化发展，常态化的交通出行与综合化的交通整合，提高了民众与客站的接触频率，客站已成为民众日常活动的场所之一。对此，客站的服务内容应贴合民众的行为习惯与实际需求，从服务交通出行的"专业化"转向服务社会生活的"大众化"，结合开放式客站空间与便捷的城市服务，为民众打造充满生活气息的客站空间环境。如在轨道交通高度发达的日本，客站既是民众日常出行的交通站点，又是其进行社交活动、获取外部资讯的重要场所，笔者在途经东京都八王子车站时，观察到车站内除交通旅客外，还有大量上班族、学生聚集在站内的餐厅、书店、商业街中，呈现出热闹的都市生活气息。随着我国高铁交通发展带来的快节奏生活与通勤化出行，如何与生活接轨、与时代同步已成为今后我国铁路客站规划设计的研究要点。

　　通过对上述客站规划设计要点的整理，笔者尝试将其进行系统组合，以构建起相对应的功能结构，形成对新时代客站的构建形态的整体认知（见图 6-4-5）。需要说明的是，图 6-4-5 所展示的功能结构关系仅是对今后客站构建形态的概念性表述，并非其具体的建筑形态，相关的设计方案与建设方案仍需要根据城市的实际需求进行科学制订。

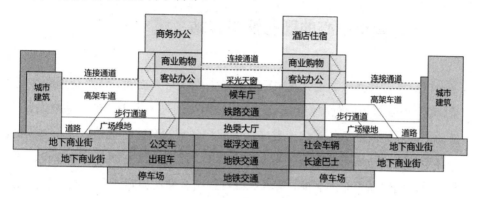

图 6-4-5　新时代客站的构建形态

（图片来源：笔者绘制）

第五节　新时代铁路客站的发展方向

伴随我国城市化发展与交通快速建设，新时代的客站规划思想、设计理念、交通组织、建筑形态、功能结构、发展模式及站城关系都发生了巨大变化，且随着高铁时代的到来，站城关系愈发紧密，二者的合作领域正在逐步扩大。站城关系的发展使客站规划设计需要紧密结合城市的多元化需求来探索适宜的发展方向。一方面要通过改造城市既有客站来优化客站形态，完善客站功能，改善站域环境，推动城市中心的更新发展；另一方面要结合城市发展需求指导新建客站的规划设计，以新客站为基点，整合城市交通，引入城市功能，协同城市开发，带动区域发展，构建新兴的城市中心。积极探索不同类型客站的发展方向，有助于满足新时代站城协同的双向需求，实现二者的有机融合、互利共生。

一、城市中心的既有铁路客站

在高铁时代到来之前，我国已开展了六次铁路大提速，铁路交通的客运总量、客运速度与辐射范围得到显著提高，铁路交通与人民生活的联系愈发紧密，推动了客站的成熟运作与快速发展，为即将到来的高铁时代做好准备。因此，综合考虑客站与城市的发展关系及合作深度，以及高铁交通对客站建设、城市发展及人民生活带来的影响，笔者对既有铁路客站的界定以第六次铁路大提速为时间节点，即 2007 年之前建成的客站为城市既有铁路客站，如北京西站、郑州站、武昌站、成都站等。此类客站建设年代较早，且多深入城市腹地，对城市空间的嵌入程度较高，与城市发展、交通建设、民众生活联系密切，已成为城市结构中重要的子系统，形成了紧密的站城协同关系。

不同于新建的高铁客站与城际铁路客站，既有铁路客站由于建设年代早、使用程度高、功能运作成熟等因素，客站形态与站场环境已基本定型，并与城市环境、民众生活形成紧密联系，且位于城市的中心区域，客站的建设用地与拓展空间都受到严格限制。因此，既有铁路客站主要通过改造、更新等方式来满足新时代站城融合的发展需求，在客站空间的改造设计中全面贯彻可持续发展观，通过协同开发、集约利用、高效整合等方式，对客站内外空间、功能设施、交通系统、建筑形态、场地环境等进行系统更新与全面优化（见图 6-5-1）。换乘单元的构建与纵向空间的开发，可以提高内外交通换乘效率与对城市功能的接纳能力，积极引导客站与城市在功能、空间上的有机融合，可以使客站以副中心形式融入城市空间，激发城市活力、推动经济发展，充分发挥客站枢纽的触媒效应。

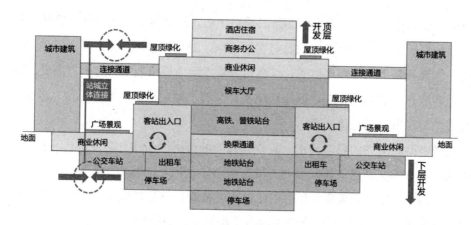

图 6-5-1　站城融合引导下的既有铁路客站建设形态
（图片来源：笔者绘制）

二、城市周边的新建高铁客站

随着《中长期铁路网规划》及《铁路"十一五"规划》的出台，我国铁路交通进入高速发展期，按照国家交通战略的总体布局，我国铁路将结合客运专线与长大干线建设，改建和新建一批铁路客站枢纽，仅在"十一五"期间全国就有 548 座铁路客站投入建设，其中高铁客站达到 158 座。[①]作为高速铁路的重点配套工程，高铁客站及高铁交通与城市发展、民众生活的联系日益紧密。

由于高速铁路具有速度快、运量大、高效、准时、绿色等优势，对于强化城市对外交通、优化城市交通体系、改善城市交通环境、推动城市经济发展等意义重大，在城市化发展的当前背景下，除少数客站采取高铁、普铁合一的发展方式外，我国城市多通过新建高铁客站的方式，将客站作为助力城市发展的重要引擎，通过高速铁路的交通优势与高铁客站的集聚效应来吸引城市人口及

---

① 郑健：《创新建设理念　建造一批百年不朽的铁路客站——在 2007 中国铁路客站技术国际交流会上的主题发言》，中国铁路客站技术国际交流会会议论文，南通，2007，第 1 页。

产业资源，打造以客站为主体的新兴城市中心，推动客站周边及城市整体的综合发展。因此，与城市中心的既有客站不同，新建高铁客站多位于城市周边。这一方面是基于城市发展需求，以客站为基点助力城市发展；另一方面受高铁"截弯取直"规划的影响，以降低成本、节省土地、保护环境，实现功能性、经济性与生态性的总体平衡。

随着站城关系的日益紧密，高铁客站的城市属性与社会功能进一步提高，客站从单一的交通建筑转向多元的城市综合体。不同于既有铁路客站的被动式改造，高铁客站多为新建客站，应在设计之初就充分考虑城市的综合需求，与城市发展策略相协同、与民众的生活需求相耦合，以构建良好的站城协同关系，使客站的规划设计更具主动性、前瞻性与长远性。站城融合引导下的新建高铁客站规划设计，主要通过交通、社会、环境等多方协同来满足其发展需求。

交通协同是指客站要充分发挥其交通优势，与城市交通良好协调，一方面通过立体化的客站建筑、一体化的空间形态、通过式的流线组织，对客站空间、功能区及交通流线进行整合，以优化客站功能结构，提高客站空间利用率与客流通行效率；另一方面，客站要全面引入城市综合交通，通过垂直的站内交通系统实现交通衔接与客流换乘，并立体对接城市路网，以提高客站枢纽的交通可达性与集散能力，这样既满足了大规模客流出行、换乘需求，又与城市交通高效衔接，优化了城市交通体系。

社会协同是指客站的综合开发与业态布局，考虑到客站多位于城市新区，周边的开发建设尚不完善，缺乏对人口、资源的吸引力，而通过充裕的客站空间实施综合开发，将商业、服务业、休闲娱乐业、市政服务等城市功能引入客站，构建起复合化、综合化的客站服务体系，既满足出行旅客的服务需求，又对周边城区产生功能辐射，为民众提供了公共活动场所与服务中心。此外，客站综合开发也带动了周边地区的开发建设，推动商业、服务业、居住、教育等城市功能的混合开发与协调布局，以完善客站地区的功能布局，促进城市空间的平衡建设与健康发展。

环境协同是指客站的规划设计要注重与城市环境的良好协调，综合考虑对城市环境的影响。基于站城发展关系，在客站设计中全面贯彻可持续发展观，对站场选址、场地开发、土地利用、建筑规划、功能布局、节能设计、景观塑造等进行指导，通过客站场址的合理选择、土地资源的集约利用、建筑空间的立体开发、功能体系的复合构建、节能技术的全面应用、地域景观的良好塑造等方式，协同城市环境的整体需求，与城市肌理相融合、提高资源利用率、降低客站能耗、减少环境污染、改善站域环境，实现客站空间与城市环境的良好协调，助力站城融合及可持续发展（见图6-5-2）。

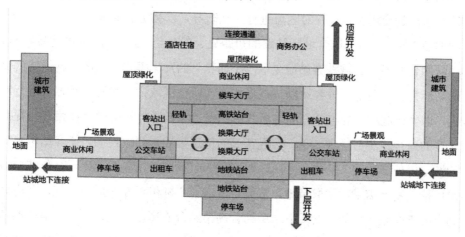

图 6-5-2 站城融合引导下的新建高铁客站建设形态
（图片来源：笔者绘制）

三、串联城区的城际铁路客站

城际铁路作为连接相邻城市的铁路客运系统，主要为都市圈、城市群提供短途客运服务，其运营里程较短，采取公交化运营模式，可根据客流峰值灵活调度，满足了民众在城际、市域的交通需求，扩大了铁路客运的辐射范围与服务领域，与干线铁路共同构成完善的铁路客运网络。随着高铁时代的到来，我国城际铁路已步入高速发展期，也推动了沿线客站的建设发展。

根据 2015 年 3 月 1 日实施的《城际铁路设计规范》要求，线路始发站宜与既有或规划中的客站及综合交通枢纽同址，中间站应靠近沿线城镇、服务城镇化发展。①因此，考虑到其始发站的规划设计与前文内容具有高度相似性，文中所指的城际铁路客站（以下简称"城铁客站"）为线路的中间站。

紧凑城市建设与站城融合发展，既为城铁客站提供了良好的发展机遇，又对其规划设计提出了更高要求。与既有客站、新建客站等干线枢纽不同，城铁客站作为支线客站，以"节点"形式串联起市域内及城际间的交通联系，成为所在区域的交通节点，并对客流进行二次疏导，以缓解大规模客流对中心客站的剧烈冲击。因此，结合城际铁路的短距离、高密度、公交化、通勤化等特点，站城融合发展下的城铁客站应采取"小而精"的发展模式，以高效、便捷的交通功能为设计重点，将客站以节点形式嵌入所在区域，与其他交通方式进行对接，以"通过式"的客站空间、流线组织及"零换乘"的交通衔接模式，提高旅客的通行速度与换乘效率，实现客流的快速集散与高效换乘，使客站本身成为城市内外交通的"换乘大厅"与"中转平台"；同时，客站设计要充分结合城市可持续发展需求，采取节地、节能、节水、节材和环境保护等措施，并充分利用线下及地下空间，以线下站房结合高架站台的建设方式，提高土地资源利用率。站内空间要遵循安全、便捷、适用、高效的设计原则，以提高旅客通行效率为目的，适度简化空间内容、提升站内空间的统一性与方向感，营造简洁、明快、美观、舒适的站内环境。②此外，考虑到站内空间的规模有限，难以容纳更多商业功能，站内空间应仅保留基本的服务设施，通过客站周边的商业开发来满足旅客需求，并激发客站地区的发展活力（见图 6-5-3）。

---

① 铁道第三勘察设计院集团有限公司、中铁第四勘察设计院集团有限公司：《城际铁路设计规范》，中国铁道出版社，2015，第 10—12 页。

② 靳聪毅、沈中伟：《以建筑美学和功能主义解读现代城际铁路车站设计》，《城市建筑》2017 第 2 期。

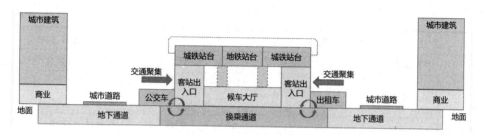

图 6-5-3　站城融合引导下的城际铁路客站建设形态
（图片来源：笔者绘制）

　　综上所述，结合当代城市可持续发展的整体需求，铁路客站的站城融合规划设计呈现集约化、高效化、多元化的总体发展方向。而围绕不同类型的客站，要根据其自身特点与发展环境，制定合理的规划设计策略与发展模式，以适应站城融合及城市可持续发展的综合需求，实现客站与城市、民众的良好协调、共同发展（见表 6-5-1）。

表 6-5-1　各类客站的规划设计特点与发展方向

客站类型	既有铁路客站	新建高铁客站	城际铁路客站
建设重点	基于可持续发展观，整合客站内外空间，升级服务设施，扩大运能，推动客站地区更新发展	依托高铁建设，引导城市开发，以整合城市交通资源，吸引人口、产业集聚，激发城市外域发展活力，助力城市平衡发展	增加城市交通节点，完善城市交通结构，推动铁路交通与沿线地区的同步发展，优化城市空间的发展形态
规划目标	发展客站枢纽，改善客站环境，修复城市空间，促进区域更新发展	构建新兴的城市中心，引导城市形态的健康发展	构建城市区域内的交通节点，提升站点周边及沿线地区的整体价值
设计理念	可持续理念、协同理念、以人为本理念	可持续理念、协同理念、以人为本理念	可持续理念、协同理念、以人为本理念
关注重点	对客站空间的优化设计与功能升级	客站枢纽对城市综合物业的吸纳与整合	加强城市中心与周边区域的交通联系

客站类型			既有铁路客站	新建高铁客站	城际铁路客站
城市背景	客站位置		城市中心区	城市边缘地带	新建城区及城郊地区
	土地供给		供给紧张,可用土地较少	供给充足,可用空间相对充裕	供给较为充足,可用空间相对充裕
	公交系统		较为发达,种类较多	不发达,交通方式较少	不发达,交通方式较少
	人口密度		高密度,人口规模大	较低,人口分布松散	适中,根据与城市中心区的距离呈阶梯性变化
客站规划布局	设计定位	功能定位	整合城市交通资源,提高客站枢纽的通达与中转能力,优化城市中心区的交通结构	结合城市区划,通过客站综合开发,构建枢纽综合体,形成区域交通节点及新兴城市中心	整合区域内的城市交通资源,依托便利的交通功能推动客站周边及沿线地区的开发建设
		交通定位	城市枢纽综合体	城市枢纽综合体	城市区域交通节点
	客站选址		城市中心区或区域核心地段	城市边缘区域,以协同城市空间的开发拓展	城市周边区域及新建城区
	建设方式		改造与更新	新建	新建
	规划方式		单一建筑或建筑群,与周边环境联系紧密	单一建筑,与周边环境相互关联	单一建筑,与周边环境联系紧密
	布局模式		混合式	集中式	集中式
	流线模式		以等候式为主,逐步向通过式转变	以通过式为主	以通过式为主
	内外衔接		采取多方向、多层次的出入口设置,衔接通道呈立体化布局	采取多方向、多层次的出入口设置,衔接通道呈立体化布局	出入口设置明确,衔接通道比较单一

续表

客站类型			既有铁路客站	新建高铁客站	城际铁路客站
内外空间设计	站外空间	广场形态	尺度较大，用于交通集散，与城市道路紧密衔接	大尺度、大体量，多用于建设城市公共活动场所及景观空间	小尺度、小体量，主要用于交通集散；或取消广场直接与周边街区对接
		机动交通组织	以地面道路为主，结合部分立体通道（高架或地下道）进行交通组织	通过立体化的机动车道与客站出入大厅对接	多在地面层组织机动交通，强调对公交系统的引入与衔接
		非机动交通组织	以广场通行为主，部分车站设有非机动车通道及停放区域	通过广场及步行系统引导民众通行，并在站房周边设有非机动车停放区域	经广场或从周边街区直接进入客站
		站外空间形态	以交通功能为主导，注重与城市路网的紧密衔接	注重与城市整体环境的协调、融合	注重衔接城市交通系统，并良好协调周边环境
		景观空间	利用广场及顶层空间铺设绿植，与步行系统相结合	以满足公共活动为主，注重对城市自然元素的提炼与整合，体现出城市的地域特色与人文风貌	与城市街道景观相融
	站内空间	内部环境	封闭、内向转向开放、外向	开放、外向	开放、外向
		空间形态	分散化、组合式	一体化、集中式	立体化、集中式
		空间装饰	利用建筑界面进行观赏性装饰，如壁画、纹样、广告牌等	注重对色彩及光线的运用，强调室内装饰的文化性与艺术性，注重服务设施的人性化设计	装饰元素较少，注重站内采光与照明设计

客站类型			既有铁路客站	新建高铁客站	城际铁路客站
内外空间设计	站内空间	功能布局	以交通功能为主导，服务功能围绕旅客需求进行设置	注重交通功能与服务功能的良好协调，依托开放性的客站空间构建公共性、共享性、复合型的客站服务体系	以交通功能为主导，配合基本的服务功能
		候车大厅	组合式的小尺度候车厅与一体化的大尺度候车厅相结合	大尺度、一体化、通过式的候车大厅	小尺度、一体化、通过式的候车厅
		商业空间	集中在站内空间，以服务旅客为主	高效利用客站内外空间进行商业开发，形成区域内的城市商业中心	主要通过周边城区的商业区满足民众的商业需求，站内仅保留少量服务设施
		入站	以地面为主，结合立体化的入站通道	立体化、多方向的入口布局	与街道平行对接，为单一的界面入口
		出站	地面与地下通道相结合	立体化、多方向的出口布局	与街道平行对接，为单一的界面出口
		安检	有，为强制性安保措施	有，为强制性安保措施	有，为强制性安保措施
		客源	交通客流、城市民众	交通客流、城市民众	交通客流
		换乘组织	对外交通以通道换乘为主；内外交通以换乘单元方式衔接	对外交通为候车大厅/通道换乘；内外交通以换乘大厅/层为主	对外交通以站台换乘为主，内外交通以换乘单元方式衔接
		换乘模式	平面交通与垂直交通换乘相结合	垂直交通换乘	平面交通与垂直交通换乘相结合
		细节设计	以保障旅客安全为主，营造安全、平稳、有序的客站环境	以旅客为中心，提供全方位服务，营造安全、便捷、舒适、温馨的客站环境	以满足旅客交通出行为主，营造安全、高效、便捷的客站环境

客站类型		既有铁路客站	新建高铁客站	城际铁路客站
建筑设计	建筑理念	对建筑及场地空间的高强度开发与集约使用	构建立体化建筑空间与复合化客站功能体系	注重对建筑及场地空间的范围管控与使用
	建筑风格	以苏联式建筑或现代建筑风格为主	体现地域性、文化性、时代性的现代建筑风格	简洁、明快的现代建筑风格，体现交通建筑的速度感与时代性
	建筑材料	混凝土、玻璃、钢材、金属材料	玻璃、钢材、金属材料、复合材料、混凝土	玻璃、钢材、金属材料、复合材料、混凝土
	建筑形体	多为矩形建筑、对称式布局	灵活、多变的建筑形体，与场地环境良好协调	多为高架站台结合矩形客站建筑
	建筑形态	连体式、大体量、地面建筑	独栋式、大体量、立体式建筑	独栋式、小体量、地面建筑
站城关系	客站运营模式	全天候运营	铁路交通为昼间"公交化"运营，夜间客站综合服务维持运作	昼间为通勤化运营，夜间客站辅助功能维持运作
	交通功能	内外交通衔接、换乘	内外交通衔接、换乘	内外交通衔接、换乘，注重与连接中心站点
	城市功能	以城市交通枢纽为主，兼顾公共活动场所	城市交通综合体及公共活动中心	城市内的综合交通节点，推动客站周边及沿线地区的协同发展
	环境关系	注重与周边环境的协调及改善	注重与城市整体环境的协调、融合	注重与周边环境相融合
	活动人口	交通客流及城市民众	交通客流及城市民众	交通客流
	业态开发	交通功能与城市服务协同开发	客站及周边地区一体化、综合化开发	以交通功能为主，推动沿线地区开发

客站类型		既有铁路客站	新建高铁客站	城际铁路客站
站城关系	触媒效应	以客站为中心，整合交通、社会资源，激发站域发展活力，推动城市更新发展	以客站为中心，整合城市交通、产业资源，发展以客站为主体的城市交通综合体，迎合城市功能区划，引导城市健康发展	通过客站建设带动周边及沿线地区的同步开发，以方便民众出行，强化主城区与周边区域的交通联系

（表格来源：笔者整理）

第六节　本章小结

本章对前文内容进行了归纳和总结，以站城融合引导下的铁路客站规划设计策略为主要内容，对客站规划设计的理念、原则、流程以及客站的构建形态及发展方向进行了阐述。本章提出基于站城融合的发展需求，通过可持续理念、协同理念及以人为本理念来共同指导客站规划设计，并全面贯彻以协调城市环境为基础、以助力城市发展为目标、以满足民众需求为保障等原则，从站城之间的整体关系入手，详细探讨了客站选址、站场建设、交通整合、换乘组织、建筑设计、功能布局、服务管理、环境营造、绿色节能等内容，并形成了客站规划设计的流程构想，即包含前期策划、初期方案、设计优化、工程建设、运营管理与使用后评价、改造与更新等六个阶段，通过统筹协调各阶段工作，使客站的规划设计更为科学、规范；同时，基于前文研究总结出的有关客站规划设计的相关要点，结合其互动关系构建起对应的功能结构，以获得对新时代客站的构建形态的认知，形成系统的客站规划设计策略。在此基础上，结合我国的现实国情与发展需求，对站城融合发展下不同类型客站（既有客站、新建客站、城铁客站）的设计特点及发展方向进行了分析与探索，为新时代我国铁路客站的设计发展提供了有益指导。

第七章 结论与展望

第一节 结论

本研究围绕站城融合引导下的铁路客站规划设计展开研究，从交通建设、城市发展、环境协调等层面入手，结合高铁发展的时代背景，全面而系统地分析了客站规划设计与城市、民众的协同关系，以丰富、完善当代铁路客站规划设计的研究内容，进一步规范了站城融合的科学概念及范畴，即：基于当代城市可持续发展需求，结合现代交通的多元化发展，通过构建以铁路客站为主体的综合交通枢纽及城市综合体，合理开发、整合、利用各类城市资源，从交通、社会、环境等方面满足城市发展及民众生活，以推动站城在功能、空间上的有机融合、协同发展。本研究还提出通过站城融合的发展方式，建立起"客站—城市—人"的整体协同关系，并对新时代的铁路客站规划设计策略及发展方向进行积极探索。主要结论有：

一、铁路客站的站城融合规划设计符合当代城市的可持续发展需求

在城市化问题日益严峻的现实背景下，引导城市紧凑化建设并构建完善的交通系统成为助力城市可持续发展的有效方式，体现在对城市空间密度控制、对城市建筑多用途开发及对公共交通多元发展等方面。铁路客站作为城市交通

节点与活动中心，通过站城融合的发展方式引导其规划设计，使客站在"交通站点"基础上承担更多的社会职能：一方面通过构建高效、便捷的客站交通枢纽，整合内外交通资源、提高交通换乘效率、改善民众出行条件、优化城市交通环境；另一方面通过提高客站土地利用率与综合开发强度，节约土地、降低环境负荷并吸纳更多的城市资源，在巩固其交通优势的同时提高其社会服务能力，与城市环境相协调、与民众生活相接轨，使客站以枢纽综合体的发展方式积极回应城市紧凑化建设在交通、社会、环境等方面的综合需求，符合当代城市可持续发展的总体目标。

二、日益紧密的站城关系是推动铁路客站设计优化与更新发展的驱动因素

现代城市在交通、社会、环境等方面的综合需求，强化了客站与城市的协同关系，使客站的设计定位与规划建设都发生了重大变化。作为城市交通节点与活动中心，客站的设计定位必须满足城市发展的总体需求，通过交通枢纽或城市综合体等发展方式回应城市所需，以合理引导其区位选址与建设布局，科学制定多元化的站城协同方式。

围绕站城在交通、社会、环境等方面的协同需求，应从交通整合、衔接换乘、流线组织、广场规划、建筑设计、环境营造、服务管理等方面系统优化客站功能，以形成开放化的客站空间、多元化的交通选择、高效化的换乘系统、一体化的流线组织、立体化的建筑形态、综合化的服务功能及人性化的空间环境。在推动客站综合化发展、站城空间一体化融合的同时，使其规划设计更具灵活性、多样性、普适性与前瞻性，从交通、社会、环境等方面迎合站城融合的发展需求。

三、站城融合引导下的客站规划设计应注重与民众的精神、物质需求相耦合

人作为客站空间的活动主体，其精神、物质需求是影响客站规划设计的重要因素，客站设计必须充分考虑民众的各类需求，并给予积极回应。围绕客站内外空间的规划设计，需要全面贯彻以人为本理念，从交通换乘、流线组织、环境塑造、建筑规划、功能开发、装饰设计、运营管理、安全维护等方面满足民众的精神体验与使用需求，引导客站从"被动管理"转向"主动服务"，以完善其细节设计，使客站空间更具人性化、关怀性与亲和力，为民众营造开放、便利、舒适、健康的客站环境。

四、国外的站城融合发展经验是我国铁路客站规划设计的重要参考

铁路交通在日本、欧美发达国家等已日趋成熟，高速铁路的起步与发展也多集中在这些国家，其在客站的规划设计、开发建设、改造更新、运营管理及站城关系协调等方面已拥有较为丰富的研究理论与实践经验，是我国铁路客站规划设计的重要参考。而考虑到国情、历史及文化的不同，照搬照抄国外经验是不科学的。因此，通过选取中国、日本、欧美等地的客站案例展开研究，对"交通节点型"（中国）、"区域中心型"（日本）、"城市触媒型"（欧美）等模式的设计特点及站城关系的差异性进行对比、分析，提出当前我国客站多采取综合交通枢纽的发展方式，与城市的协同关系尚处于交通协同的基础阶段，其在社会功能开发、城市环境协调等方面与发达国家存在一定差距，并以此为切入点，结合我国现实国情与发展需求，对新时代我国铁路客站的规划设计策略及

发展方向提出一定的见解。

五、当前我国铁路客站发展尚处于站城交通协同阶段，应在此基础上以实现全方位的站城融合作为其未来发展方向

通过内外交通的吸纳、整合以引导客站枢纽化建设，是当前我国铁路客站的主要发展趋势，在站城交通协同层面与日本、欧美客站具有相似性，而其在社会功能开发、站城环境协调方面与后者还存在一定差距。随着我国新型城镇化建设与高铁交通发展，在城市可持续发展总体目标的引导下，人们势必对客站规划设计及站城协同关系提出更高的要求，需要我国客站设计建设在现有基础上，以实现交通、社会、环境全方位协同的站城融合作为其未来发展的重要方向。

总体而言，新时代我国铁路客站的规划设计应以可持续理念、协同理念、以人为本理念为指导，深入贯彻以协调城市环境为基础、以助力城市发展为目标、以满足民众需求为保障的三大系统性原则，并将站城融合作为主导思想全面贯穿客站规划设计的每个阶段。对于当前我国不同类型的铁路客站（既有铁路客站、新建高铁客站、城际铁路客站），则需要根据客站的自身特点与发展需求，对指导客站规划设计的理念、原则进行合理运用，灵活处理不同阶段中的各类问题，并对各类客站的构建形态形成清晰认识，从而使客站的规划设计更具前瞻性、持久性与科学性，以构建起良好的"客站—城市—人"协同关系，引导新时代我国铁路客站走向集约化、高效化、多元化、人性化的发展道路。

第二节 创新点

以当代城市紧凑化发展及高铁建设为背景，基于现代城市在交通、社会、环境等方面的综合需求，本研究提出以站城融合理念引导铁路客站的规划设计并使其成为重要的城市子系统，以建立客站与城市、民众的整体协同关系，在满足交通建设、城市发展、民众生活的同时，推动当代客站的设计优化与更新发展。对此，本研究取得了如下创新：

第一，本研究（第三章）针对当前客站规划设计对单一功能的片面关注，造成站城关系弱化、协同效率不足等问题，提出以站城融合的发展理念全面引导客站规划设计，从交通、社会、环境等层面强化站城协同关系，构建起具有层次性的客站规划设计研究体系，并丰富了有关站城融合的科学概念与研究内容；提出客站的设计定位、选址规划及建设布局应满足区域（宏观）、城市（中观）及站域（微观）发展的综合需求，以良好的交通协同为基础，通过对内外交通的吸纳、整合，以综合交通枢纽的建设方式充分发挥客站的交通优势；在此基础上，结合城市紧凑化发展需求，通过立体开发与复合布局提高客站土地资源的综合利用率，并引入多样化的城市功能，提高站城在交通、社会、环境等层面的合作强度。

第二，本研究（第四章）在明确站城融合引导下客站的角色定位及与城市协同方式的基础上，对影响客站规划设计的关键要素进行分析，从交通整合、场地开发、环境营造等方面提出了较为全面的设计方法与优化建议；在交通协同层面，对内外交通资源的吸纳、整合与一体化的流线组织是站城交通协同的重要基础，提出对换乘大厅与换乘单元的引入是提高内外交通衔接、换乘效率的有效举措；在站内空间开发建设中，提出对纵向空间的开发、利用有助于引导交通空间与服务空间的协调建设，并迎合城市紧凑化及客站立体化发展需求；在站外空间设计中，提出与城市环境协调融合是站外空间的设计重心，并围绕站前广场与站房建筑这两大构成要素，提出以"强-弱"协调设计概念来指导其规划设计；此外，认为客站空间设计应注重满足使用者的各类需求，从环境营造、空间规划、功能布局等方面探讨了有关"人性化、关怀型"的客站空间设计，深度解析了客站与城市、民众的整体协同关系。

　　第三，本研究（第五、六章）总结了站城融合引导下客站规划设计的理念、原则、流程及客站的构建形态，形成了相应的规划设计策略，并由此展望了我国未来的客站发展方向；通过对国内外客站案例展开研究，围绕交通节点型（中国）、区域中心型（日本）、城市触媒型（欧美）等客站发展模式及站城关系进行分析，对其设计特点、协同方式及融合程度形成清晰认识，并基于我国的现实国情及发展环境，指出当前我国铁路客站的规划设计、发展方式及站城关系依然处于站城融合的基础阶段，即交通协同阶段，与日本、欧美发达国家尚存在一定差距；并结合我国铁路交通的发展现状，通过总结站城融合引导下客站规划设计的理念、原则、流程等，尝试从交通、社会、环境等层面思考、探索新时代我国铁路客站的规划设计策略及发展方向。

第三节　展望

展望未来，后续研究及相关工作包括：

一、研究对象的认定与选取有待进一步扩大、完善

考虑到调查走访与资料收集的便利性、效率性，笔者主要以国内外具有代表性的铁路客站为例展开研究，这些车站多集中在大城市，而铁路客站作为大众化的交通建筑，更广泛分布于全国中小城市内，作为城市重要的或唯一的交通枢纽，客站对于中小城市在交通、经济、民生等建设上具有重要意义。因此，关于站城融合的研究不应该忽略中小城市的铁路客站，笔者的后续研究工作将进一步围绕中小城市的铁路客站展开。

二、有关站城融合发展所产生的积极效应，仍需要深入探索

前文指出，良好的交通功能是实现站城融合的重要基础，而当前国内拥有完善交通系统的城市仍局限于北京、上海、广州等中心城市，且这些城市的客站枢纽多处于站城融合的基础阶段——交通节点形态，这是由我国的现实国情及发展需求所决定的。而随着我国新型城镇化建设与交通技术的发展，特别是2013年铁道部实施政企分开改革，分别成立了国家铁路局与中国铁路总公司，使铁路交通的建设发展更加高效、灵活。由此，我国铁路客站势必在交通节点的基础上，从社会开发、环境协调等方面向站城融合的高阶形态发展，届时站

城之间的协同关系会发展为何种形态，其协同效应会涉及哪些领域，具体到各城市及其客站将会产生哪些变化，相关研究仍然需要持续跟进。

三、对站城融合的研究内容与研究领域需要进一步扩展

站城融合作为站城关系的阶段性发展形态，并非站城关系的最终形态，城市化发展、交通技术进步及使用者需求的增加，必然会扩大站城融合研究的覆盖范围。本研究仅以铁路客站为研究对象，从交通、社会、环境等层面探讨了客站规划设计与城市的多元化协同关系，而除铁路客站外，如机场、码头、长途汽车站、公交枢纽等交通站点的规划设计及与城市的协同关系也可纳入站城融合的相关研究中，以丰富研究内容、拓展研究领域。

参 考 文 献

[1] 安基国际设计传媒有限公司.gmp 交通建筑设计：冯·格康、玛格及合伙人建筑事务所[M].北京：中国水利水电出版社，2007.

[2] 奥图，洛干.美国都市建筑：城市设计的触媒[M].王韵方，译.台北：创艺出版社有限公司，1983.

[3] 鲍威尔.城市的演变：21 世纪之初的城市建筑[M].王钮，译.北京：中国建筑工业出版社，2002.

[4] 伯登.世界典型建筑细部设计[M].张国忠，译.北京：中国建筑工业出版社，1997.

[5] 布拉萨.景观美学[M].彭锋，译.北京：北京大学出版社，2008.

[6] 布罗.交通枢纽：交通建筑与换乘系统设计手册[M].田轶威，杨小东，译.北京：机械工业出版社，2011.

[7] 陈方红.城市对外交通综合换乘枢纽布局规划与设计理论研究[D].成都：西南交通大学，2014.

[8] 程裕祯.中国文化要略[M].北京：外语教学与研究出版社，2011.

[9] 崔海伟.中国可持续发展战略的形成与初步实施研究（1992—2002 年）[D].北京：中共中央党校，2013.

[10] 弗朗西斯.人性场所：城市开放空间设计导则[M].俞孔坚，王志芳，译.北京：中国建筑工业出版社，2001.

[11] 傅志寰，陆化普.城市群交通一体化理论研究与案例分析[M].北京：人民交通出版社股份有限公司，2016.

[12] 高铁见闻.大国速度：中国高铁崛起之路[M].长沙：湖南科学技术出版社，2017.

[13] 高铁见闻.高铁风云录[M].长沙：湖南文艺出版社，2015.

[14] 格兰尼，尾岛俊雄.城市地下空间设计[M].许方，于海漪，译.北京：中国建筑工业出版社，2005.

[15] 格兰尼.城市设计的环境伦理学[M].张哲，张燕云，译.沈阳：辽宁人民出版社，1995.

[16] 格里芬.交通建筑[M].史韶华，胡介中，彭旭，译.北京：中国建筑工业出版社，2010.

[17] 格鲁特，大卫·王.建筑学研究方法[M].王晓梅，译.北京：机械工业出版社，2005.

[18] 黑川纪章.黑川纪章城市设计的思想与手法[M].覃力，黄衍顺，徐慧，等，译.北京：中国建筑工业出版社，2004.

[19] 霍尔.城市和区域规划[M].邹德慈，金经元，译.北京：中国建筑工业出版社.1985.

[20] 纪森.大且绿：走向 21 世纪的可持续性建筑[M].林耕，刘宪，姚小琴，译.天津：天津科技翻译出版社，2005.

[21] 建筑世界杂志社.交通建筑 I [M].车永哲，译.天津：天津大学出版社，2001.

[22] 姜帆.城市大型客运交通枢纽规划理论与方法的研究[D].北京：北方交通大学，2002.

[23] 卡尔索普，雷尔顿.区域城市：终结蔓延的规划[M].叶齐茂，倪晓辉，译.北京：中国建筑工业出版社，2007.

[24] 柯布西耶.走向新建筑[M].陈志华，译.天津：天津科学技术出版社，1998.

[25] 科利斯.现代交通建筑规划与设计[M].孙静，段静迪，译.大连：大连理工大学出版社，2004.

[26] 科斯托夫.城市的形成：历史进程中的城市模式和城市意义[M].单皓，译.北京：中国建筑工业出版社，2005.

[27] 肯特.建筑心理学入门[M].谢立新，译.北京：中国建筑工业出版社，1988.

[28] 李华东.西方建筑[M].北京：高等教育出版社，2010.

[29] 李松涛.高铁客运站站区空间形态研究[D].天津：天津大学，2009.

[30] 李学.中国当下交通建筑发展研究（1997 年至今）[D].杭州：中国美术学院，2010.

[31] 理查德.未来的城市交通[M].潘海啸，译.上海：同济大学出版社，2006.

[32] 林奇.城市意象[M].方益萍，何晓军，译.北京：华夏出版社，2001.

[33] 林燕.建筑综合体与城市交通的整合研究[D].广州：华南理工大学，2008.

[34] 刘冰，周玉斌，陈鑫春.理想空间.29.城市门户：火车站与轨道交通枢纽地区规划[M].上海：同济大学出版社，2008.

[35] 刘武君.虹桥国际机场规划[M].上海：上海科学技术出版社，2016.

[36] 刘震宇.城市轨道交通站城一体化发展模式研究[D].兰州：兰州交通大学，2016.

[37] 刘志军.铁路旅客车站设计指南[M].北京：中国铁道出版社，2006.

[38] 罗斯.火车站：规划、设计和管理[M].铁道第四勘察设计院，译.北京：中国建筑工业出版社，2007.

[39] 罗湘蓉.基于绿色交通构建低碳枢纽：高铁枢纽规划设计策略研究[D].天津：天津大学，2011.

[40] 芒福德.城市发展史：起源、演变和前景[M].宋俊岭，倪文彦，译.北京：中国建筑工业出版社，2005.

[41] 培根.城市设计[M].黄富厢，朱琪，译.北京：中国建筑工业出版社，1989.

[42] 彭一刚.建筑空间组合论[M].北京：中国建筑工业出版社，1998.

[43] 日建设计站城一体开发研究会.站城一体开发：新一代公共交通指向型城市建设[M].北京：中国建筑工业出版社，2014.

[44] 施瓦茨，弗林克，西恩斯.绿道规划·设计·开发[M].余青，柳晓霞，陈琳琳，译.北京：中国建筑工业出版社，2009.

[45] 斯克鲁顿.建筑美学[M].刘先觉,译.北京:中国建筑工业出版社,2003.

[46] 斯莱塞.地域风格建筑[M].彭信苍,译.南京:东南大学出版社,2001.

[47] 斯塔克,西蒙兹.景观设计学:场地规划与设计手册[M].朱强,俞孔坚,郭兰,等,译.北京:中国建筑工业出版社,2014.

[48] 孙贺,陈沈.城市设计概论[M].北京:化学工业出版社.2012.

[49] 孙志毅,荣轶,等.基于日本模式的我国大城市圈铁路建设与区域开发路径创新研究[M].北京:经济科学出版社,2014.

[50] 谭立峰.铁路客站建筑课程设计[M].南京:江苏人民出版社,2013.

[51] 汤姆逊.城市布局与交通规划[M].倪文彦,译.北京:中国建筑工业出版社,1982.

[52] 铁道第三勘察设计院集团有限公司,中铁第四勘察设计院集团有限公司.城际铁路设计规范[M].北京:中国铁道出版社,2015.

[53] 瓦尔德海姆.景观都市主义[M].刘海龙,译.北京:中国建筑工业出版社,2010.

[54] 王海江.中国中心城市交通联系及其空间格局[D].开封:河南大学,2014.

[55] 王健聪.城市客运枢纽换乘组织关键问题研究[D].北京:北京交通大学,2006.

[56] 王烨,王卓,董静,等.环境艺术设计概论[M].2版.北京:中国电力出版社,2015.

[57] 王桢栋.“合”:当代城市建筑综合体研究[D].上海:同济大学,2008.

[58] 宣登殿.综合客运枢纽系统规划方法研究[D].西安:长安大学,2011.

[59] 雅各布斯.美国大城市的死与生[M].金衡山,译.南京:译林出版社,2006.

[60] 杨中平.新干线纵横谈[M].北京:中国铁道出版社,2012.

[61] 姚影.城市交通基础设施对城市集聚与扩展的影响机理研究[D].北京:北京交通大学,2009.

[62] 于晓萍.城市轨道交通系统与多中心大都市区协同发展研究[D].北京:北

京交通大学，2016.

[63] 詹克斯，伯顿，威廉姆斯. 紧缩城市：一种可持续发展的城市形态[M]. 周玉鹏，龙洋，楚先锋，译. 北京：中国建筑工业出版社，2004.

[64] 占克斯，丹普西. 可持续城市的未来形式与设计[M]. 韩林飞，王一，译. 北京：机械工业出版社，2009.

[65] 张琦. 城市轨道交通枢纽乘客与环境交互理论[D]. 北京：北京交通大学，2009.

[66] 彰国社. 新京都站[M]. 郭晓明，译. 北京：中国建筑工业出版社，2003.

[67] 赵莉. 城市轨道交通枢纽交通设计理论与方法研究[D]. 北京：北京交通大学，2011.

[68] 郑健，沈中伟，蔡申夫. 中国当代铁路客站设计理论探索[M]. 北京：人民交通出版社，2009.

[69] 郑宜. 西方绘画[M]. 北京：高等教育出版社，2009.

[70] 庄宇，张灵珠. 站城协同：轨道车站地区的交通可达与空间使用[M]. 北京：人民交通出版社股份有限公司，2016.

[71] 邹珊刚. 城市轨道交通与城市可持续发展[D]. 武汉：华中科技大学，2003.

[72] 左辅强，沈中伟. 高铁时代[M]. 北京：科学出版社，2012.

[73] 左忠义. 城市轨道交通枢纽区域公交客流疏解组织优化与设计方法[D]. 北京：北京交通大学，2013.

[74] Bennett D. The architecture of the Jubilee Line Extension[M]. London: Thomas Telford, 2004.

[75] Bertolini L, Spit T. Cities on the rails-the Redevelopmen of Railway Station Areas[M]. London: E&FN Spon, 1998.

[76] Bourne L S.Internal structure of the City:Reading on Urban Form, Growth and Policy[M]. 2nd ed.New York: Oxford University Press, 1982.

[77] Brindle S. English Heritage, Paddington Station: its history and architecture[M]. Swindon: English Heritage, 2004.

[78] Brotchie J. The future of urban form[M].New York: Antony Rowe Ltd, 1985.

[79] Burman P. Michael Stratton, Conserving the railway heritage[M]. London: E&FN Spon, 1997.

[80] Congress For The New Urbanism. Charter of New Urbanism[M]. New York: Mc-Graw-Hill, Inc, 2000.

[81] David J, Hammond R. High Line: The Inside Story of New York City's Park[M].New York: Farrar, Straus and Giroux（FSG）, 2011.

[82] Edwards B. The Modern Station: New Approaches to Railway Architecture London[M]. New York: E&FN Spon Oxford, E&FN Spon, 1997.

[83] Ellin N. Postmodern Urbanism[M]. New York: Princeton Architectural Press, 1999.

[84] Glaab C N, Brown T. A History of Urban America[M].New York:Macmillan Company, 1967.

[85] Haas T. New Urbanism and Beyond[M]. New York; Rizzoli International Publication, Inc, 2008.

[86] Harvey D.The social Justice and the city[M]. Oxfod: Blackwell, 1988.

[87] Katz P. New Urbanism: Towards an Architecture of Community[M]. New York: Mc Graw Hill, Inc, 1994.

[88] Kostof S. CityAssmbled: The Elements of Urban Form Through History[M]. Boston:Little, Brown, 1991.

[89] Kostof S. The City Shaped:Urban Patterns and Meanings Through History[M].Boston:Little, Brown, 1991.

[90] Lynch T. Analysis of the Economic Impacts of Florida High-speed Rail[M]. Berlin: InnoTrans, UiC, CCFE-CER-GEB and UNIFE, 1998.

[91] Masahisa F, Paul K, Venables A J. The Spatial Economy:Cities, Regions, and International Trade[M]. Cambridge: The MIT Press, 1999.

[92] Richard D. Modern Trains and Splendid Stations: Architecture and Design for

the Twenty-First Century[M]. London: Merrell, 2001.

[93] Steven P. Station to station[M]. London: Phaidon, 1997.

[94] Thorne M. Modern Trains and Splendid Stations[M]. Chicago, IL: Art Institute of Chicago, 2001.

[95] Tillman J. Lyle, Design for Human Ecosystems[M]. New York: Van NostrandReinhold Company, 1985.

[96] Trip J J. What makes a city? Planning for 'quality of place'. The case of high-speed train station area redevelopment[M]. Amsterdam: IOS Press, 2007.

[97] Uffelen van C. Stations[M]. Salenstein: Braun, 2010.